教育部　财政部职业院校教师素质提高计划职教师资培养资源开发项目
“电子科学与技术”专业职教师资培养资源开发(VTNE023)
高等院校电气信息类专业“互联网+”创新规划教材

电子技术专业教学法

主　　编　沈亚强
执行主编　朱伟玲
参　　编　江　坚

北京大学出版社
PEKING UNIVERSITY PRESS

内 容 简 介

本书旨在给师范专业学生提供教学全过程的示范性、典型性模板，为其在未来的工作中更好地将学科专业知识和教育教学知识融合起来，提升教育教学能力奠定基础。全书分为两篇：第 1 篇为基本概念与理论，第 2 篇为电子技术专业教学法运用。

本书在内容选择上，提供了专业教学方面的典型教学案例、教学设计案例、教学评价案例；在教学内容编排体例上，各个教学内容的教学方法各不同。这样，使学生在学习期间就能够掌握专业教学的典型模式。

本书可作为高等院校师范类专业学生的本科教材，也可作为其他院校师范类、教育类专业的教材，还可作为高职高专、中职院校教师的教学用书。另外，本书对电子行业技术人员及相关人员也有参考价值。

图书在版编目(CIP)数据

电子技术专业教学法/沈亚强主编. —北京： 北京大学出版社，2017.6
(高等院校电气信息类专业“互联网+ ”创新规划教材)
ISBN 978 - 7 - 301 - 28329 - 5

Ⅰ. ①电…　Ⅱ. ①沈…　Ⅲ. ①电子技术—教学法—高等学校—教材　Ⅳ. ①TN - 42

中国版本图书馆 CIP 数据核字(2017)第 113289 号

书　　名　电子技术专业教学法
DIANZI JISHU ZHUANYE JIAOXUEFA
著作责任者　沈亚强　主编
策 划 编 辑　程志强
责 任 编 辑　李婷婷
数 字 编 辑　刘志秀
标 准 书 号　ISBN 978 - 7 - 301 - 28329 - 5
出 版 发 行　北京大学出版社
地　　址　北京市海淀区成府路 205 号　100871
网　　址　http://www.pup.cn　新浪微博：@北京大学出版社
电 子 信 箱　pup_6@163.com
电　　话　邮购部 62752015　发行部 62750672　编辑部 62750667
印 刷 者　北京溢漾印刷有限公司
经 销 者　新华书店
787 毫米×1092 毫米　16 开本　15 印张　342 千字
2017 年 6 月第 1 版　2017 年 6 月第 1 次印刷
定　　价　36.00 元

教育部 财政部

职业院校教师素质提高计划成果系列丛书

项目牵头单位：浙江师范大学
项目负责人：沈亚强

项目专家指导委员会

主　任：刘来泉
副主任：王宪成　郭春鸣
成　员：（按姓氏拼音排列）

曹　晔	崔世纲	邓泽民
刁哲军	郭杰忠	韩亚兰
姜大源	李栋学	李梦卿
李仲阳	刘君义	刘正安
卢双盈	孟庆国	米　靖
沈　希	石伟平	汤生玲
王继平	王乐夫	吴全全
夏金星	徐　流	徐　朔
张建荣	张元利	周泽扬

序

《国家中长期教育改革和发展规划纲要（2010—2020年）》颁布实施以来，我国职业教育进入加快构建现代职业教育体系、全面提高技能型人才培养质量的新阶段。加快发展现代职业教育，实现职业教育改革发展新跨越，对职业学校“双师型”教师队伍建设提出了更高的要求。为此，教育部明确提出，要以推动教师专业化为引领，以加强“双师型”教师队伍建设为重点，以创新制度和机制为动力，以完善培养培训体系为保障，以实施素质提高计划为抓手，统筹规划，突出重点，改革创新，狠抓落实，切实提升职业院校教师队伍整体素质和建设水平，加快建成一支师德高尚、素质优良、技艺精湛、结构合理、专兼结合的高素质专业化的“双师型”教师队伍，为建设具有中国特色、世界水平的现代职业教育体系提供强有力的师资保障。

目前，我国共有60余所高校正在开展职教师资培养，但是教师培养标准的缺失和培养课程资源的匮乏，制约了“双师型”教师培养质量的提高。为完善教师培养标准和课程体系，教育部、财政部在“职业院校教师素质提高计划”框架内专门设置了职教师资培养资源开发项目，中央财政划拨1.5亿元，系统开发用于本科专业职教师资培养标准、培养方案、核心课程和特色教材等系列资源。其中，包括88个专业项目，12个资格考试制度开发等公共项目。这些项目由42家开设职业技术师范专业的高等学校牵头，组织近千家科研院所、职业学校、行业企业共同研发，一大批专家学者、优秀校长、一线教师、企业工程技术人员参与其中。

经过三年的努力，培养资源开发项目于2013年立项开题，取得了丰硕成果。一是开发了中等职业学校88个专业（类）职教师资本科培养资源项目，内容包括专业教师标准、专业教师培养标准、评价方案，以及一系列专业课程大纲、主干课程教材及数字化资源；二是取得了6项公共基础研究成果，内容包括职教师资培养模式、国际职教师资培养、教育理论课程、质量保障体系、教学资源中心建设和学习平台开发等；三是完成了18个专业大类职教师资资格标准及认证考试标准开发。上述成果，共计800多本正式出版物。总体来说，培养资源开发项目实现了高效益：形成了一大批资源，填补了相关标准和资源的空白；凝聚了一支研发队伍，强化了教师培养的“校—企—校”协同；引领了一批高校的教学改革，带动了“双师型”教师的专业化培养。职教师资培养资源开发项目是支撑专业化培养的一项系统化、基础性工程，是加强职教教师培养培训一体化建设的关键环节，也是对职教师资培养培训基地教师专业化培养实践、教师教育研究能力的系统检阅。

自项目立项开题以来，各项目承担单位、项目负责人及全体开发人员做了大量深入细致的工作，结合职教教师培养实践，研发出很多填补空白、体现科学性和前瞻性的成果，有力推进了“双师型”教师专门化培养向更深层次发展。同时，专家指导委员会的各位专家及项目管理办公室的各位同志，克服了许多困难，按照教育部和财政部对项目开发工作的总体要求，为实施项目管理、研发、检查等投入了大量时间和心血，也为各个项目提供了专业的咨询和指导，有力地保障了项目实施和成果质量。在此，我们一并表示衷心的感谢。

编写委员会

2016 年 3 月

前　　言

本书是教育部和财政部“职业院校教师素质提高计划”中“电子科学与技术专业职教师资培养资源开发项目（VTNE023）”的成果之一。

本书以“中等职业学校教师专业标准”为前提和基础，依据电子科学与技术专业教师标准、培养方案和“电子技术专业教学法”课程标准，参照国家教师资格证考试要求，重点培养职教师范生的“教学设计能力”，开发基于教师教学工作过程的理实一体化的教学参考资料。

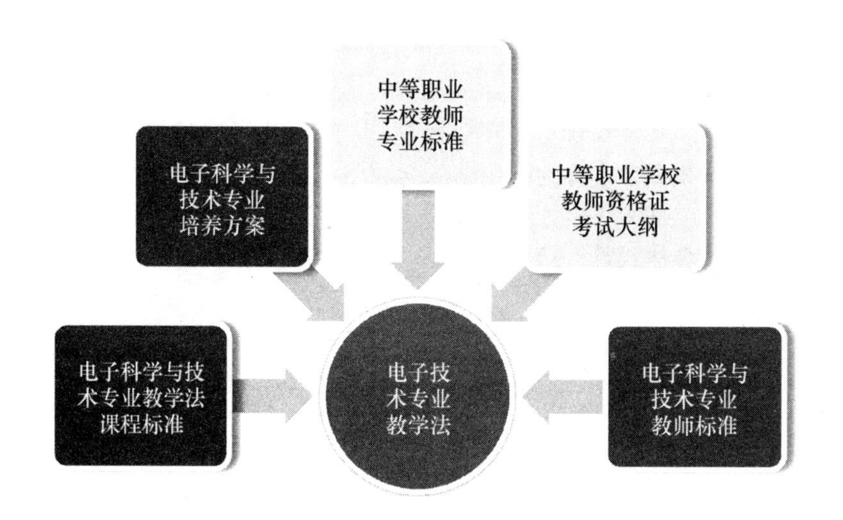

本书的编写遵循以下原则：

（1）关联教师资格标准相应要求。

（2）通过典型职业教育教学工作任务分析确定课程内容。

（3）按照教师教学工作过程确立课程结构。

本书分为两篇：

第 1 篇是基本概念与理论。该篇围绕教学设计与评价的工作顺序展开，涉及学习理论与教学设计、行业与电子技术专业分析、教学对象分析、中职电子技术课程与教学内容分析、教学评价与反思。

第 2 篇是电子技术专业教学法运用。该篇以职业教育教学典型的行动导向教学方法为主体，根据教师教学工作过程展开，重点介绍适用于电子科学与技术专业教学的“引导文教学法”“任务驱动教学法”“技术实验教学法”“模拟教学法”“项目教学法”“考察教学法”。

每种教学法在体例安排上按照以下流程进行：

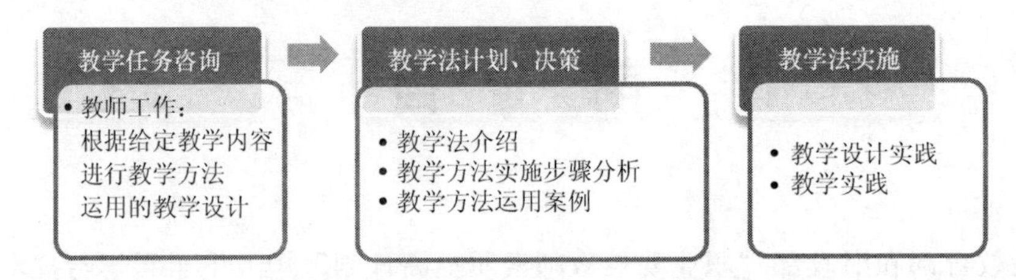

虽然每个教学内容的教学方法不同，但教师的教学过程是相同的，即接受教学任务→教学设计→教学实践→教学评价与反思。本书通过对七个教学内容的工作过程的反复训练，帮助学生熟悉行动导向教学法的使用和技能的掌握。

通过本书的学习，师范生可熟悉“做中教、做中学”“理实一体”“行动导向”等教学模式，体验通过这种模式学习理论知识、形成实践能力的全过程，为他们将来在职业学校中承担专业教学任务提供经验。

本书力求将师范性与职业性有机结合，将现代职教理念与教学方法较好地融入专业课程教学中，并且运用了大量的教学案例，选择的案例来源于全国中职教师教学设计比赛获奖作品、中职教学案例、工作过程系统化课程教材，具有代表性与时代性，希望能为从事电子科学与技术专业及相关中职专业的职前教育教学工作者提供教学参考。

本书由浙江师范大学沈亚强担任主编，浙江师范大学朱伟玲担任执行主编，教材架构、编写方案由沈亚强总体设计，第1～第10章、第12章由朱伟玲编写，第11章由浙江省遂昌职业高中的江坚编写。

在编写本书的过程中，编者得到了教育部职业院校教师素质提高计划项目组专家和项目管理办公室的指导，在此表示衷心感谢！

由于编者的水平有限，书中难免存在遗漏和不足之处，恳请大家批评指正（zwl@zjnu.cn）。

编　者

2017年2月

目 录

第1篇

基本概念与理论

第1章

电子行业人才需求与电子技术发展趋势分析

【本章教学课件】

1.1　电子科学与技术发展趋势分析

电子技术产业是我国国民经济的支柱产业，电子工业总产值占全国工业总产值的比例在逐年增加，今后若干年内仍将保持这一趋势。电子技术产业的发展必然带来对人才需求的增长，技术的进步必然要求人员素质的提高。电子产品制造业是一个高技术产业，它对人才的需求具有明显的两方面特点：一是具有高学历的开发、研究、创造性人才，二是具有较熟练操作技能的中等职业技术人员。

1.1.1　电子科学与技术应用领域的特点

电子科学与技术的应用有以下几个特点：

(1) 随着电子技术产业结构调整升级，电子科学与技术应用领域正从单一产业型向多产业型渗透转变，呈现复合性及多元化的特点。从电子制造业和代加工企业向传统的机械、机车、交通、轻纺、能源和冶金等行业的渗透和融合，使电子技术产品不断形成新的技术应用领域和开辟更为广阔的产品门类。

(2) 电子科学与技术发展引起了人们对电子产品需求量的增加，电子技术产品将呈现出规模化和个性化的发展趋势。电子信息技术产业的规模化发展，促进了产业链整合能力的提升、生产规模的扩大和经济效益的提高。通过开发个性化的高品质产品，提升产品的技术含量和高附加值，从而形成国际市场的竞争力。

(3) 电子信息技术是电子科学与技术发展的重要方向，网络计算、移动计算、并行计算，促进计算机技术、多媒体技术、智能化技术等有方向性的综合发展。多媒体电子信息技术的普及应用，成功突破了模糊技术、人工智能技术及神经元技术，利用视觉、听觉和智能机器人的功能，使电子信息技术逐步迈向智能化。

1.1.2　电子科学与技术的发展趋势

现代电子科学与技术的发展异常迅速，并在不断改变着人类的生活和生存方式，电子科学与技术的发展呈现如下趋势。

(1) 物联网代表了下一代信息发展的重要方向，它的发展离不开传感与检测、自动控制、信息处理、射频识别、无线通信等电子技术的发展。电子技术是物联网应用中的基础

技术，特别是嵌入式设备和传感器的海量信息处理将是物联网发展的一大任务和趋势。

(2) 集成电路是现代信息社会的基石，越来越多的功能集成在一块芯片上，但基于CMOS的芯片技术已接近物理极限。与此同时，微电子技术发展已进入系统集成芯片(SOC)时代，可将整个系统或子系统集成在一个硅芯片上。随着电子技术的发展，集成电路的特征尺寸将继续缩小，集成电路也将发展为系统芯片。

(3) 电子元器件传感器技术是现代科技的前沿技术，传统硅技术正逼近极限。微电子技术的进步促进了传感器技术的发展，新型传感器正在向小型化、专用化、简用化、家庭化方向发展，而且实现更灵敏、更准确、更快速、更可靠的实时检测。

(4) 光电子技术是由光子技术和电子技术结合而成的新技术，是未来信息产业的核心技术。随着信息的容量日益剧增，随着高容量和高速度的信息发展，电子学和微电子学都遇到了发展的局限性，而光作为更高频率和速度的信息载体，使信息技术的发展产生突破。光电子技术靠光子和电子的共同行为来执行其功能，是继微电子技术之后迅速兴起的一个高科技领域，是光子技术与电子技术相互渗透、相互交叉发展的又一科技发展趋势。

现代电子科学与技术是各行各业必不可少的技术基础，其应用领域学科交叉、创新空间广阔，是当前国际竞争最为激烈的领域，毫无疑问电子科学与技术将成为21世纪的支撑技术之一。

1.2　行业、企业要求

项目课题组就企业、行业对电子从业人员的技能与素质要求，在浙江省范围内，对从业人员、管理人员、国家职业技能鉴定文件进行了多方位调研。

1.2.1　电子行业企业调研

1. 电子行业从业人员问卷调查结果

通过对电子产品整机制造类、自动化控制设备制造类、电子器件与连接件配套生产类、销售服务类四类企业从业人员的基本素质与能力要求进行问卷调研，将调研结果按需求的高低比例排列，如表1-1所示。

表1-1　从业人员基本能力需求排序表

序　号	能　力
1	获取信息的能力
2	专业知识运用能力
3	电子产品的检测能力
4	生产组织、生产管理能力
5	团队合作、协调人际关系的能力
6	学习和创新的能力
7	电子电路装配、调试能力
8	计算机技术及应用能力

（续）

序　号	能　力
9	电子元器件的检测能力
10	PLC 技术与应用能力
11	培训能力
12	使用电子工具和仪器仪表
13	仿真和绘制 PCB 图
14	运用单片机技术设计及编程
15	设计电子控制系统
16	良好的英文基础
17	嵌入式系统设计能力
18	DSP 技术及其应用能力

企业对从业人员基本能力的需求情况分析：表 1－1 中所列的 18 项职业能力是电子类专业毕业生必须具备的职业能力。企业需求最高的五项能力是获取信息的能力，专业知识的运用能力，电子产品的检测能力，生产组织、生产管理能力和团队合作、协调人际关系能力。

因此，在学生能力的培养过程中，除了专业能力的培养之外，更应该重视社会能力、方法能力等普适性能力的培养，以提高学生的综合职业能力。

2. 电子企业对中职毕业生掌握知识与技能的要求

根据访谈调研电子企业岗位适应性，电子企业对中职学校毕业生的知识结构和主要能力要求归纳如下：

（1）准确的语言表达和文字表达能力。

（2）初步的英语能力和熟练的计算机操作能力。

（3）收集和整理文字资料及专业相关信息的能力。

（4）一定的电子仪表仪器操作能力及电子装配、检测、维修能力。

（5）一定的电器安装、调试、维护能力。

（6）一定的电子电路图阅读能力。

（7）一定的设计和开发电子产品的能力。

（8）一定的生产管理和市场营销能力。

（9）终生学习的能力。

（10）良好的职业道德。

3. 电子企业对中职毕业生职业能力的要求

1）实践动手能力

电子行业对企业员工的动手能力要求较高，无论是在一线生产线上进行装配、检测及维修，还是进行技术改进、新产品开发，都需要非常强的实践动手能力，要熟练使用各种仪器

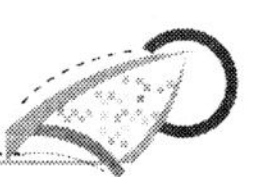

仪表，要认知各种元器件及其性能，要熟练进行焊接、调试。几乎所有被调查企业都对员工的实践动手能力提出了较高要求，这是保证企业能够高效率生产出优质产品的关键。

2）专业基础知识

企业对一线装配工人的基础知识要求不高，但员工想要有更好的发展，就要有扎实的基础知识。企业对员工基础知识的要求并不是全面系统的，主要体现在有关本企业产品的方面，即要求“专而博”，如模拟电子技术、数字电子技术、测量技术、元器件等是必需的，但这些知识也要与实践相结合，不能只掌握空洞的理论而不能运用到具体的设计中。拥有较宽的知识面，对多学科知识都有所掌握的复合型人才普遍受到企业青睐。

3）特殊技能的要求

首先是工具性技能，如基本的办公软件与网络使用能力、计算机辅助设计与制造能力，电子行业技术更新快，新的元件层出不穷，产品更新换代非常快，计算机技术已运用到该行业企业的各个方面，因此，计算机应用技能已是一项工具性的基本技能。其次是专业英语技能，由于电子行业的特点，很多原材料、产品和设备上的标签及说明书都是用英语标注说明的，所以员工要具备一定的英语识读能力。另外，一些企业已经开始开拓国外市场，产品设备销往国外就要进行售后服务，因此需要越来越多的具备较高英语水平的国际型人才。

4）个性素质的要求

对于员工的个性品质，主要从“实干”“诚信”“守纪”“服从”“团队合作”“人际沟通”“责任感”“承受力”“学习能力”等方面进行调查，被调查企业依据重要性排序的结果是“实干”“诚信”“学习能力”最重要，其次是“服从”“人际沟通”，再次是“责任感”“守纪”“团队合作”“承受力”。虽然对这些个性品质进行了重要性排序调查，但所有企业都表示，这些品质是企业员工都应具备的。

1.2.2　国家职业技能鉴定要求

对企业和中职学校的调研结果表明：中职学校电子技术类专业学生的就业岗位主要有设计开发人员、版图设计人员、质检人员、营销管理人员，以及电子企业生产一线的装配工、调试工、检测工、维修工、一般的管理人员等。其岗位类别与职责范畴的工作要求归纳如表1－2所示。

表1－2　岗位类别与职责范畴的工作要求

岗　位	职　责
电子产品检验岗位	根据产品生产流程制订过程检测工艺，检测元件与产品，判断元件与产品的合格性，分析批量质量；维护与校准检测仪器设备；定期对产品品质、异常情况进行统计分析，提出改进措施
产品故障检修岗位	根据产品故障现象、测试结果分析判断故障原因，诊断确定故障部件；正确使用维修工具排除故障；对维修后的电子产品进行性能测试；统计不良信息

（续）

岗　　位	职　　责
电子产品设计辅助岗位	参与公司发展路线与新产品的开发规划，分析产品需求，按照产品设计的操作流程与操作规范，对产品进行规划与设计实施
售后服务岗位	对售后产品进行检修维护，编制产品故障信息报告，协助研发人员对部分产品在设计和制造工艺上进行技术改造
生产管理岗位	对生产过程进行管理和监督，熟悉生产各环节的相关设备和操作流程
电子产品营销岗位	接收和分解客户任务指令，对照实际运行情况审核、制单并安排产品销售，管理客户信息

以上岗位可归纳为三种工作岗位群（工种）：①电子技术应用职业工作岗位，包括电子器件和电子产品的测试、维修等工种；②电子产品的生产、设计制作工作岗位；③生产实践与服务等工作岗位。根据这些工作岗位的工作任务和岗位胜任能力分析，中职电子技术专业学生最需要的是掌握电子技术基本的操作技能和电子技术的基本应用能力。

根据《中等职业学校专业目录》（2010 修订版），电子类专业覆盖的中职专业毕业生对应的职业与资格证书的关系如表 1－3 所示。

表 1－3　电子类中职专业毕业生对应的职业与资格证书

中职专业名称	对应职业（工种）	职业资格证书举例	继续学习本科专业
机电产品检测技术应用	无损检验员 （机电产品检验工）	无损检验员	电子科学与技术
汽车电子技术应用	维修电工	维修电工	电子科学与技术
光电仪器制造与维修	光电仪器仪表装调工		光电子科学技术
电子与信息技术	无线电调试工	无线电调试工	电子信息科学与技术
电子技术应用	电子器件检验工	电子元器件检验员	电子信息科学与技术
电子材料与元器件制造	电子产品制版工	电子产品制版工	电子信息工程
电子电器应用与维修	家用电子产品维修工	家用电子产品维修工	电子信息工程

下面从职业概况、工作内容分析及技能点、知识结构分析及知识点、技能结构权重分析、技能点权重分析、知识结构权重分析、知识点权重分析等方面对上述职业进行职业工作分析。

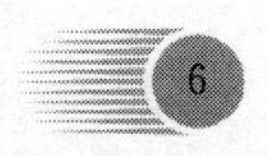

1. 无损检验员

通过分析国家职业标准，得到以下方面的结论。

1）职业概况

无损检验员的职业概况如表 1－4 所示。

表 1－4　职业概况

职业名称	无损检验员
素质要求	遵守法律、法规、标准和有关规定
	爱岗敬业，忠于职守，自觉认真履行各项职责
	诚实守信，不弄虚作假
	工作认真负责，具有高度的责任心
	严格执行无损检测工艺和操作程序，保证检测质量
	重视安全，保持工作环境清洁有序，坚持文明生产
职业定义	在不破坏检测对象的前提下，应用超声、射线、磁粉、渗透等技术手段和专用仪器设备，对材料、构建、零部件、设备的内部及表面缺陷进行检验和测量的人员
职业等级	本职业共设四个等级：中级（国家职业资格四级）、高级（国家职业资格三级）、技师（国家职业资格二级）、高级技师（国家职业资格一级）
职业环境	室内、外，常温，射线检测时有 X、γ 射线辐射
职业能力特征	动作协调，学习能力、计算能力和判断能力强，视力良好，无色盲、色弱
主要工作	抽取样品，对试样进行对比，制作试块
	安装、校正专用仪器设备
	使用探伤仪器设备检验材料、构件、零部件、设备等表面、近表面、内部缺陷的位置及尺寸
	记录、计算、判定检验数据
	协助主检人员完成检验报告
	检查、维护仪器设备

2）工作内容分析及技能点

（1）无损检验员的射线检测工作内容分析及技能点如表 1－5 所示。

表 1-5　射线检测工作内容分析及技能点

工作内容	技能点	工作内容	技能点
1）检测准备	能够识读射线检测工艺卡	2）检测操作	能够按辐射防护要求设置警戒标志、悬挂警告牌等
	能按检测工艺卡准备射线检测设备和器材		能够制作标记带
	能切、装胶片		能够贴片和摆放像质计
	能配置显、定影药液		能够用 X 射线机按检测工艺卡，要求拍摄钢制板、管对接焊接接头等简单形状的工件
	能够对 X 射线机进行训机		能够对散射线进行屏蔽
	能使用 X 射线曝光曲线确定射线透照参数		能够进行暗室冲洗和底片烘干
3）后处理	能够清理检测现场、X 射线机及辅助器材		能够测定底片黑度
			能够检查底片上的标记影像、像质计灵敏度等是否符合要求
	能够采取防振措施运输 X 射线机		能够进行射线检测记录
			能够对检测部位和缺陷进行标定
			能够绘制布片图

（2）无损检验员的渗透检测工作内容分析及技能点如表 1-6 所示。

表 1-6　渗透检测工作内容分析及技能点

工作内容	技能点	工作内容	技能点
1）检测准备	能够针对现场环境编制渗透检测的安全措施	2）编制渗透检测工艺文件	能够编制后乳化型渗透检测工艺卡
	能够对渗透检测剂的质量进行检查		能编制荧光渗透检测工艺卡
	能够根据校验规程对黑光灯等设备性能进行校验		能针对特定的检测对象提出渗透检测的优化方案
3）检测操作	能进行荧光渗透检测	4）缺陷评定	能够对荧光渗透检测结果进行评定
	能使用黑光灯观察缺陷的迹痕显示		能够对非相关迹痕显示进行分析判断

（3）无损检验员的超声检测工作内容分析及技能点如表1-7所示。

表1-7 超声检测工作内容分析及技能点

<table>
<tr><th>工作内容</th><th>技能点</th><th>工作内容</th><th>技能点</th></tr>
<tr><td rowspan="2">1）检测操作</td><td>能测定裂纹高度</td><td rowspan="2">2）缺陷评定</td><td>能判别非缺陷回波</td></tr>
<tr><td>能对铸件、T形接头、螺栓（柱）、堆焊层、奥氏体不锈钢锻件和奥氏体不锈钢对接焊接接头进行超声检测</td><td>能对铸件、T形接头、螺栓（柱）、堆焊层、奥氏体不锈钢锻件和奥氏体不锈钢对接焊接接头的检测结果进行评定</td></tr>
</table>

（4）无损检验员的磁粉检测工作内容分析及技能点如表1-8所示。

表1-8 磁粉检测工作内容分析及技能点

<table>
<tr><th>工作内容</th><th>技能点</th><th>工作内容</th><th>技能点</th></tr>
<tr><td rowspan="4">1）检测准备</td><td>能针对现场编制车费检测安全措施</td><td rowspan="5">2）编制磁粉检测工艺文件</td><td>能够编制线圈法、直接通电法、中心导体法检测螺栓（柱）螺母等磁粉检测工艺卡</td></tr>
<tr><td>能对磁粉、磁悬液等材料的质量进行检查</td><td>编制荧光磁粉检测工艺卡</td></tr>
<tr><td>能判断循环使用的磁悬液的污染情况</td><td>能编制剩磁法检测工艺卡</td></tr>
<tr><td>能根据校验规程对磁粉检测设备性能进行校验</td><td>能针对特定的检测对象提出磁粉检测的优化方案</td></tr>
<tr><td rowspan="5">3）检测操作</td><td>能使用大型固定式磁粉探伤机进行磁粉检测</td><td>能编制磁粉检测设备安全操作规程</td></tr>
<tr><td>能使用荧光法进行磁粉检测</td><td rowspan="4">4）缺陷评定</td><td>能编制磁粉检测设备的维护保养方案</td></tr>
<tr><td>能使用黑光灯观察磁痕显示</td><td>能对荧光法、剩磁法检测结果进行评定</td></tr>
<tr><td>能使用剩磁法进行磁粉检测</td><td rowspan="2">能对非相关磁痕显示进行分析判断</td></tr>
<tr><td>能采用不同方式记录缺陷磁痕</td></tr>
</table>

3）知识结构分析及知识点

无损检验员的知识结构分析及知识点如表1-9所示。

表 1－9　知识结构分析及知识点

知识分类	知识点	知识分类	知识点
1）识图知识	简单零件图、装配图的识读	3）金属材料及热处理基础知识	常用金属材料种类、热处理
	检测部位示意图的绘制		常用金属材料力学性能
2）金属材料加工基本知识	常用金属材料的焊接性能		常用金属材料金相组织
	常用焊接方法	4）无损检测的一般知识	无损检测的目的和特点
	常用焊接接头的焊接形式		常用无损检测方法的原理
	焊接缺陷的种类和产生原因	5）无损检测质量管理和安全保护知识	无损检测的质量管理知识
	金属材料价格的其他方法及其特点		无损检测的安全保护知识

4）技能结构权重分析

无损检验员的技能结构权重分析如表 1－10 所示。

表 1－10　技能结构权重分析

工作内容	初级	中级	高级	技师
射线检测	30	35	35	35
超声检测	30	35	35	35
磁粉检测	20	15	10	5
渗透检测	20	15	10	5
培训与管理	—	—	10	10
技术推广与试验研究	—	—	—	10
合　　计	100	100	100	100

5）知识结构权重分析

无损检验员的知识结构权重分析如表 1－11 所示。

表 1－11　知识结构权重分析

知识分类		初级	中级	高级	技师
基本要求	职业道德	5	5	5	5
	基础知识	25	20	15	10
相关知识	射线检测	20	25	25	25
	超声检测	20	30	25	25
	磁粉检测	15	10	10	10
	渗透检测	15	10	10	5
	培训与管理	—	—	10	10
	技术推广与试验研究	—	—	—	10
合　　计		100	100	100	100

2. 电子元器件检验员

【参考图文】

通过分析国家职业标准，得到以下方面的结论。

1）职业概况

电子元器件检验员的职业概况如表1-12所示。

表1-12　职业概况

职业名称	电子元器件检验员
素质要求	遵守国家法律、法规和有关规章制度
	爱岗敬业、忠于职守、自觉履行各项职责
	工作认真负责、严以律己、刻苦钻研技术业务
	遵守劳动纪律，爱护工具、设备、安全文明操作
	严格执行检验规范，工艺规程和作业指导书，保证检验质量
	诚实谦和、团结协作、艰苦朴素、尊师爱徒
职业定义	使用相关仪器和测试装置对半导体器件、光电子器件、电真空器件、机电元件、通用元件及特种元件进行质量检验的人员
职业等级	本职业共设四个等级：中级（国家职业资格四级）、高级（国家职业资格三级）、技师（国家职业资格二级）、高级技师（国家职业资格一级）
职业环境	室内，常温，洁净度符合相关要求
职业能力特征	具有较强的学习、计算、分析、推理和判断能力，形体感和色觉正常，视觉较好，手指、手臂灵活，动作协调
主要工作	抽取样品
	使用仪器设备检测电子元件的电学、热学、光学、力学性能及稳定性、可靠性性能
	检验原材料外购件的外观及理化性能
	测试半导体分立器件、集成电路
	检验压电石英晶体、石英晶体元器件
	检验继电器成品
	检验电子陶瓷成品
	分测、检验铁氧体材料、元器件
	记录、教育处、判定检验数据
	协助主检人员完成检验报告
	检查、维护仪器设备
	负责检验室卫生、安全工作

2）工作内容分析及技能点

电子元器件检验员的工作内容分析及技能点如表1-13所示。

表 1－13　工作内容分析及技能点

工作内容		技能点
检验准备	技术准备	能按不同检验项目选用标准、规范
		能做好检验记录准备
		能选用合适的检验设备、仪器工夹量具
		能识别所检产品的类别、型号、规格、来源
	受检产品的识别和接受	能识别所检产品批组成的状态
		能识别所检产品的包装和外观状态是否符合检验要求
		能按规定要求接受或拒收送检产品
	抽取检验样本	能按规定抽取检验样本
		能按规定对样品保存和传递
产品检验	外观（含包装）检验	能鉴别产品的标识和包装特征是否符合要求
		能鉴别产品的外观特征是否符合要求
		能按规定要求选用适合准确度的外观检测用工具
		能比对和选用标准样件（品）
	尺寸检验	能选用、操作和维护常用的量具和量规等
		能识读一般的机械图样
		能保证规定的测量准确度
		能按要求进行检验记录
	性能参数检验	能操作和维护常用的检测设备、仪器和装置
		能识读相关的图形符号和电路图
		能按规定的程序和方法进行有效检测
		能按要求填写检验记录

3）知识结构分析及知识点

电子元器件检验员的知识结构分析及知识点如表 1－14 所示。

表 1－14　知识结构分析及知识点

知识分类	知识点
1）电子元器件基础知识	半导体器件基础知识和基本性能
	光电子器件基础知识和基本性能
	电真空器件基础知识和基本性能
	机电元件基础知识和基本性能
	通用元件基础知识和基本性能
	特种元件基础知识和基本性能
	净化环境工作基本知识
2）相关基础知识	基本电、磁、热和光测量知识
	机械制图和电路图基本知识
	标准和标准化基础知识
	计算机软件应用知识
	精细加工知识
	显微测量应用知识
	安全生产知识

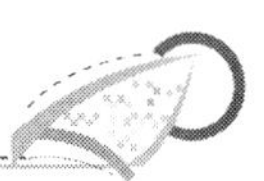

（续）

知识分类	知识点
3）相关法律、法规知识	《中华人民共和国产品质量法》的相关知识
	《中华人民共和国标准化法》的相关知识
	《中华人民共和国计量法》的相关知识
	《中华人民共和国统计法》的相关知识
	《中华人民共和国合同法》的相关知识
	《中华人民共和国进出口商品检验法》的相关知识
	《中华人民共和国消费者权益保护法》的相关知识

4）技能结构权重分析

电子元器件检验员的技能结构权重分析如表1-15所示。

表1-15　技能结构权重分析

工作内容	初级	中级	高级	技师
检验准备	15	15	10	10
产品检验	60	60	45	35
分析判定	25	25	30	35
管理与培训	—	—	15	20
合计	100	100	100	100

5）知识结构权重分析

电子元器件检验员的知识结构权重分析如表1-16所示。

表1-16　知识结构权重分析

知识分类		初级	中级	高级	技师
基本要求	职业道德	5	5	5	5
	基础知识	15	15	15	15
相关知识	检验准备	20	20	10	10
	产品检验	40	40	40	40
	分析判定	20	20	20	20
	管理与培训	—	—	10	10
合计		100	100	100	100

【参考图文】

3. 维修电工

通过分析国家职业标准，得到以下方面的结论。

1）职业概况

维修电工的职业概况如表 1－17 所示。

表 1－17　职业概况

职业名称	维修电工
素质要求	遵守有关法律、法规和有关规定
	爱岗敬业，具有高度的责任心
	严格执行工作程序、工作规范、工艺文件和安全操作规程
	工作认真负责，团结协作
	爱护设备及工具、夹具、刀具、量具
	着装整洁，符合规定；保持工作环境清洁有序，文明生产
职业定义	从事机械设备和电气系统线路及器件等的安装、调试与维护、修理的人员
职业等级	本职业共设五个等级：初级（国家职业资格五级）、中级（国家职业资格四级）、高级（国家职业资格三级）、技师（国家职业资格二级）、高级技师（国家职业资格一级）
职业环境	室内、室外
职业能力特征	具有一定的学习、理解、观察、判断、推理和计算能力，手指、手臂灵活，动作协调，并能高空作业
主要工作	对电气设备与原材料进行选型
	安装、调试、维护、保养电气设备
	架设与接通送、配电线路与电缆
	对电气设备进行大修、小修，修理或更换有缺陷的零部件
	对机床等设备的电器装置、电工器材进行维护保养、修理
	对室内电器线路和照明灯具进行安装、调试与修理
	维护保养电工工具、器具及测试仪表
	填写安装、运行、检修设备技术记录

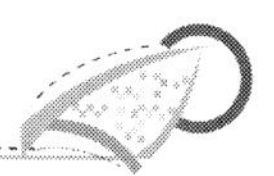

2）工作内容分析及技能点

维修电工的工作内容分析及技能点如表 1－18 所示。

表 1－18 工作内容分析及技能点

工作内容		技能点
准备	工具量具及仪器仪表	能够根据工作内容正确选用仪器、仪表
	读图与分析	能够读懂 X62W 铣床、MGB1420 磨床等较复杂机械设备的电气控制原理图
装调与维修	电气故障检修	能够按图样要求进行较复杂机械设备的主、控线路配电板的配线（包括选择电器元件、导线等），以及整台设备的电气安装工作
		能够按图样要求焊接晶闸管调速器、调功器电路，并用仪器、仪表进行测试
		能够拆卸、检查、修复、装配、测试 30kW 以下三相异步电动机和小型变压器
		能够检查、修复、测试常用低压电器
	配线与安装	能够进行 19/0.82 以下多股铜导线的连接并恢复其绝缘
		能够进行直径 19mm 以下的电线铁管煨弯、穿线等明、暗线的安装
		能够根据用电设备的性质和容量，选择常用电器元件及导线规格
		能够按图样要求进行一般复杂程度机械设备的主、控线路配电板的配线及整机的电气安装工作
		能够检验、调整速度继电器、温度继电器、压力继电器、热继电器等专用继电器
		能够焊接、安装、测试单相整流稳压电路和简单的放大电路
	测绘	能够测绘一般复杂程度机械设备的电气部分
	调试	能够正确进行 CA6 140 车床、Z535 钻床等一般复杂程度的机械设备或一般电路的试通电工作，能够合理应用预防和保护措施，达到控制要求，并记录相应的电参数

3）知识结构分析及知识点

维修电工的知识结构分析及知识点如表 1－19 所示。

表 1－19　知识结构分析及知识点

知识分类	知识点
1）电工基础知识	直流电与电磁的基本知识
	交流电路的基本知识
	常用变压器与异步电动机
	常用低压电器
	半导体二极管、晶体管和整流稳压电路
	晶闸管基础知识
	电工读图的基本知识
	一般生产设备基本电气控制线路
	常用电工材料
	常用工具、量具和仪表
	供电和用电的一般知识
	防护及登高用具等使用知识
5）相关法律、法规知识	劳动法相关知识 合同法相关知识
2）钳工基础知识	锯削：手锯、锯削方法
	锉削：锉刀、锉削方法
	钻孔：钻头、钻头刃磨
	手工加工螺纹： 内螺纹的加工工具与加工方法 外螺纹的加工工具与加工方法
	电动机的拆装知识： ① 电动机常用轴承种类简介； ② 电动机常用轴承的拆卸
3）安全文明生产与环境保护知识	文明生产要求及安全操作知识
	环境保护知识
4）质量管理知识	企业的质量方针
	岗位的质量要求
	岗位的质量保证措施与责任

4）技能结构权重分析

维修电工的技能结构权重分析如表 1－20 所示。

表 1－20　技能结构权重分析

工作内容		初级	中级	高级	技师
1）工作前准备	劳动保护与安全文明生产	10	5	5	5
	工具、量具及仪器、仪表	5	10	8	2
	材料选用	10	5	2	2
	读图与分析	10	10	10	7
2）装调与维修	电气故障检修	25	26	25	15
	配线与安装	25	24	15	2
	调试	15	18	19	10
	测绘	—	2	7	10
	新技术应用	—	—	3	13
	工艺编制	—	—	4	8
	设计	—	—	—	13

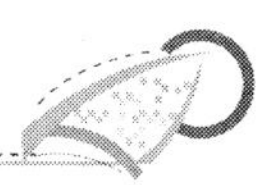

（续）

工 作 内 容		初级	中级	高级	技师
3）培训指导	指导操作	—	—	2	2
	理论培训	—	—	—	2
4）管理	质量管理	—	—	—	3
	生产管理	—	—	—	3
合　　计		100	100	100	100

5）知识结构权重分析

维修电工的知识结构权重分析如表 1-21 所示。

表 1-21　知识结构权重分析

工作内容	知识点	初级	中级	高级	技师	高级技师
1）基本要求	职业道德	5	5	5	5	5
	基础知识	22	17	14	10	10
2）工作前准备	劳动保护与安全文明生产	8	5	5	3	2
	工具、量具及仪器、仪表	4	5	4	3	2
	材料选用	5	3	3	2	2
	读图与分析	9	10	10	6	5
3）装调与维修	电气故障检修	15	17	18	13	10
	配线与安装	20	22	18	5	3
	调试	12	13	13	10	7
	测绘	—	3	4	10	12
	新技术应用	—	—	2	9	12
	工艺编制	—	—	2	5	8
	设计	—	—	—	9	12
4）培训指导	指导操作	—	—	2	2	2
	理论培训	—	—	—	2	2
5）管理	质量管理	—	—	—	3	3
	生产管理	—	—	—	3	3
合　　计		100	100	100	100	100

【参考图文】

4. 电子设备装接工

通过分析国家职业标准，得到以下方面的结论。

1）职业概况

电子设备装接工的职业概况如表1-22所示。

表1-22 职业概况

职业名称	维修电工
素质要求	遵守法律、法规和有关规定
	爱岗敬业，具有高度的责任心
	严格执行工作程序、工作规范、工艺文件、设备维护和安全操作规程，保质保量，确保设备、人身安全
	爱护设备及各种仪器、仪表、工具和设备
	努力学习，钻研业务，不断提高理论水平和操作能力
	谦虚谨慎，团结协作，主动配合
	听从领导，服从分配
职业定义	使用设备和工具装配、焊接电子设备的人员
职业等级	本职业共设五个等级，分别为初级（国家职业资格五级）、中级（国家职业资格四级）、高级（国家职业资格三级）、技师（国家职业资格二级）、高级技师（国家职业资格一级）
职业环境	室内、外，常温
职业能力特征	色觉、嗅觉、听觉正常
主要工作	使用工具画钉样板图，捆扎导线线束
	使用工具将导线进行剥头、沾锡
	使用设备或工具，将元器件进行成形、沾锡
	使用自动插装机或人工在印制电路板或基板上装插元器件
	使用波峰焊、浸焊设备或电烙铁焊接元器件和导线
	使用绕线枪或工装线接或压接导线
	使用工具装配电子设备的组件、部件和整机

2）工作内容分析及技能点

电子设备装接工的工作内容分析及技能点如表1-23所示。

表 1-23　工作内容分析及技能点

工作内容		技能点
1）准备	识读技术文件	能够读懂部件装配图
		能够测绘仪器外壳、底板、轴套等简单零件图
	准备工具	能选用焊接工具
		能对浸焊设备进行维护保养
	准备电子材料与元器件	能对导线预处理
		能制作线扎
		能测量常用电子元器件
2）装接与焊接	安装简单功能单元	能装配功能单元
		能进行简单机械加工与装配
		能进行钳工常用设备和工具的保养
	连线与焊接	能焊接功能单元
		能压接、绕接、铆接、粘接
		能操作自动化插接设备和焊接设备
3）检验与检修	检验功能单元	能检测功能单元
		能检验功能单元的安装、焊接、连线
	检修功能单元	能检修功能单元装接中焊点、扎线、布线、装配质量问题
		能修正功能单元布线、扎线

3）知识结构分析及知识点

电子设备装接工的知识结构分析及知识点如表 1-24 所示。

表 1-24　知识结构分析及知识点

知识分类	知识点
1）基础理论知识	机械、电气识图知识
	常用电工、电子元器件基础知识
	常用电路基础知识
	计算机应用基本知识
	电气、电子测量基础知识
	电子设备基础知识
	电气操作安全规程知识
	安全用电知识
2）相关法律、法规知识	《中华人民共和国质量法》相关知识
	《中华人民共和国标准化法》相关知识
	《中华人民共和国环境保护法》相关知识
	《中华人民共和国计量法》相关知识

4）技能结构权重分析

电子设备装接工的技能结构权重分析如表 1-25 所示。

表 1-25　技能结构权重分析

工作内容		初级	中级	高级	技师	高级技师
工艺准备	识读技术文件	5	5	5		
	编制工艺文件	—	—	—	5	5
	准备工具	10	10	10		
	准备电子材料与元器件	10	10	10	10	10
装接与焊接	安装简单功能单元	20	—	—	—	—
	连线与焊接	40	—	—	—	—
	安装功能单元	—	20	—	—	—
	连线与焊接	—	40	—	—	—
	安装整机	—	—	20	—	—
	连线与焊接	—	—	40	—	—
	安装复杂整机	—	—	—	10	—
	连线与焊接	—	—	—	40	—
	安装大型设备系统或复杂整机样机	—	—	—	—	10
	连线与焊接	—	—	—	—	40
检验与检修	检验简单功能单元	5	—	—	—	—
	检验功能单元	—	5	—	—	—
	检验整机	—	—	5	—	—
	检验复杂整机	—	—	—	5	—
	检验大型设备系统或复杂整机样机	—	—	—	—	5
	检修简单功能单元	10	—	—	—	—
	检修功能单元	—	10	—	—	—
	检修整机	—	—	10	—	—
	检修复杂整机	—	—	—	10	—
	检修大型设备系统或复杂整机样机	—	—	—	—	10
培训与管理	培训	—	—	—	10	10
	质量管理	—	—	—	10	5
	生产管理	—	—	—	—	5
合计		100	100	100	100	100

5）知识结构权重分析

电子设备装接工的知识结构权重分析如表 1-26 所示。

表 1-26　知识结构权重分析

项　　目			初级	中级	高级	技师	高级技师
基本要求		职业道德	5	5	5	5	—
		基础知识	20	20	20	—	—
相关知识	工艺准备	读技术文件	5	5	5	—	—
		编制工艺文件	—	—	—	10	5
		准备工具	5	5	5	—	—
		准备电子材料与元器件	10	10	10	10	10
	装接与焊接	安装简单功能单元	10	—	—	—	—
		连线与焊接	30	—	—	—	—
		安装功能单元	—	10	—	—	—
		连线与焊接	—	30	—	—	—
		安装整机	—	—	10	—	—
		连线与焊接	—	—	30	—	—
		安装复杂整机	—	—	—	10	—
		连线与焊接	—	—	—	30	—
		安装大型设备系统或复杂整机样机	—	—	—	—	10
		连线与焊接	—	—	—	—	30
	检验与检修	检验简单功能单元	5	—	—	—	—
		检验功能单元		5	—	—	—
		检验整机	—	—	5	—	—
		检验复杂整机	—	—	—	5	—
		检验大型设备系统或复杂整机样机	—	—	—	—	5
		检修简单功能单元	10	—	—	—	—
		检修功能单元	—	10	—	—	—
		检修整机	—	—	10	—	—
		检修复杂整机	—	—	—	10	—
		检修大型设备系统或复杂整机样机	—	—	—	—	10
	培训与管理	培训	—	—	—	10	10
		质量管理	—	—	—	10	10
		生产管理	—	—	—	—	10
合　计			100	100	100	100	100

【参考图文】

5. 电子产品制版工

通过分析国家职业标准，得到以下方面的结论。

1）职业概况

电子产品制版工的职业概况如表 1-27 所示。

表 1-27　职业概况

职业名称	电子产品制版工
素质要求	遵守国家法律法规和企业规章制度，劳动纪律
	遵守工作规程，保质保量按时完成工作任务
	工作认真负责，勤奋好学，不断提高自身业务水平和工作效率
	平等待人，相互协作，在团体内起好作用
职业定义	根据光学制版的原理，制作印制电路、集成电路和阴罩的原图、母版和工作版的从业人员
职业等级	本职业共设五个等级，分别为初级（国家职业资格五级）、中级（国家职业资格四级）、高级（国家职业资格三级）、技师（国家职业资格二级）、高级技师（国家职业资格一级）
职业环境	室内，常温，部分为净化、温湿度恒定的房间
职业能力特征	手指灵活，动作协调，有一般的表达计算能力，形体知觉、色觉好，手臂灵活
主要工作	使用光电绘图仪或手工，采用绘制或粘贴的方法制作原图
	使用刻图机，将掩膜图形刻在红膜上制作掩膜原图，或使用计算机辅助设计制作原图
	使用专用设备，将红膜图形粘贴在涂覆感光胶的基板上
	使用照相制版等设备，制作母版与工作版

2）工作内容分析及技能点

电子产品制版工的工作内容分析及技能点如表 1-28 所示。

表 1－28　工作内容分析及技能点

工作内容		技能点
计算机操作	计算机使用	能使用常用操作系统
		能完成计算机文件的复制、移动、删除
	作图软件的使用	能使用一种计算机作图软件
		能按照制版工艺检查用户设计文件
		能使用计算机作图软件完成印制电路的拼版
		能进行钳工常用设备和工具的保养
光绘制版	光绘机操作	能阅读用户光绘文件
		能使用光绘机
	设备维护	能看懂设备说明书
		能维护保养设备
底版冲洗	底版显定影	能手工或使用机器进行底版的显定影
		能控制和保持显定影溶液的浓度
	检验	能鉴别照相底片的质量
		能分析底片缺陷的原因
	设备维护和保养	能进行设备的日常维护和保养

3）知识结构分析及知识点

电子产品制版工的知识结构分析及知识点如表 1－29 所示。

表 1－29　知识结构分析及知识点

知识分类	知识点
基础理论知识	几何学基础知识
	尺寸计量相关知识
化学基础	物质结构知识
	化学元素知识
	化学反应知识
	酸碱盐知识
	化合物知识
质量管理知识	产品质量法
	企业的质量方针
	岗位的质量要求
	岗位的质量保证措施与责任
相关法律法规	劳动法相关知识
	合同法相关知识
电工基础	电气知识
	电子技术知识
	常用电器元件的名称和用途
钳工与识图	常用工具的使用和维护知识
	常用量具使用和维护保养知识
	常用设备的使用和维护知识
安全卫生环境保护知识	化学品安全知识
	设备操作安全知识
	环境保护知识
	有毒有害物防护知识
	劳动保护知识
	电气安全知识

4）技能结构权重分析

电子产品制版工的技能结构权重分析如表 1-30 所示。

表 1-30　技能结构权重分析

项　目		初级	中级	高级	技师	高级技师
制版准备	感光材料	20	—	—	—	—
	药液准备	20	—	—	—	—
	开机准备	15	—	—	—	—
制版工艺	简单制版	25	—	—	—	—
	检查	20	—	—	—	—
计算机操作	计算机的使用	—	15	—	—	—
	作图软件的使用	—	20	—	—	—
光绘制版	光绘机操作	—	15	—	—	—
	设备维护	—	—	—	—	—
底版冲洗	底版显定影	—	20	—	—	—
	检验	—	20	—	—	—
	设备维护和保养	—	10	—	—	—
计算机辅助设计原图	计算机数据处理	—	—	30	20	—
	绘图数据的格式转换	—	—	25	20	—
计算机辅助制造	工程数据的输入/输出	—	—	20	10	—
	工程数据的处理	—	—	25	15	—
制版工艺控制	工艺控制	—	—	—	20	—
	品质控制	—	—	—	15	—
制版工艺保障	工艺保障	—	—	—	—	20
	品质保障	—	—	—	—	20
新技术和新工艺应用	新技术推广和应用	—	—	—	—	15
	新工艺改进	—	—	—	—	15
培训与指导	员工的培训	—	—	—	—	15
	生产技术指导	—	—	—	—	15
合　计		100	100	100	100	100

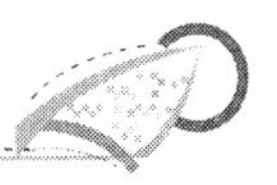

5）知识结构权重分析

电子产品制版工的知识结构权重分析如表1-31所示。

表1-31 知识结构权重分析

项目			初级	中级	高级	技师	高级技师
基本要求		职业道德	5	5	5	5	5
		基础知识	10	10	10	10	10
相关知识	制版准备	感光材料准备	20	—	—	—	—
		药液准备	15	—	—	—	—
		开机准备	10	—	—	—	—
	制版工艺	简单制版	20	—	—	—	—
		检查	20	—	—	—	—
	计算机操作	计算机的使用	—	10	—	—	—
		作图软件的使用	—	15	—	—	—
	光绘制版	光绘机操作	—	15	—	—	—
		设备维护	—	10	—	—	—
	底版冲洗	底版显定影	—	10	—	—	—
		检验	—	15	—	—	—
		设备维护和保养	—	10	—	—	—
	计算机辅助设计	计算机数据处理	—	—	25	15	—
		绘图数据的格式转换	—	—	20	15	—
	计算机辅助制造	工程数据的输入/输出	—	—	15	10	—
		工程数据的处理	—	—	25	10	—
	制版工艺控制	工艺控制	—	—	—	20	—
		品质控制	—	—	—	15	—
	制版工艺保障	工艺保障	—	—	—	—	20
		品质保障	—	—	—	—	15
	新技术和新工艺应用	新技术推广和应用	—	—	—	—	15
		新工艺改进	—	—	—	—	15
	培训和指导	员工的培训	—	—	—	—	10
		生产技术指导	—	—	—	—	10
合计			100	100	100	100	100

【参考图文】

6．无线电调试工

通过分析国家职业标准，得到以下方面的结论。

1）职业概况

无线电调试工的职业概况如表 1-32 所示。

表 1-32 职业概况

职业名称	无线电调试工
职业定义	使用测试仪器调试无线电通信、传输设备、广播视听设备和电子仪器、仪表的人员
职业等级	本职业共设四个等级，分别为中级（国家职业资格四级）、高级（国家职业资格三级）、技师（国家职业资格二级）、高级技师（国家职业资格一级）
职业环境	室内、外，常温
职业能力特征	具有较强的计算、分析、推理和判断能力，形体感、空间想象力强，手指、手臂灵活，动作协调性好
主要工作	使用系统测试设备和仪器、仪表，调试广播发射设备的部件和整机
	使用测试仪器和仪表，调试电视机、收音机、音响设备等视听设备
	使用专用测试设备调试微波通信、卫星通信、移动通信等无线通信、传输设备
	使用测试仪器、仪表调试电子仪器、仪表

2）工作内容分析及技能点

无线电调试工的工作内容分析及技能点如表 1-33 所示。

表 1-33 工作内容分析及技能点

工作内容		技能点
调试前准备	调试工艺文件准备	能按功能单元的调试要求准备好电路图、功能单元连线图、安装图、调试说明等工艺文件
		能读懂功能单元调试工艺中的调试目标和调试方法
	调试工艺环境设置	能合理选用调试工具
		能按工艺文件要求准备好功能单元测量用仪器、仪表及必要的附件，合理地连接成系统
装接质量复检	安装质量检查	能准确查出功能单元的安装错误处
		能准确发现功能单元的安装松动处
	连线和焊接质量检查	能从外观上判断焊接质量的不合格处
		能用万用表或蜂鸣器查出连线的不正确处
调试	产品安全检查	能判断功能单元裸露处电压的安全性
		能分辨功能单元安全防护的合理性
		能用绝缘测试仪和耐压测试仪对功能单元中的市电进线和 AC/DC 电源模块进行绝缘和耐压的测试
		能判断漏电和绝缘电阻的合格性
	功能调试	能通过硬和/或软键、触屏、模拟方法检查功能单元对技术要求中功能要求的符合性
		能发现功能单元的故障所在，并及时予以排除
	指标调试	能对功能单元的静态参数进行设置或调整，能使用仪器、仪表对功能单元的各项指标逐项进行测试和调整
	调试结果记录与处理	能填写调试记录

3）知识结构分析及知识点

无线电调试工的知识结构分析及知识点如表1-34所示。

表1-34　知识结构分析及知识点

知识分类	知识点	知识分类	知识点
专业基础知识	机械、电气识图知识	相关法律、法规知识	《中华人民共和国产品质量法》相关知识
	常用电工、电子元器件基础知识		
	电工基础知识		《中华人民共和国标准化法》相关知识
	模拟电路基础知识		
	脉冲数字电路基础知识		《中华人民共和国环境保护法》相关知识
	电子技术基础知识		
	电工、无线电测量基础知识		《中华人民共和国计量法》相关知识
	计算机应用基本知识		
	电子设备基础知识		《中华人民共和国劳动法》相关知识
	安全用电知识		

4）技能结构权重分析

无线电调试工的技能结构权重分析如表1-35所示。

表1-35　技能结构权重分析

项目		中级	高级	技师	高级技师
调试前准备	调试工艺文件准备	7	5	3	3
	调试工艺环境设置	7	7	5	5
装接质量复查	安装质量检查	8	5	3	3
	连接和焊接质量检查	8	6	3	3
调试	产品安全检查	5	5	3	3
	功能调试	25	30	25	23
	指标调试	35	37	40	40
	调试结果记录与处理	5	5	8	8
培训与管理	培训	—	—	4	6
	生产管理	—	—	3	—
	质量管理	—	—	3	—
	管理	—	—	—	6
合计		100	100	100	100

5）知识结构权重分析

无线电调试工的知识结构权重分析如表1－36所示。

表1－36 知识结构权重分析

项目		中级	高级	技师	高级技师
基本要求	职业道德	5	5	5	5
	基础知识	25	20	15	10
调试前准备	调试工艺文件准备	5	5	3	3
	调试工艺环境设置	5	5	5	5
装接质量复查	安装质量检查	5	5	3	3
	连接和焊接质量检查	5	5	3	3
调试	产品安全检查	5	5	3	3
	功能调试	18	18	18	18
	指标调试	25	30	30	30
	调试结果记录与处理	2	2	5	5
培训与管理	培训	—	—	4	7
	生产管理	—	—	3	—
	质量管理	—	—	3	—
	管理	—	—	—	8
合计		100	100	100	100

【参考图文】

7．家用电子产品维修工

通过分析国家职业标准，得到以下方面的结论。

1）职业概况

家用电子产品维修工的职业概况如表1－37所示。

表1－37 职业概况

职业名称	家用电子产品维修工
素质要求	遵守国家法律法规和有关规章制度
	热爱本职工作，刻苦钻研技术
	遵守劳动纪律，爱护工具、设备，安全文明生产
	诚实团结协作，艰苦朴素，尊师爱徒
	举止大方得体，态度诚恳
职业定义	使用高频振荡器、超高频振荡器、示波器、万用表等仪器仪表，对家用电视机、录像机、音响等家用电子产品进行调试、检测、装配、维护、修理的人员
职业等级	本职业共设四个等级，分别为中级（国家职业资格四级）、高级（国家职业资格三级）、技师（国家职业资格二级）、高级技师（国家职业资格一级）
职业环境	室内，常温

（续）

职业能力特征	应具有较强的计算、分析、推理和判断能力，形体感、空间感强，手指、手臂灵活，动作协调性好
主要工作	使用有关仪器仪表分析零件故障
	根据需要修理和更换零部件程度，确定修理价格和修理期限
	使用有关工具更换、修理坏损零部件
	交流并解答用户提出的问题
	使用有关检测仪器调试、检验设备的电气性能参数和机械传动装配的灵活性

2）工作内容分析及技能点

家用电子产品维修工的工作内容分析及技能点如表 1－38 所示。

表 1－38　工作内容分析及技能点

工作内容		技能点
故障调查	客户接待	能引导客户对故障进行描述
		能确定故障诊断的初步方案
	使用环境调查	能够对故障机的使用环境进行调查
维修组合音响产品	组合音响产品的故障分析诊断和检修	能够按照组合音响产品的电原理图进行检查
		能够对双卡录音座的故障进行分析和检修
		能对数字调谐器的故障进行分析和检修
		能够对音频信号处理及显示电路故障进行分析和检修
		能够对 CD 唱机的故障进行分析和检修
		能够对 MD 机的故障进行分析和检修
	音响设备调试	能够对组合音响产品进行调试
		能够使用调试仪表
维修遥控彩色电视机	遥控彩色电视机的故障分析诊断和维修	能够按照遥控彩色电视机的电原理图进行检查
		能够对遥控发射器的故障进行分析和检修
		能够对遥控接收电路的故障进行分析和检修
		能够对微处理器的故障进行分析和检修
		能够对控制接口电路的故障进行分析和检修
		能够对彩色电视机操作控制等方面的故障进行分析和检修
	电视机调试	能够对遥控彩色电视机进行调试
		能够使用调试仪表
客户服务	故障说明	能够填写故障检修单
		能够指导客户验收产品
	技术咨询	能够指导客户正确操作产品
		能够向客户征求工作改进建议

3）知识结构分析及知识点

家用电子产品维修工的知识结构分析及知识点如表 1－39 所示。

表 1－39　知识结构分析及知识点

知识分类	知识点
常用电子元器件基本知识	电阻器、电容器、电感器、变压器的基本性能
	半导体二极管、晶体管、场效应管和集成电路的基本特性和主要参数
	常用接插件、开关的种类特点
电工基本知识	电流、电位、电功率的基本概念
	基本电路的电流、电压计算方法
	正弦交流电的概念及表示法
	串联、并联谐振电路的基本特性
模拟电路基本知识	放大电路的组成及工作原理
	功率放大电路的工作特点
	整流电路的工作原理及稳压电源的组成
	集成电路的基本特性
数字电路基础知识	脉冲电路知识
	二进制及数制知识
	逻辑电路知识
安全知识和操作规程	安全操作规程和电工、电子安全知识
	仪表设备的使用管理及操作规程

知识分类	知识点
电声器件基本知识	常用电声器件的性能、指标
信号传输的基本知识	无线电波的发射与接收
	调幅、调频的主要特性
	有线传输的基本概念
仪器、仪表的使用	万用表的特点和使用方法
	示波器的特点和使用方法
	信号发生器的特点和使用方式
电路焊装知识	焊装工具知识
	电子元器件的拆装和焊接方法
相关法律、法规知识	《中华人民共和国价格法》的相关知识
	《中华人民共和国消费者》权益保护法的相关知识
	《中华人民共和国产品质量法》的相关知识
	《中华人民共和国劳动法》的相关知识
	《中华人民共和国消防法》的相关知识
	《中华人民共和国合同法》的相关知识
电子产品机械拆卸和装配知识	机壳、机架的拆装方法
	传动机构的拆装方法

4）技能结构权重分析

家用电子产品维修工的技能结构权重分析如表 1－40 所示。

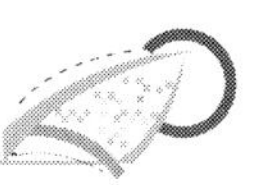

表 1-40 技能结构权重分析

项目			初级	中级	高级	技师	高级技师
客户接待	故障调查		10	5	5	1	1
	使用环境调查		10	5	5	1	1
收录机、黑白电视机、彩色电视机维修（任选其一）	故障诊断	1）验证故障机	5	—	—	—	—
		2）确定故障原因	30	—	—	—	—
	故障处理	1）部件维修、调整	10	—	—	—	—
		2）部件更换、调试	25	—	—	—	—
组合音响设备、遥控型彩色电视机和录、放像机的维修（任选其一）	故障诊断	1）验证故障机	—	5	—	—	—
		2）确定故障原因	—	35	—	—	—
	故障处理	1）部件维修、调整	—	10	—	—	—
		2）部件更换、调试	—	30	—	—	—
大屏幕彩色电视机、VCD影碟机和多制式、多功能录像机（任选其一）	故障诊断	1）验证故障机	—	—	5	—	—
		2）确定故障原因	—	—	30	—	—
	故障处理	1）部件维修、调整	—	—	10	—	—
		2）部件更换、调试	—	—	25	—	—
新型大屏幕彩色电视机、DVD影碟机、摄录一体机、AV功率放大器（简称AV功放）的维修（任选其一）	故障诊断	1）验证故障机	—	—	—	5	—
		2）确定故障原因	—	—	—	35	—
	故障处理	1）部件维修、调整	—	—	—	10	—
		2）部件更换、调试	—	—	—	28	—
新型大屏幕彩色数字高清晰度电视机、数字音视频设备维修	故障诊断	1）验证故障机	—	—	—	—	6
		2）确定故障原因	—	—	—	—	36
	故障处理	1）部件维修、调整	—	—	—	—	10
		2）部件更换、调试	—	—	—	—	26
客户服务	故障说明	—	5	5	—	—	—
	技术咨询	—	5	5	—	—	—
工作指导	培训维修工	—	—	—	10	10	10
	指导维修工工作	—	—	—	10	10	10
合计			100	100	100	100	100

5）知识结构权重分析

家用电子产品维修工的知识结构权重分析如表 1-41 所示。

表 1-41 知识结构权重分析

项目		初级	中级	高级	技师	高级技师
职业道德		3	3	—	—	—
基础知识	基础理论知识	12	12	10	10	8
	法律知识	2	2	—	—	—
	安全知识	2	2	—	—	—
客户接待	故障调查	2	2	—	—	—
	使用环境调查	2	2	—	—	—
维修调幅收音机	调幅收音机故障的分析、诊断和维修	13	—	—	—	—
	调幅收音机的调试	2	—	—	—	—
维修调频立体声收音机	调频立体声收音机故障的分析、诊断和维修	13	—	—	—	—
	调频立体声收音机的调试	2	—	—	—	—
维修盒式磁带录音机	盒式磁带录音机故障的分析、诊断和维修	13	—	—	—	—
	盒式磁带录音机的调试	2	—	—	—	—
维修黑白电视机	黑白电视机的故障分析、诊断和维修	13	—	—	—	—
	黑白电视机的调试	2	—	—	—	—
维修彩色电视机	彩色电视机的故障分析、诊断和维修	13	—	—	—	—
	彩色电视机的调试	2	—	—	—	—
维修组合音响产品	组合音响产品的故障分析、诊断和维修	—	22	—	—	—
	组合音响设备的调试	—	3	—	—	—
维修遥控彩色电视机	遥控彩色电视机的故障分析、诊断和维修	—	22	—	—	—
	遥控彩色电视机的调试	—	3	—	—	—
维修录、放像机	录、放像机的故障分析、诊断和维修	—	18	—	—	—
	录、放像机的机械安装和对位	—	4	—	—	—
	录、放像机的调试	—	3	—	—	—
维修大屏幕彩色电视机	大屏幕彩色电视机的故障分析、诊断和维修	—	—	25	—	—
	大屏幕彩色电视机的调试	—	—	4	—	—
维修 VCD 影碟机	VCD 影碟机的故障分析、诊断和维修	—	—	25	—	—
	VCD 影碟机的调试	—	—	4	—	—

（续）

项　目		初级	中级	高级	技师	高级技师
维修多制式多功能录像机	多制式、多功能录像机的故障分析、诊断和维修	—	—	20	—	—
	多制式、多功能录像机的机械安装	—	—	5	—	—
	多制式、多功能录像机的调试	—	—	3	—	—
维修新型大屏幕彩色电视机	新型大屏幕彩色电视机的故障分析、诊断和维修	—	—	—	18	21
	新型大屏幕彩色电视机的调试	—	—	—	3	—
维修 DVD 影碟机	DVD 影碟机的故障分析、诊断和维修	—	—	—	18	21
	DVD 影碟机的调试	—	—	—	3	—
维修摄录一体机	摄录一体机的故障分析、诊断和维修	—	—	—	18	—
	摄录一体机的调试	—	—	—	2	—
维修 AV 功放（家庭影院系统）	AV 功放（家庭影院系统）的故障分析、诊断和维修	—	—	—	17	—
	家庭影院系统的效果评价和调整	—	—	—	3	—
维修数字式摄录一体机	数字摄录一体机的故障分析、诊断和维修	—	—	—	—	21
维修新型数字式音频、视频产品	新型数字式音频、视频产品的故障分析、诊断和维修	—	—	—	—	21
客户服务	故障说明	1	1	—	—	—
	技术咨询	1	1	—	—	—
工作指导	培训维修工作	—	—	2	4	4
	指导维修工作	—	—	2	4	4
合　计		100	100	100	100	100

1.3　中职学校电子科学与技术类专业的培养目标

从调研结果中分析，中职学校电子科学与技术类专业的培养目标是培养与市场相适应的全面发展的，面向生产、建设、管理、服务第一线的，从事电子电器装配、调试、维修、检验、操作及营销等工作的中、初级技能型人才。

中等职业学校学生经过电子技术专业教育，接受包括知识、能力和素质等方面的教育。

知识包括文化基础知识和专业知识。专业知识指常用电子元器件基本知识、电工基本知识、模拟电路基本知识、数字电路基础知识、仪器仪表的使用知识、电声器件基本知识、信号传输的基本知识、电路焊装的知识、电子产品机械拆卸和装配知识、安全知识和操作规程、电子产品营销知识。

能力包括专业能力、社会能力和创新能力。专业能力指计算、分析、推理和判断能力，故障诊断和分析能力，熟练操作和使用常用的电子仪器、仪表的能力，阅读电子整机线路图的能力，装配、调试、维修、检验电子设备的能力，以及电子产品的市场营销能力、自学能力等。社会能力指具有良好的社交能力、岗位弹性适应能力和协作能力等。创新能力指具有创新精神和创业能力。

素质包括自然素质、社会素质和专业素质。

中等职业学校电子科学与技术类专业的毕业生对应的工作岗位包括电子元器件生产和电子产品生产企业、电子产品的装配企业、电子相关的生产企业、电子产品的维修企业、电器及其相关企业、电子产品营销企业等；可从事的工作岗位有电子产品装配与调试、维修电工、家用电器维护维修；音视频产品装配与调试、电子电器产品营销、电气焊接等。

与职业岗位对应的能力要求如图 1.1 所示。

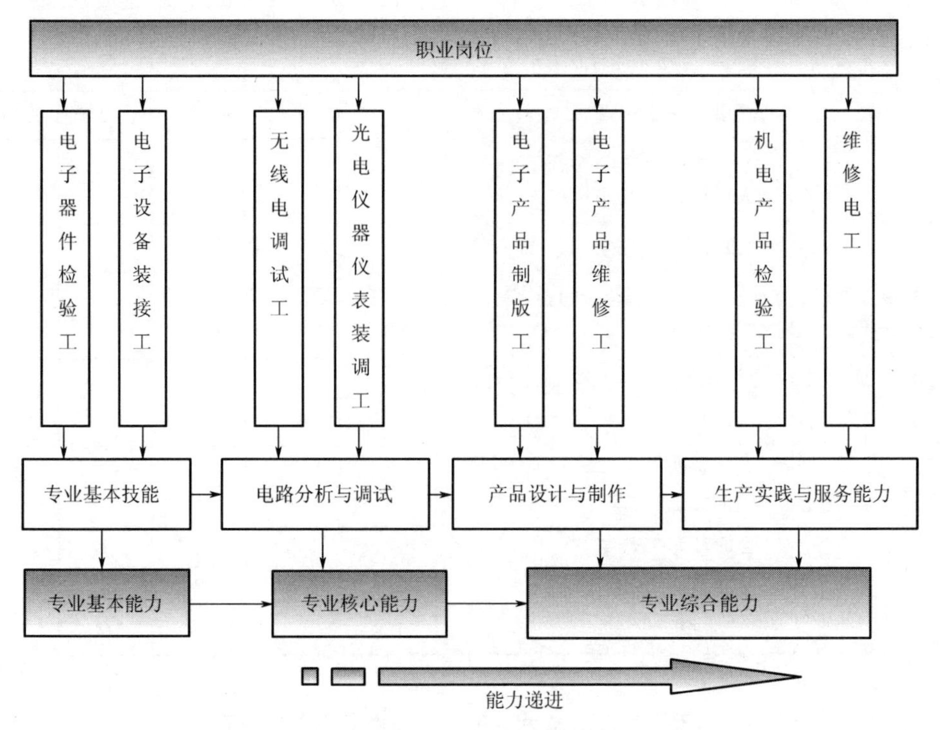

图 1.1　专业知识及能力与职业岗位关系

练　　习

请选择一种职业，调研有关该专业的国家职业资格证考试的内容、大纲、流程、费用及考点信息，并形成电子文档。

第2章

中职电子科学与技术专业课程体系

【本章教学课件】

教学内容分析是教学设计的第一个环节。当一名新教师被聘为某学校某专业教师时，可能会因为对教学内容不熟悉而感到焦虑，这是很正常的反应。因此，在教学前，从总体上充分认识所教的专业对于缓解紧张焦虑的情绪有很大的帮助。

2.1 专业课程体系

对于一名教师来说，对专业课程体系的认识可以增加专业总体上的把握。

根据《中等职业学校电子科学与技术类专业教师标准》和《电子科学与技术教育专业教师培养标准》，中等职业学校电子科学与技术类专业教师任教的专业为电子技术应用专业、汽车电子技术应用专业和机电产品检测技术应用专业。

中华人民共和国教育部2014年出版的《中等职业学校专业教学标准》制订的以上三个专业技能课程体系如图2.1～图2.4所示。

【参考图文】

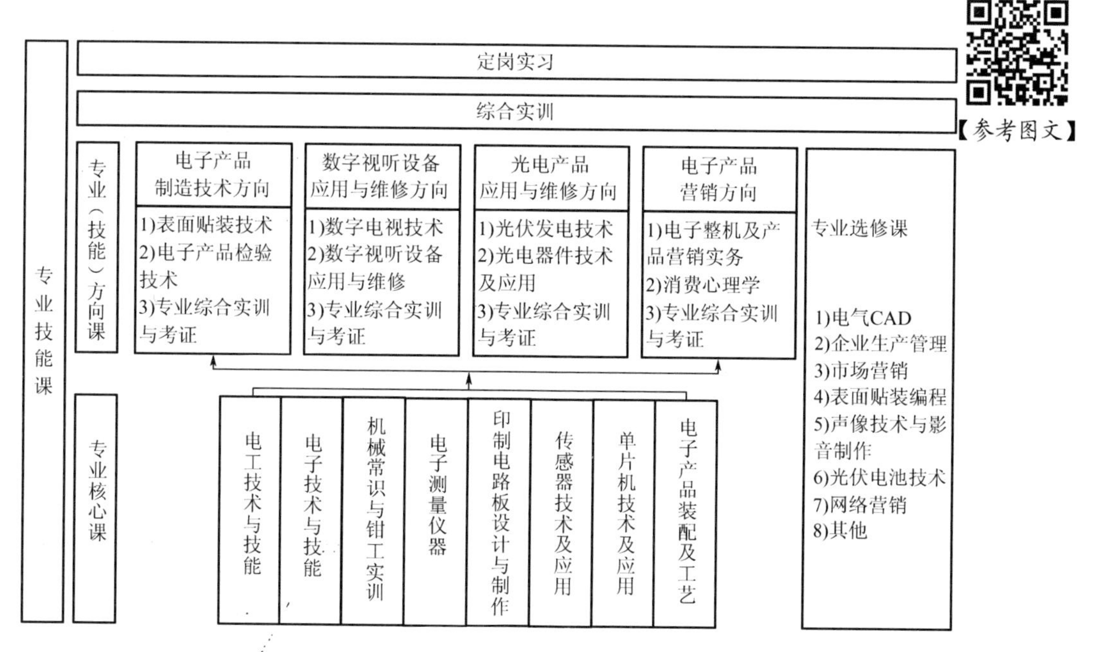

图2.1 中等职业学校电子技术应用专业课程结构

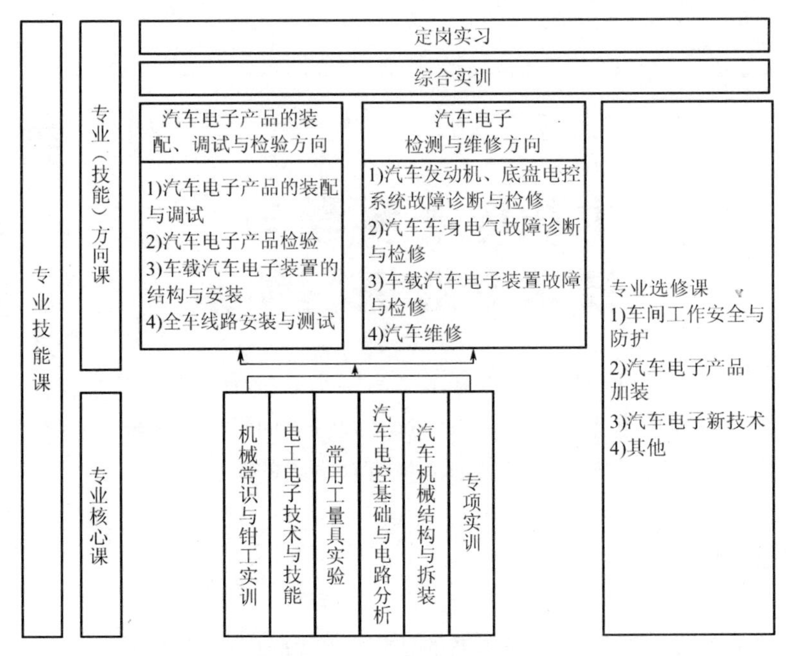

图 2.2　中等职业学校汽车电子技术应用专业课程结构

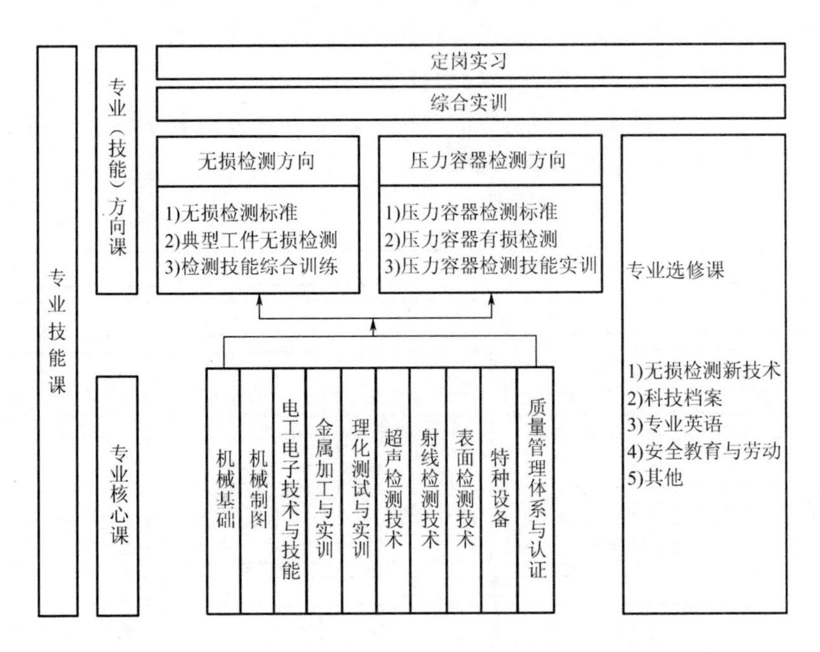

图 2.3　中等职业学校机电产品检测技术应用专业课程结构

浙江省的电子技术应用专业坚持“以企业需求为基本依据，以就业为导向，以全面素质为基础，以能力为本位”的教学指导思想，根据职业岗位能力要求，在对企业需求进行深入广泛的调研和组织企业专家进行任务和能力分析的基础上，结合国家职业资格标准及学生职业生涯的发展需要设置课程和教学环节，并对课程内容进行修改、补充。

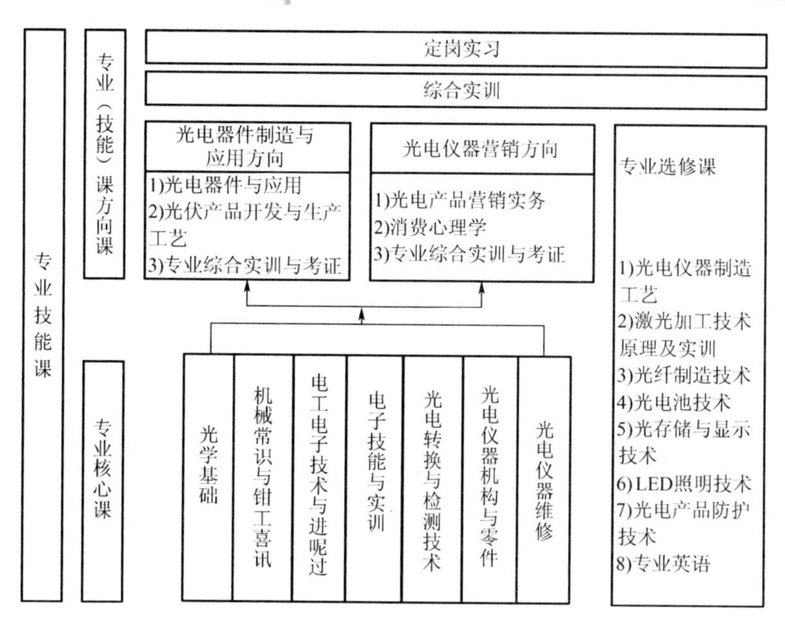

图 2.4 中等职业学校光电仪器制造与维修应用专业课程结构

根据专业教学指导方案，电子技术应用专业课程共设置为 100 个教学项目，其中必修项目约 60 个，选修项目约 40 个，实施理实一体化教学，在做中学。其中，“核心课程”包括电子元器件与电路基础、电子基本电路安装与测试、电子产品安装与调试、Protel 2004 项目实训与应用和电子技术综合应用等课程，如图 2.5 所示。

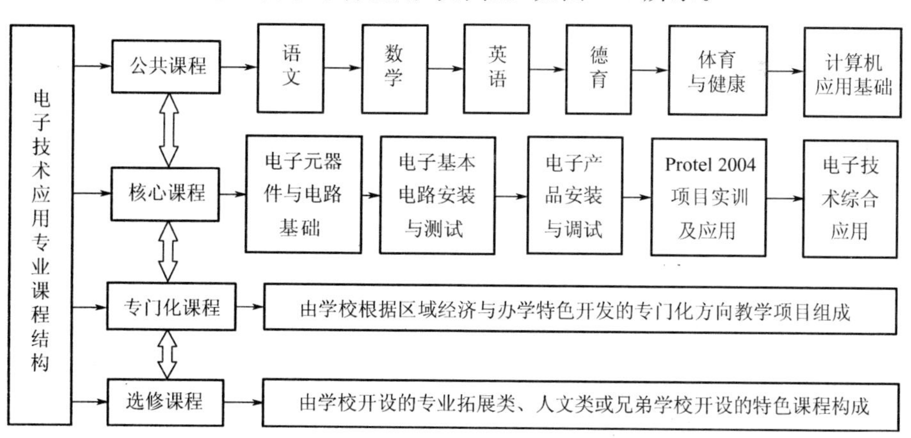

图 2.5 电子技术应用专业课程结构

分析以上专业的专业课程，可以发现专业技能课程有一些共同点：

（1）电工技术与技能、电子技术与技能是专业核心基础课。

（2）电子测量仪器与电工仪表的使用是相关课程。

（3）重实训：综合实训包含社会实践、课程实训、生产性实训、顶岗实习。

电子科学与技术专业教师的教学内容涉及以下类型：

（1）专业知识（电工电子技术）。

（2）操作技能（电工电子技能、仪器仪表的使用等）。

（3）参观考察（生产参观）。

（4）生产实践（企业实习）。

2.2 《中等职业学校专业教学标准》对教学的要求

《中等职业学校专业教学标准》是指导和管理中等职业学校教学工作的主要依据，是保证教育教学质量和人才培养规格的纲领性教学文件。

大事记

为贯彻全国教育工作会议精神和教育规划纲要，建立健全教育质量保障体系，提高职业教育质量，教育部于2012年12月成立了中等职业学校专业教学标准制订工作领导小组和专家组，启动中等职业学校专业教学标准（以下简称专业教学标准）制订工作。2014年，制订并出版了首批涉及14个专业类的95个《中等职业学校专业教学标准（试行）》。

《中等职业学校专业教学标准》对专业的教学提出了详细的标准要求：

（1）中职专业技能课的任务是培养学生掌握必要的专业知识与比较熟练的职业技能，提高学生就业、创业能力和适应职业变化的能力。

（2）课程内容紧密联系生产劳动实际和社会实践，突出应用性和实践性，并注意与相关职业资格考核要求相结合。

（3）积极探索理论—实践—多媒体一体化教学：按照职业岗位（群）的能力要求，突出“做中学、做中教”。

（4）专业技能课教学应根据培养目标、教学内容和学生的学习特点，采取灵活多样的教学方法。

（5）专业核心课教学应以实践为核心，辅以必要的理论知识，以配合就业与继续进修的需求，并兼顾培养学生创造思考、解决问题、适应变迁及自我发展的能力，必须使学生具有就业或继续进修所需的基本知识与技能。

（6）实习实训要强化学生实践能力和职业技能，以提高综合职业能力。

2.3 中等职业教育课程标准

中等职业教育课程标准是根据特定职业教育领域内一定学段的课程目标，以学生职业能力和职业技能的形成为重点，为教与学提供详细指导而编写的指导性文件。

课程目标上承教育目的、教育目标，下接具体教学目标。

知识拓展

教育部关于中职课程教学大纲的文件精神

教职成〔2000〕1号《关于全面推进素质教育加强中等职业教育教学改革的意见》指出：“中等职业教育的特色在于使学生在掌握必需的文化知识和专业知识的同时，具有熟

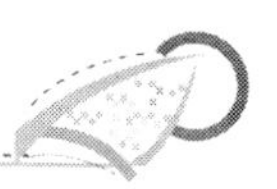

练的职业技能和适应职业变化的能力。中等职业教育的教学内容应与职业资格标准相适应，以提高学生的职业能力。”

大事记

为了贯彻《国务院关于大力发展职业教育的决定》精神，进一步深化职业教育教学改革，提高职业教育质量和技能型人才培养水平，根据《教育部关于进一步深化中等职业教育教学改革的若干意见》（教职成〔2008〕8号）和《教育部关于制定中等职业学校教学计划的原则意见》（教职成〔2009〕2号），在认真总结上一轮中等职业教育教学改革经验的基础上，教育部组织力量对现行中等职业学校机械制图等覆盖专业面广、规范性要求高的部分大类专业基础课程教学大纲进行了修订。

2009年5月，教育部印发中等职业学校9门大类专业基础课程教学大纲，其中电类有三门，即《中等职业学校电工电子技术与技能教学大纲》《中等职业学校电子技术基础与技能教学大纲》《中等职业学校电工技术基础与技能教学大纲》。这三个文件是中职学校电类专业课程教学的依据。

示例1　《中等职业学校电工技术基础与技能教学大纲》

1. 课程概况

1）课程性质与任务

本课程是中等职业学校电类专业的一门基础课程。其任务是：使学生掌握电子信息类、电气电力类等专业必备的电工技术基础知识和基本技能，具备分析和解决生产生活中一般电工问题的能力，具备学习后续电类专业技能课程的能力；对学生进行职业意识培养和职业道德教育，提高学生的综合素质与职业能力，增强学生适应职业变化的能力，为学生职业生涯的发展奠定基础。

2）课程教学目标

（1）学生会观察、分析与解释电的基本现象，理解电路的基本概念、基本定律和定理，了解其在生产生活中的实际应用；会使用常用电工工具与仪器仪表；能识别与检测常用电工元件；能处理电工技术实验与实训中的简单故障；掌握电工技能实训的安全操作规范。

（2）结合生产生活实际，了解电工技术的认知方法，培养学习兴趣，形成正确的学习方法，有一定的自主学习能力；通过参加电工实践活动，培养运用电工技术知识和工程应用方法解决生产生活中相关实际电工问题的能力；强化安全生产、节能环保和产品质量等职业意识，养成良好的工作方法、工作作风和职业道德。

2. 教学内容结构

教学内容由基础模块和选学模块两部分组成。

（1）基础模块是各专业学生必修的基础性内容和应该达到的基本要求，教学时数为54学时。

（2）选学模块是适应不同专业需要，以及不同地域、学校的差异，满足学生个性发展的选学内容，选定后即为该专业的必修内容，教学时数不少于10学时。

（3）课程总学时数不少于64学时。

3. 教学内容与要求

本课程的教学内容与要求如表 2－1 和表 2－2 所示。

表 2－1　基础模块

教学单元	教学内容	教学要求与建议
认识实训室与安全用电	认识实训室	通过现场观察与讲解，了解电工实训室的电源配置，认识交、直流电源、基本电工仪器仪表及常用电工工具；对本课程形成初步认识，培养学习兴趣
	安全用电	了解电工实训室操作规程及安全电压的规定，树立安全用电与规范操作的职业意识；通过模拟演示等教学手段，了解人体触电的类型及常见原因，掌握防止触电的保护措施，了解触电的现场处理措施； 通过模拟演示等教学手段，了解电气火灾的防范及扑救常识，能正确选择处理方法
直流电路	电路组成与模型	认识简单的实物电路，了解电路组成的基本要素，理解电路模型，会识读简单电路图； 识别常用电池的外形、特点，了解其实际应用
	电路的基本物理量及其测量	理解参考方向的含义和作用，会应用参考方向解决电路中的实际问题； 通过与现实生活中的实例类比，理解电动势、电位和电能的物理概念； 理解电流、电压和电功率的概念，并能进行简单计算； 直流电路电流、电压的测量实验：能正确选择和使用电工仪表，掌握测量电流、电压的基本方法；能测量小型用电设备的电流、电压
	电　阻	了解电阻器及其参数，会计算导体电阻，了解电阻与温度的关系在家电产品中的应用，了解超导现象； 能区别线性电阻和非线性电阻，了解其典型应用； 识别常用、新型电阻器，了解常用电阻传感器的外形及其应用； 电阻测量实验：根据被测电阻的数值和精度要求选择测量方法和手段，使用万用表测量电阻；了解使用兆欧表测量绝缘电阻及用电桥对电阻进行精密测量方法
	欧姆定律	了解电阻元件电压与电流的关系，掌握欧姆定律； 掌握电阻串联、并联及混联的连接方式，会计算等效电阻、电压、电流和功率
	实训：常用电工材料与导线的连接	了解常用导电材料、绝缘材料及其规格和用途； 会使用合适的工具对导线进行剥线、连接以及绝缘恢复
	基尔霍夫定律的应用	了解支路、节点、回路和网孔的概念； 通过实验，总结电路中节点电流及回路电压规律，掌握基尔霍夫定律； 能应用基尔霍夫电流、电压定律列出两个网孔的电路方程
	实训：电阻电路故障检查	通过学生讨论、师生互动，学习检查电路故障的方法，能用电流表、万用表、电压表（电位法）检查电路故障

（续）

教学单元	教学内容	教学要求与建议
电容和电感	电　　容	通过参观电子市场或家电维修部，增加对常用电容器的感性认识，了解其种类、外形和参数，了解电容的概念，了解储能元件的概念； 能根据要求，正确选择利用串联、并联方式获得合适的电容； 电容器充、放电实验：可通过仪器仪表观察电容器充放电规律，理解电容器充、放电电路的工作特点，会判断电容器的好坏
	电磁感应	理解磁场的基本概念，会判断载流长直导体与螺线管导体周围磁场的方向，了解其在工程技术中的应用； 了解磁通的物理概念，了解其在工程技术中的应用； 了解磁场强度、磁感应强度和磁导率的基本概念及其相互关系； 掌握左手定则； 掌握右手定则
	电　　感	了解电感的概念，了解影响电感器电感量的因素； 了解电感器的外形、参数，会判断其好坏
单相正弦交流电路	实训：单相正弦交流电路的认识	熟悉实训室工频电源的配置； 了解信号发生器、交流电压表、交流电流表、钳形电流表、万用表、单相调压器等仪器仪表； 了解试电笔的构造，并会使用
	正弦交流电的基本物理量	理解正弦量解析式、波形图的表现形式及其对应关系，掌握正弦交流电的三要素； 理解有效值、最大值和平均值的概念，掌握它们之间的关系； 理解频率、角频率和周期的概念，掌握它们之间的关系； 理解相位、初相和相位差的概念，掌握它们之间的关系
	旋转矢量法	理解正弦量的旋转矢量表示法，了解正弦量解析式、波形图、矢量图的相互转换
	纯电阻、纯电感、纯电容电路	掌握电阻元件电压与电流的关系，理解有功功率的概念； 掌握电感元件电压与电流的关系，理解感抗、有功功率和无功功率的概念； 掌握电容元件电压与电流的关系，了解容抗、有功功率和无功功率的概念； 示波器、信号发生器的使用实验：会使用信号发生器、毫伏表和示波器，会用示波器观察信号波形，会测量正弦电压的频率和峰值，会观察电阻、电感、电容元件上的电压与电流之间的关系
	串联电路	理解 RL 串联电路的阻抗概念，掌握电压三角形、阻抗三角形的应用； 理解 RC 串联电路的阻抗概念，掌握电压三角形、阻抗三角形的应用； 理解 RLC 串联电路的阻抗概念，掌握电压三角形、阻抗三角形的应用； 交流串联电路实验：会使用交流电压表、电流表，熟悉示波器的使用，会用示波器观察交流串联电路的电压、电流相位差

（续）

教学单元	教学内容	教学要求与建议
单相正弦交流电路	实训项目：常用电光源的认识与荧光灯的安装	了解常用电光源、新型电光源及其构造和应用场合； 荧光灯电路安装实训：能绘制荧光灯电路图，会按图纸要求安装荧光灯电路，能排除荧光灯电路简单故障
	交流电路的功率	理解电路中瞬时功率、有功功率、无功功率和视在功率的物理概念，会计算电路的有功功率、无功功率和视在功率； 理解功率三角形和电路的功率因数，了解功率因数的意义
	电能的测量与节能	会使用单相感应式电能表，了解新型电能计量仪表； 了解提高电路功率因数的意义及方法； 提高功率因数的实验：会使用仪表测量交流电路的功率和功率因数，了解感性电路提高功率因数的方法及意义
	实训项目：照明电路配电板的安装	了解照明电路配电板的组成，了解电能表、开关、保护装置等器件的外部结构、性能和用途，会安装照明电路配电板
三相正弦交流电路	三相正弦交流电源	了解三相正弦对称电源的概念，理解相序的概念； 了解电源星形联结的特点，能绘制其电压矢量图； 了解我国电力系统的供电制
安全用电	用电保护	了解保护接地的原理； 掌握保护接零的方法，了解其应用； 了解电气安全操作规程，会保护人身与设备安全，防止发生事故；初步掌握触电现场的处理方法

表 2-2　选学模块

教学单元	教学内容	教学要求与建议
直流电路（基本定理）	电源的模型	了解电压源和电流源的概念，了解实际电源的电路模型
	戴维宁定理	了解戴维宁定理及其在电气工程技术中进行外部端口等效与替换的方法，如对电子技术中输入电阻、输出电阻概念的解释
	叠加定理	了解叠加定理，了解在分析电路时复杂信号可由简单信号叠加的方法
	负载获得最大功率条件	了解负载获得最大功率的条件及其应用

（续）

教学单元	教学内容	教学要求与建议
互　感	互感的概念	理解互感的概念，了解互感在工程技术中的应用，能解释影响互感的因素； 理解同名端概念，了解同名端在工程技术中的应用，能解释影响同名端的因素
	变压器	了解变压器的电压比、电流比和阻抗变换
谐　振	串联电路的谐振	了解串联谐振电路的特点，掌握谐振条件、谐振频率的计算，了解影响谐振曲线、通频带、品质因数的因素； 了解串联谐振的利用与防护，了解谐振的典型工程应用和防护措施。 串联谐振电路实验：观察 *RLC* 串联电路的谐振状态，测定谐振频率
	电感与电容并联电路的谐振	了解并联谐振电路的特点，掌握谐振条件、谐振频率的计算
三相正弦交流电路（三相负载）	三相负载的连接	了解星形联结方式下三相对称负载线电流、相电流和中性线电流的关系，了解对称负载与不对称负载的概念，以及中性线的作用； 了解对称三相电路功率的概念与计算； 三相对称负载星形联结电压、电流的测量实验：观察三相星形负载在有、无中性线时的运行情况，测量相关数据，并进行比较
非正弦周期波	非正弦周期波的概念	了解非正弦周期波的分解方法，理解谐波的概念
瞬态过程	瞬态过程的概念及换路定律	理解瞬态过程，了解瞬态过程在工程技术中的应用； 理解换路定律，能运用换路定律求解电路的初始值
	RC 串联电路瞬态过程	了解 *RC* 串联电路瞬态过程；理解时间常数的概念，了解时间常数在电气工程技术中的应用，能解释影响其大小的因素
磁　路	磁路的物理量	了解磁路和磁通势的概念； 了解主磁通和漏磁通的概念； 了解磁阻的概念，了解影响磁阻的因素
	铁磁性材料	了解磁化现象，能识读起始磁化曲线、磁滞回线、基本磁化曲线，了解常用磁性材料； 了解消磁与充磁的原理和方法； 了解磁滞、涡流损耗产生的原因及降低损耗的方法； 了解磁屏蔽的概念及其在工程技术中的应用
综合实训	万用表的组装与调试	能识读万用表基本电路图，了解万用表的内部结构，能对万用表电路元器件进行识别与测量，能装配、调试万用表

4. 教学实施

1）学时安排建议

电工技术基础与技能的基础模块和选学模块各教学单元的学时安排建议如表 2－3 所示。

表 2－3　学时安排建议

模　　块	教学单元	建议学时数	
基础模块	认识实训室与安全用电	4	54
	直流电路	14	
	电容和电感	8	
	单相正弦交流电路	20	
	三相正弦交流电路	4	
	安全用电	4	
选学模块	直流电路（基本定理）	7	34
	互感	3	
	谐振	8	
	三相正弦交流电路（三相负载）	4	
	非正弦周期波	2	
	瞬态过程	3	
	磁路	3	
	综合实训	4	

2）教学方法建议

本课程的教学方法建议有以下几点：

（1）以学生发展为本，重视培养学生的综合素质和职业能力，以适应电工技术快速发展带来的职业岗位变化，为学生的可持续发展奠定基础。为适应不同专业及学生需求的多样性，可通过对选学模块教学内容的灵活选择，体现课程内容的选择性和教学要求的差异性。教学过程中，应融入对学生职业道德和职业意识的培养。

（2）坚持“做中学、做中教”，积极探索理论和实践相结合的教学模式，使电工技术基本理论的学习、基本技能的训练与生产生活中的实际应用相结合。引导学生通过学习过程的体验或典型电工产品的制作等，提高学习兴趣，激发学习动力，掌握相应的知识和技能。

5. 考核与评价

(1) 考核与评价要坚持结果评价和过程评价相结合，定量评价和定性评价相结合，教师评价和学生自评、互评相结合，使考核与评价有利于激发学生的学习热情，促进学生的发展。

(2) 考核与评价要根据本课程的特点，改革单一考核方式，不仅关注学生对知识的理解、技能的掌握和能力的提高，还要重视规范操作、安全文明生产等职业素质的形成，以及节约能源、节省原材料与爱护工具设备、保护环境等意识与观念的树立。

示例2 《中等职业学校电子技术基础与技能教学大纲》

1. 课程概况

1) 课程性质与任务

本课程是中等职业学校电类专业的一门基础课程。其任务是：使学生掌握电子信息类、电气电力类等专业必备的电子技术基础知识和基本技能，具备分析和解决生产生活中一般电子问题的能力，具备学习后续电类专业技能课程的能力；对学生进行职业意识培养和职业道德教育，提高学生的综合素质与职业能力，增强学生适应职业变化的能力，为学生职业生涯的发展奠定基础。

2) 课程教学目标

(1) 使学生初步具备查阅电子元器件手册并合理选用元器件的能力；会使用常用电子仪器仪表；了解电子技术基本单元电路的组成、工作原理及典型应用；初步具备识读电路图、简单电路印制板和分析常见电子电路的能力；具备制作和调试常用电子电路及排除简单故障的能力；掌握电子技能实训的安全操作规范。

(2) 结合生产生活实际，了解电子技术的认知方法，培养学习兴趣，形成正确的学习方法，有一定的自主学习能力；通过参加电子实践活动，培养运用电子技术知识和工程应用方法解决生产生活中相关实际电子问题的能力；强化安全生产、节能环保和产品质量等职业意识，养成良好的工作方法、工作作风和职业道德。

2. 教学内容结构

教学内容由模拟电子技术和数字电子技术两部分组成。

表2-4、表2-5中的内容为模拟电子技术和数字电子技术的基础模块，是各专业学生必修的基础性内容和应该达到的基本要求，教学时数为84学时。

3. 教学内容与要求

表 2-4 模拟电子技术

教学单元	教学内容	教学要求与建议
二极管及其应用	二极管的特性、结构与分类	通过实验或演示，了解二极管的单向导电性； 了解二极管的结构、电路符号、引脚、伏安特性、主要参数，能在实践中合理使用二极管； 了解硅稳压管、发光二极管、光电二极管、变容二极管等特殊二极管的外形特征、功能和实际应用； 能用万用表判别二极管的极性和质量优劣
整流、滤波电路	整流电路及应用	通过示波器观察整流电路输出电压的波形，了解整流电路的作用及工作原理； 能从实际电路图中识读整流电路，通过估算，会合理选用整流电路元件的参数； 通过查阅资料，能列举整流电路在电子技术领域的应用； 搭接由整流桥组成的应用电路，会使用整流桥
	滤波电路的类型和应用	能识读电容滤波、电感滤波、复式滤波电路图； 通过查阅资料，了解滤波电路的应用实例； 通过示波器观察滤波电路的输出电压波形，了解滤波电路的作用及其工作原理； 会估算电容滤波电路的输出电压
	实训：整流、滤波电路的测试	能焊接整流、滤波电路； 会用万用表和示波器测量相关电量参数和波形； 通过实验，了解滤波元件参数对滤波效果的影响
晶体管及放大电路基础	晶体管及应用	通过晶体管日常应用实例，了解晶体管电流放大特点； 掌握晶体管的结构及符号，能识别引脚，了解特性曲线、主要参数、温度对特性的影响，在实践中能合理使用晶体管； 会用万用表判别晶体管的引脚和质量优劣
	放大电路的构成	能识读和绘制基本共射放大电路； 从实例入手，理解共射放大电路主要元件的作用
	放大电路的分析	了解放大器直流通路与交流通路； 了解小信号放大器性能指标（放大倍数、输入电阻、输出电阻）的含义； 会使用万用表调试晶体管的静态工作点
	放大器静态工作点的稳定	通过实验或演示，了解温度对放大器静态工作点的影响； 能识读分压式偏置、集电极-基极偏置放大器的电路图； 了解分压式偏置放大器的工作原理； 搭接分压式偏置放大器，会调整静态工作点

（续）

教学单元	教学内容	教学要求与建议
常用放大器	集成运算放大器	了解集成运算放大器的电路结构及抑制零点漂移的方法，理解差模与共模、共模抑制比的概念； 掌握集成运算放大器的符号及器件的引脚功能； 了解集成运算放大器的主要参数，了解理想集成运算放大器的特点； 能识读由理想集成运算放大器构成的常用电路（反相输入、同相输入、差分输入运算放大电路和加法、减法运算电路），会估算输出电压值； 了解集成运算放大器的使用常识，会根据要求正确选用元器件； 会安装和使用集成运算放大器组成的应用电路； 理解反馈的概念，了解负反馈应用于放大器中的类型
	低频功率放大器	列举低频功率放大器的应用，了解低频功率放大电路的基本要求和分类； 能识读 OCL、OTL 功率放大器的电路图； 了解功率放大器各器件的安全使用知识； 了解典型功率放大集成电路的引脚功能，能按工艺要求装接典型电路
	实训：音频功率放大电路的安装与调试	会熟练使用示波器，会使用低频信号发生器； 会安装与调试音频功率放大电路（前置放大器由集成运算放大器构成）； 会判断并检修音频功率放大电路的简单故障

表 2－5　数字电子技术

教学单元	教学内容	教学要求与建议
数字电路基础	脉冲与数字信号	理解模拟信号与数字信号的区别； 了解脉冲波形主要参数的含义及常见脉冲波形； 掌握数字信号的表示方法，了解数字信号在日常生活中的应用
	数制与编码	掌握二进制数、十六进制数的表示方法； 能进行二进制数、十进制数之间的相互转换； 了解 8421BCD 码的表示形式
	逻辑门电路	掌握与门、或门、非门基本逻辑门的逻辑功能，了解与非门、或非门、与或非门等复合逻辑门的逻辑功能，会画电路符号，会使用真值表； 了解 TTL、CMOS 门电路的型号、引脚功能等使用常识，并会测试其逻辑功能； 能根据要求，合理选用集成门电路

（续）

教学单元	教学内容	教学要求与建议
组合逻辑电路	组合逻辑电路基本知识	掌握组合逻辑电路的分析方法和步骤； 了解组合逻辑电路的种类
	编码器	通过实验或应用实例，了解编码器的基本功能； 了解典型集成编码电路的引脚功能并能正确使用
	译码器	通过实验或日常生活实例，了解译码器的基本功能； 了解典型集成译码电路的引脚功能并能正确使用； 了解常用数码显示器件的基本结构和工作原理； 通过搭接数码管显示电路，学会应用译码显示器
	实训：制作三人表决器	能根据功能要求设计逻辑电路； 会安装电路，实现所要求的逻辑功能
触发器	RS 触发器	了解基本 RS 触发器的电路组成，通过实验掌握 RS 触发器所能实现的逻辑功能； 了解同步 RS 触发器的特点、时钟脉冲的作用，了解逻辑功能
	JK 触发器	熟悉 JK 触发器的电路符号； 了解 JK 触发器的逻辑功能和边沿触发方式； 会使用 JK 触发器； 通过实验，掌握 JK 触发器的逻辑功能
	实训：制作四人抢答器	会用触发器安装电路，实现所要求的逻辑功能
时序逻辑电路	寄存器	了解寄存器的功能、基本构成和常见类型； 了解典型集成移位寄存器的应用
	计数器	了解计数器的功能及计数器的类型； 掌握二进制、十进制等典型集成计数器的外特性及应用
	实训：制作秒计数器	可按工艺要求制作印制电路板； 会安装电路，实现计数器的逻辑功能

4. 教学实施

（1）以学生发展为本，重视培养学生的综合素质和职业能力，以适应电子技术快速发展带来的职业岗位变化，为学生的可持续发展奠定基础。为适应不同专业及学生学习需求的多样性，可通过对选学模块教学内容的灵活选择，体现课程内容的选择性和教学要求的差异性。教学过程中，应融入对学生职业道德和职业意识的培养。

（2）坚持“做中学、做中教”，积极探索理论和实践相结合的教学模式，使电子技术基本理论的学习和基本技能的训练与生产生活中的实际应用相结合。引导学生通过学习过

程的体验或典型电子产品的制作等，提高学习兴趣，激发学习动力，掌握相应的知识和技能。对于课程教学内容中的主要器件和典型电路，要引导学生通过查阅相关资料分析其外部特性和功能，分析其在生产生活实践中的典型应用，了解其工作特性和使用方法，并学会正确使用。

其他课程的教学大纲可以扫以下相应的二维码获取：

中等职业学校电工电子技术与技能教学大纲.pdf

【参考图文】

《Protel 2004 项目实训及应用》课程标准.docx

【参考图文】

《电子产品安装与调试》课程标准.doc

【参考图文】

《电子基本电路安装与测试》课程标准.docx

【参考图文】

《电子技术综合应用》课程标准.doc

【参考图文】

《电子元器件与电路基础》课程标准.doc

【参考图文】

练　　习

结合电子技术应用专业教学指导方案、课程大纲分析某门课程的教学重点与难点。

【本章教学课件】

第3章 教学对象分析

教学对象分析（audience analysis or target－population analysis）或称学习者分析（learner analysis）是教学设计前期的一项分析工作，目的是了解学习者的学习准备情况及学习风格，为教学内容的选择与组织、学习目标的编写、教学活动的设计、教学方法与教学媒体的选择和运用等提供依据。

了解学习者是优良教学设计的一部分。如果你不能充分了解学习者，将很可能出现糟糕的事情，如图 3.2 和图 3.3 所示。

图 3.1　了解学生情况

图 3.2　未了解学生情形之一

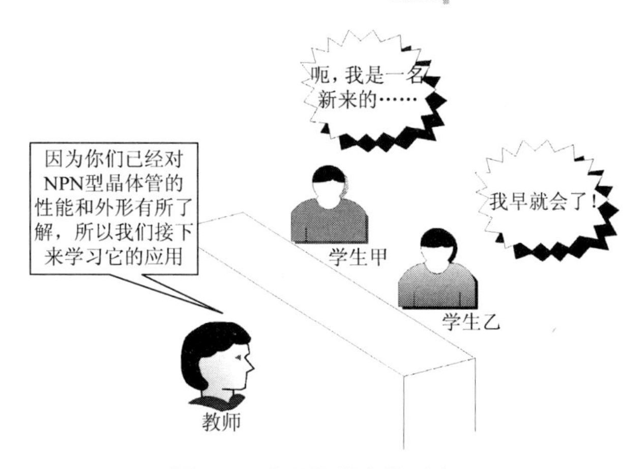

图 3.3 未了解学生情形之二

为了教学活动的顺利展开，教师需要了解教学对象（学生）的学习风格、认知类型和初始能力。

3.1 如何了解学生

对于大多数教师来说，了解学生是一项主要任务。如果你想成为一名经验丰富的教师，了解学生是极为重要的一件事。通常，新教师和经验丰富的教师的区别在于：新教师对学生知之甚少。了解学生，你便可以将他们组织成一个性能良好的集体，和他们进行更细微的交流，更有效地教育他们。

教师可以通过以下两种方法了解学生：

(1) 使用现有的信息，即校方收集的每个学生的记录。

(2) 自己去挖掘。

教师了解学生的途径有学生档案、访谈、调研、观察、社会测量和从家长、监护人那里收集信息。

3.1.1 学生档案

学生信息的主要来源就是学校长期保存和记录的档案。学生档案是大多数学校累积的每个学生的信息和文件资料，包括：

🖂 个人信息（住址、年龄、出生地、特长与爱好）。

🖂 家庭信息（父母和监护人姓名、职业、兄弟姐妹、特殊的家庭情况）。

🖂 学校出勤记录。

🖂 能力测验和学业成绩测验的分数。

🖂 学年等级成绩。

🖂 教师对学生的评语。

🖂 体能测试。

也可以在“教师评语”中发现一些学生的信息，包括：

✍ 学生的学习特点（如张××“集中注意力的时间很短”）。
✍ 学生的作业习惯（如李××“总是完不成作业”）。
✍ 学生的社交和个性特点（如王××“相当孩子气，说个不停，爱犯傻，异想天开”）。
✍ 学生的学习表现（如朱××“能很好地完成作业，学习习惯好”）。
✍ 学生的问题（如陈××“极不喜欢严肃老师”）。
✍ 学生的兴趣（如林××“喜欢数学和自然科学”）。
✍ 学生的家庭（如汪××“父母离异，跟年迈的奶奶一起生活”）。

3.1.2 挖掘新的信息

很多时候，可能没有学生档案，或者现有档案不能满足需要。这时，就需要去搜集有关学生的信息。

1. 观察学生

观察，即看和听，是了解学生的一个好办法。你可以观察学生谈话、看书，也可观察学生在独立学习和团队学习时的表现，还可以倾听学生的心事等，具体的观察方法与案例如表 3-1 所示。

表 3-1 观察方法与案例

方法	定义	案例		
		问题	决策	具体观察点
正式观察	事先经过精心安排，以获得目标学生的具体信息	你注意到张××的评语说他“和其他学生交流有困难，爱管闲事，经常打扰别人，对别人发脾气”	需要确定： 收集哪些信息（what） 观察时间（when） 观察地点（where） 观察条件（condition）	1）张××和谁交流得最多？和谁交流得最少？ 2）在何种情况下，他主动和他人交流？ 3）在何种情况下，他不和他人交流？ 4）在何种情况下，他被动和他人交流？ 5）和哪些人主动交流、不交流和被动交流？ 6）不同交流形式（主动、被动、无交流）是否和不同的时间、活动或其他因素或环境有联系
非正式观察	偶尔、随意、未经计划的观察	你注意到张××的评语说他“和其他学生交流有困难，爱管闲事，经常打扰别人，对别人发脾气”	只描述一些你认为有趣或重要的、即时发生的事件或情况。 学生档案卡和成绩单上的教师评语通常都是非正式观察的结果	
只有通过精心计划的正式观察，才能获得需要的信息，才能更好地处理你关注的学生的问题				

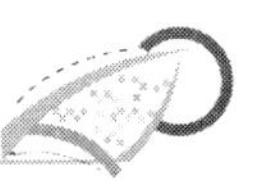

2. 学生访谈

了解他人的方法之一是直接和他们交谈，谈话能够帮助你发现无法观察到的个人信息。教师可以通过随意交谈或正式的访谈来了解学生，如可以通过谈话发现导致张××上课容易睡觉的原因。具体的访谈案例如表 3－2 所示。

表 3－2　学生访谈案例

定　义	案　例		
	问　题	决　策	注意事项
通过有计划的面对面会谈来获得有关被采访者的经历、观点、喜好等具体信息	你注意到张××的评语说他“和其他学生交流有困难，爱管闲事，经常打扰别人，对别人发脾气”	需要确定： 收集哪些信息（what） 交谈时间（when） 交谈地点（where）	1）做好准备： 事先深思熟虑，计划好问哪些具体问题； 2）让学生放松： 谈话前营造一个友好、轻松的气氛，先谈谈高兴、轻松的事情，把这一小段时间作为“热身运动”； 3）引导谈话过程： 一旦双方都觉得比较自在了，便逐渐引导学生回答你精心设计好的问题，谨慎地深入探究相关信息，但不要咄咄逼人； 4）知道适可而止： 如果被访谈者感到不安，你就要及时停下来

3. 社会测量

社会测量（sociometry）是一种衡量个体在群体中的社会接受能力的技巧。社会关系图（sociogram）是在某个特定时刻某群体内部社会关系的图示。假如你是张 E、李 A、万 A、王 D、陈 C 的老师，你希望了解他们的同学对他们的看法，以及这五名同学对周围同学的看法。此时，你可以让每名学生说出他们愿意和哪三名同学成为同桌。这五名同学的社会关系如图 3.4 所示。

他们所在班级的 29 名学生的回答表明：

（1）没人愿意和张 E 成为同桌。

（2）有 10 名学生愿意和李 A 成为同桌（2 个女孩，8 个男孩）。

因此班里最受欢迎的学生就是李 A，提名多达十次。

除了受欢迎程度，教师还可分析吸引力。例如，谁挑选了谁？每名学生都被哪些同学选到了？有彼此选择的情况吗？

尽管社会关系提名是最为可靠的评估方法之一，但在解释收集到的社会关系数据时仍应谨慎。我们往往把较高的社会关系地位看作领导力和个人适应能力的体现，而把未能得到社会关系的选择看作适应能力差。实际上，得到许多人的选择可能意味着此人与群体的

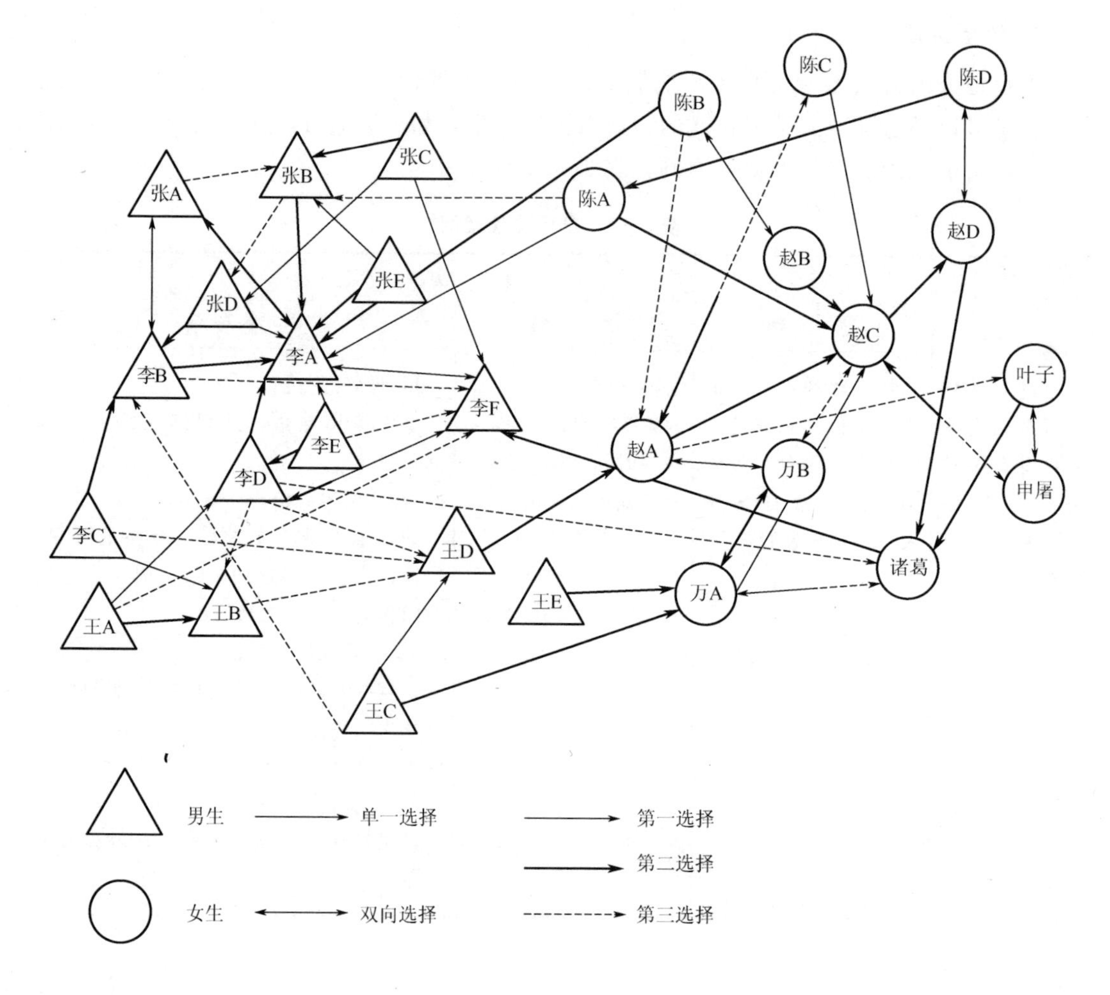

图 3.4　社会关系图

高度一致性，被大家所孤立则可能此人具有独立性和创造性。

如果对社会测量感兴趣，可访问 Walsh 的课堂社会人际学（Walsh's Classroom Sociometrics）和迈阿密大学俄亥俄州分校（Miami University of Ohio）两个网站来了解。

4. 向家长了解信息

家长和监护人是学生信息的重要来源。通常，家长比任何人都了解自己的孩子，因此教师可以挖掘这部分信息来源。较为正式的形式就是教师—家长会谈。学校明文规定必须定期召开家长会，并给予教师充分的时间来执行。

教师需要从家长和监护人那里了解到哪些关于学生的信息呢？家长能够告诉教师学生在家的表现、喜好、习惯、承担的家庭责任等。虽然家长不可能知道孩子的一切，但他们对教师了解学生的需要和能力起到巨大作用。

教师—家长会谈的参考问题：

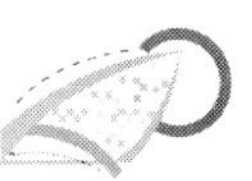

✍ 请描述你的孩子在家的情况。
✍ 请描述你孩子的身心健康状况。
✍ 你的孩子对学校有何认识？他喜欢和不喜欢学校的哪些方面？
✍ 你的孩子和其他孩子、老师及家庭成员是否相处融洽？
✍ 你的孩子有哪些优、缺点？
✍ 你的孩子在校内或校外有过哪些特殊经历？
✍ 我如何才能更好地帮助你的孩子？有哪些帮助他的好办法？

3.1.3　评估和使用信息

在检查学生资料时，你可能产生如下疑问：
✍ 这些信息对我的研究目标有用吗？
✍ 这条信息真的准确吗？
其中，信息的准确度是基础，影响信息准确度的因素如表 3－3 所示。

表 3－3　影响信息准确度的两大因素

影响因素	信息是否存在偏见	信息是否稳定
表现方面	每个人都或多或少存在一些偏见，教师也不例外。教师的偏见也可能是积极的，但肯定是不准确的。有时，教师会因为学生的优点而忽视他的缺点。那样的学生似乎戴着光环，他们从来不会犯错。这种带有偏见的现象通常被称为“光环效应”。尽管这种现象很难觉察和控制，作为教师还是应该尽力观察并报告关于学生的事实，完整的、真实的事实	从不同老师那里得到的关于某学生的看法可能截然不同。学生积极举手发言，有的老师会说他不过是企图引起注意，有的老师会说他好学。 通常，如果得到的学生的信息不一致，那就站在积极的一方。同理，在混杂的信息面前，我们可以选择相信最好的那一条

总之，要成为优秀教师，就必须学会获取和使用关于学生的信息，而且这些信息要符合调查目标、不带偏见，并具有稳定性。

3.2　中职学校学生的一般特征

目前，有很多教育者、学者、研究机构对中职学校的学生进行了调研，并且获得了一些值得借鉴的结论。

3.2.1　中职学生的年龄特征

中职学生普遍年龄为 15～18 周岁。根据我国教育学家查有梁提出的“发展认识论”，15～18 岁的学生的认识属于直觉运演阶段。这一阶段的青少年已具备思维能力，这是发展创造性思维的第一步。

直觉思维是以整个知识为背景的，其特点是整体的、跳跃的、猜测的、非逻辑的。

3.2.2 中职学生的智力特点

人的智能类型存在极大的差异，个体的智能倾向是多种智能组合集成的结果（图 3.5）。从总体上来说，个体所具有的智能类型大致可分为两大类：一是抽象思维，二是形象思维。个体主要由于受各种不同环境和教育的影响和制约，所以他们的智能的结构及其表现形式有所不同。

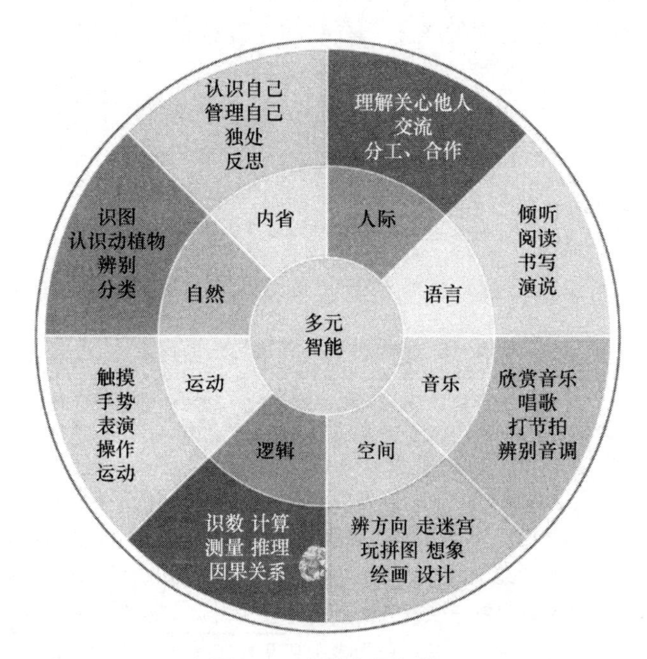

图 3.5 人的多元智能

根据个体的智能倾向不同，通过学习、教育与培养，可以使其优势得到最大程度的发展。个体的智能倾向与成才倾向的关系如表 3-4 所示。

表 3-4 个体的智能倾向与成才倾向的关系

个体的智能倾向	成才倾向
抽象思维者	研究型、学术型、设计型的人才
形象思维者	技术型、技能型、技艺型的人才

职业教育的教育对象绝大多数具有形象思维的特征，擅长操纵复杂的机器，维修计算机的故障，设计电子产品，制作电子器件，为社会创造财富。

职业教育是促进以形象思维为主的青少年成才的教育，教师应该积极引导学生，将他们在优势智能领域中所表现出来的智力特点和意志品质迁移到弱势智能领域，促进他们非优势智能的发展，鼓励每个学生成为均衡发展的多元化的学习者，帮助学生成为社会所需要的多种类型的人才。以《电子技术基础》为例，我们来分析多元智能理论对该课堂教学的启示。

首先，在教学开始，对学生的智力特征进行大致测试，熟悉每个学生的智力特征。然后根据学生的智力强项特征进行组合。这样便于发挥每个学生的优势，便于小组成员之间的协作。因为每项任务的完成都需要各种智力活动参与。

其次，教师对教学大纲和培养目标进行分析，在这个基础上确定教学目的，依据教学目的设计学生学习的任务。设计任务的原则如下。

（1）适度适宜。

（2）难度恰当，应在学生的最近发展区设置。

（3）学习任务应辐射到专业岗位群里的工作领域。

（4）注意创设任务完成的真实工作环境。

再次，指导有度。教师在学生完成任务的整个过程中，始终充当一个引导者、组织者的角色，不能放任自流。教师在各个小组间巡回，给予学生正确的引导和适度的指导。

最后，任务完成后的正确评价。一是学生互评自评，二是老师根据完成情况对各个小组进行总体评价，肯定做得优秀的，指出不足之处。

3.2.3　中职学生的认知特征

教师要针对学生具体表现中所反映出的问题，研究学生的学习特点，找到共性特征，如表 3－5 所示。教师的重点是解决学生的学习态度、学习兴趣、学习方法、学习效果等方面的问题，在实践中因材施教，促使学生掌握应有的知识、技能，具备应有的素质，成为技能型人才或初中级管理人才。

表 3－5　中职学生的认知特征

中职学生优势	中职学生劣势	对教师的建议
动手能力强、可塑性强，对新鲜事物兴趣高 	缺乏学习自信心和意志力，没有形成良好的学习方法和习惯，相当一部分存在厌学心理，学习兴趣和学习自主性有待进一步培养 	全面辩证地分析学生，扬长避短，采用小组合作、任务引领、工作过程导向、项目式教学、做中教、做中学 

教师在教学中，应采取措施激发学生的学习兴趣，培养学生主动学习的积极性，通过采用先进的教学方法和手段，创设良好的教学情境，增强教学内容的趣味性，提高学生的求知欲，使学生真正做到是“我要学”，而不是“逼我学”，使学生成为学习的主人，感到学中有乐，学有所长，学有所用。

3.2.4 中职学生的知识与技能分析

初始能力指学生在学习某一特定的专业内容时，已经具备的有关该专业知识的基础，以及他们对这些学习内容的认识和态度。态度是指通过学习形成的、影响一个人对特定对象做出行为选择的、有组织的内部准备状态。

认知、技能、态度起点可以从以下几个方面考虑：

✍ 学生学习过哪些内容？掌握了哪些技能？

✍ 学生学习新知识、技能的态度如何？

✍ 学生需要复习和弥补的教学内容有哪些？

具体的分析要点如表 3-6 所示。

表 3-6 学生情况分析要点

预备能力分析	目标能力分析	态　　度
了解学生是否具备进行新的学习所必需的生理、心理、职业和社会知识、技能，这是从事新学习的基础	在从事新的学习之前，了解学生对目标能力掌握情况的调查工作	了解学生对将要学习的内容有无兴趣、对这个专业是否存在着偏见和误解、有没有畏难情绪等

1）预备知识与技能分析

预备知识与技能是学生进入新的教学活动之前已经掌握的相关知识与技能，是从事职业技能学习的基础。预备技能包括入门技能和对该职业技能领域已经有的知识。通过预备技能分析，可以发现学生尚未掌握的必需的基础技能，从而在安排新的教学内容时，把握适当的学习起点，并在学习内容中加入学生所欠缺的预备技能要求。

2）目标知识与技能分析

目标知识与技能是教学目标中规定的学生必须掌握的知识和技能，是学生今后从事的职业领域所必须具备的专业基本技能。通过目标技能分析，可以了解学生能在多大的程度上掌握目标技能。如果设定的目标技能已经完全掌握，那就可以提升相应的教学目标，从而将安排教学内容的重点放在新的更高的目标上。电子技术专业学生的技能目标如下：

（1）具备电子行业生产技术服务综合职业能力以及相关的知识、能力和素质。

（2）能独立对电器和电子相关器件进行维修的基本技能。

（3）初步具备生产设备的维修与维护能力，能对电子生产设备进行日常的维护与保养，并对一些简单的故障进行诊断和维修。

（4）初步具备电子元器件和电子产品的设计、组装与安装能力。

3）态度分析

由于学生生源不同，他们来自不同的地方，有不同的教育背景与社会经历，在学习态度上有较大的差异，所以教师必须根据学生的实际情况，对他们的学习态度进行分析，可以通过与学生的协作、会话、交流等社会性活动了解。通过学习态度分析，教师可以了解

学生对特定课程内容的学习有无思想准备，有没有偏见、误解或抵触情绪等，针对学生已有的态度及情况可以确定如何在教学中采用相应的教学策略，改变和提升学生的学习态度，激发学生的学习动机和学习兴趣，帮助学生更加有效的学习。

个人成才或学生的学业成就，既需要聪明才智和学习能力等智力因素，更需要正确而适度的学习动机、浓厚的学习兴趣、饱满的学习热情、坚强的学习毅力以及完美的性格等非智力因素。职业教育在发展智力因素的同时，注重非智力因素的训练，只有这样才有助于培养全面发展的高素质人才。

从容易理解和表达的层面来说，教师可以从以下几个方面综合分析学生情况：

✍"已知"——已有的能力和经验。

✍"未知"——达到目的过程中还不具备的知识、技能和态度。

✍"能知"——能达到什么程度和目标。

✍"想知"——预计学生更希望得到和学到什么。

✍"怎么知"——学生期待和适合什么样的途径和方法来学。

【拓展阅读】

拓展阅读1　学习态度与动机

动机指激发和维持有机体的行动,并使该行动朝向一定目标的心理倾向或内部驱力，被认为是决定行为的内在动力。作为动机研究的一个重要分支，学习动机的研究在教育界和心理学界广泛开展。学习动机是指由学习需要引起的，激发、推动学生进行学习活动，并达到一定学习目标的内部心理倾向动力，是直接推动学生进行学习的内部动因，是制约学习行为和学习质量的关键因素，其形成和发展受多种因素的影响。

学习动机是在社会生活条件和教育的影响下逐渐形成的。根据研究的结果，学习动机主要反映在认知内驱力、自我提高内驱力和附属内驱力构成的成就动机。

认知内驱力是一种掌握知识、技能和阐明、解决学业问题的需要，即一种指向学习任务的动机，是求知的欲望。实验证明，这种内驱力主要是从好奇的倾向，如探究、操作、理解外界事物奥秘的欲求，以及为应付环境提出的众多问题等有关心理因素中派生出来的。

李同吉、徐朔两位博士选取上海市和广西柳州市等若干所中等职业学校的学生作为调研对象，对数据采用 SPSS 10.0 软件进行分析并得出如下结论。

（1）中职学生学习动机与学习策略之间的关系。学习动机强的，学习策略自我调节水平也高，说明学生的学习策略水平与学习动机有显著关系。例如职业学校中基础理论的学习很重要但是难以吸引学生兴趣，学生的学习动机较小，而在实训实操课中，学生的积极性颇高，学习动机高也便学生自觉地投入更多精力和时间进行学习，其学习策略也相应完善。

教学建议：

理实一体化教学、探究教学的启示。

（2）中职学生归因风格特点。当学习有了一定成绩的时候，学生如何看待取得的成绩也会影响学生之后的学习过程。总的来看，职业学校的学生在学习中取得一定成绩后，大部分将原因总结为整体因素，认为外部原因比内部原因多，而不是自己本身的努力，显得不够自信；而在学习过程中遇到挫折时，多将原因解释为局部因素、自身因素。

教学建议：

（http：//www.dianliang.com/hr/fazhan/chongdian/201204/hr _ 207184.html 从表扬孩子要表扬其有毅力、努力的心理学理论——评价）在教育教学过程中，有必要帮助他们把成功归结为自己内部的原因，尤其是努力学习，而不是先天智力，分析努力和智力、学习内容等因素各自位置和作用，有利于中职学生保持长期、高度的学习动机，从而取得优异的学习成绩。

（3）地区差异。在不同的经济发展水平地区，学生的学习动机水平也不同，经济发展水平高的地区学生的学习动机水平显著高于经济相对落后地区的学生；在成绩好坏的归因方面，没有显著的地区差异；学生的自尊水平也没有显著的地区差异；但学习策略自我调节有比较明显的地区差异，经济社会发展较高的地区学生的学习策略自我调节水平要显著高于落后地区的学生。其原因可能是社会经济发展水平较高地区的人们对教育的重视程度相对较高，师资力量更加雄厚，以及学校的硬件和软件等教育教学条件也更加优越等。

西南大学的发展与教育心理学团队通过对四种学习成绩（优、良、中、差）的学生的学习倦怠进行了单因素方差分析（ANOVA）得出，四种学生的学习倦怠存在极其显著的差异，且随着学习成绩越来越差，学生的学习倦怠感越来越高。

拓展阅读2　认知风格

1. 场独立型与场依存型

1）场独立型

具有场独立性的学生很少会因为环境的影响而改变他们对信息的感知能力。他们的自主性比较强，可以靠内在动机进行学习，而不必依赖教师的鼓励和同学们的称赞。他们喜欢独立地进行学习与思考，善于发现问题，能把老师教的或从书本上学的知识重新组织，进而变成自己的知识，对于这样的学生，教师只要稍加指导就可以了。这种学生善于学习数学、自然和计算机等自然科学类的课程。

2）场依存型

具有场依存性的学生很少主动地加工外来信息，即使加工也要参照环境因素。他们喜欢在与人交流的环境中学习，特别希望教师把教学组织得井井有条。他们往往对语文和外语等人文学科和社会学科的内容更感兴趣，学得也比较好。这种学生容易受别人的影响，老师或家长的鼓励，会极大地激发他们的学习热情，相反受到一点批评又会使他们的学习兴趣明显下降。对于这样的学生，要经常不断地指出他们做得对的地方，及时予以鼓励以提高他们的学习兴趣。

场独立型与场依存型的学生的优势与劣势比较如表3-7所示。

表 3－7 场独立型与场依存型的优势与劣势

学生的类型	优 势	劣 势	注意事项
场独立型	善于从整体中分析各个元素，喜欢学习无结构的材料，喜欢个人独自学习，不太容易受外界的影响，对于他人的评价有自己的看法，不受外界环境的干扰，偏爱自然学科	倾向于冲动、冒险、容易过分主观	应注意把老师等的要求与自己的想法相协调，使自己的做法与外界相辅相成
场依存型	善于把握整体，善于学习系统化、条理化的材料，喜欢与同伴在一起讨论或进行协作学习，注意环境的要求，很容易适应环境，受大家的欢迎，偏爱社会学科	表现较为谨慎，不愿冒险，受到批评时，很容易受到影响，使学习的积极性下降，容易受外界环境的干扰，学习欠主动，受外在动机支配	应注意不要轻易受他人评价的影响，尤其当他人提出批评时，应分析原因，并考虑自己该怎样努力，而不能就此气馁

2. 沉思型与冲动型

沉思与冲动的认知方式反映了个体信息加工、形成假设和解决问题过程的速度和准确性。沉思型与冲动型学习者的特征如表 3－8 所示。

表 3－8 冲动型与沉思型的特征

学习者类型	冲 动 型	沉 思 型
特 征	学习者倾向于很快地检验假设，往往根据问题的部分信息，也尚未对问题做透彻的分析就仓促做出决定，反应速度较快，但容易发生错误	学习者碰到问题时倾向于深思熟虑，用充足的时间考虑、审视问题，权衡各种问题的解决方法，然后从中选择一个满足多种条件的最佳方案
	学习者解决问题的策略不成熟，知觉和思维方式以冲动为特征，直觉性强	学习者有更成熟的解决问题的策略，更多地提出不同假设，更能抗拒诱惑，知觉和思维方式以反省为特征，逻辑性强，判断性也强
	学习者很难做到对自己的解答做出评估，即使在外界要求下必须做出解释时，他们的回答也往往是不周全、不合逻辑的	学习者更易自发地或在外界要求下对自己的解答做出解释

冲动型的学习者和沉思型的学习者的优势、劣势及注意事项如表 3－9 所示。

表 3-9　冲动型与沉思型的优势与劣势

学习者类型	优　势	劣　势	注意事项
冲动型	倾向于迅速完成，能抓紧时间	容易考虑不周	应在注意速度的同时提醒自己多检查、多反思几遍。全面、深入、仔细地思考问题，养成细心、有条不紊地解决问题的习惯
	遇到问题不懂就问，常向他人请教	缺乏对问题深究细问	应紧紧追着老师，直到完全领会为止；应制订切实可行的计划，并认真地执行
沉思型	态度慎重，做比较有把握选择	速度比较慢	应注意尽量提高速度，尽快将自己的想法说出来
	善于独立思考	不愿提问	应注意多与老师或同学交流
	情绪稳定，能按计划学习		应保持制订计划的好习惯

3. 分析型与整体型的学习风格

整体型与分析型学习者的特征如表 3-10 所示。

表 3-10　整体型与分析型的特征

学习者类型	整　体　型	分　析　型
特　征	学习者的思维方式更富有变化，是主观的、概念的，即先见森林后见树木	学习者的思维方式是线性的、逻辑的、常规的、序列的、逐步的，即先见树木后见森林

拓展阅读 3　成就动机

成就动机是一个个体在追求个体价值的最大化，或者在追求自我价值的时候，通过方法达到的最完美的状态。它是一种内在驱动力的体现，能够直接影响人的行为活动、思考方式，且是一种长期的状态。

成就动机（achivement motivation）是指一个人所具有的试图追求和达到目标的驱力。麦克莱伦认为，各人的成就动机都是不相同的，每一个人都处在一个相对稳定的成就动机水平。阿特金森认为，人在竞争时会产生两种心理倾向：追求成就的动机和回避失败的动机。

成就动机是人格中非常稳定的特质，个体记忆中存在着与成就相联系的愉快经验，当情境能引起这些愉快经验时，就能激发人的成就动机欲望。成就动机强的人对工作学习非常积极，善于控制自己尽量不受外界环境影响，能充分利用时间，保持工作学习成绩优异。

挪威心理学家 T. Gjesme 和 R. Nygard 于 1970 年编制了《成就动机测量表》（the ashievement motive scale，AMs），并几经修订，渐趋完善，如表 3-11 所示。

表 3－11　成就动机测量表

指导语：请认真阅读下面的每个句子，判断句中的描述符合你的情况的程度。
请选择①～④来表示你认为的符合程度：
①完全不符合；②有些不符合；③基本符合；④非常符合

项　　目	选　　项
1. 我喜欢新奇的、有困难的任务，甚至不惜冒风险	
2. 我在完成有困难的任务时，感到快乐	
3. 我会被那些能了解自己有多大才智的工作所吸引	
4. 我喜欢尽了最大努力能完成的工作	
5. 我喜欢对我没有把握解决的问题坚持不懈地努力	
6. 对于困难的任务，即使没有什么意义，我也很容易卷进去	
7. 面对能测量我能力的机会，我感到是一种鞭策和挑战	
8. 我会被有困难的任务所吸引	
9. 对于那些我不能确定是否能成功的工作，最能吸引我	
10. 给我的任务即使有充裕的时间，我也喜欢立即开始工作	
11. 能够测量我能力的机会，对我是有吸引力的	
12. 面临我没有把握克服的难题时，我会非常兴奋、快乐	
13. 如果有些事不能立刻理解，我会很快对它产生兴趣	
14. 对我来说，重要的是做有困难的事，即使无人知道也无关紧要	
15. 我希望把有困难的工作分配给我	
1～15 题 记总分为 M_S（希望成功的动机）	
16. 我讨厌在完全不能确定会不会失败的情境中工作	
17. 在结果不明的情况下，我担心失败	
18. 在完成我认为是困难的任务时，我担心失败	
19. 一想到要去做那些新奇的、有困难的工作，我就感到不安	
20. 我不喜欢那些测量我能力的场面	
21. 我对那些没有把握能胜任的工作感到忧虑	
22. 我不喜欢做我不知道能否完成的事，即使别人不知道也一样	
23. 在那些测量我能力的情境中，我感到不安	
24. 对需要有特定机会才能解决的事，我会害怕失败	
25. 那些看起来相当困难的事，我做时很担心	
26. 我不喜欢在不熟悉的环境下工作，即使无人知道也一样	
27. 如果有困难的工作要做，我希望不要分配给我	
28. 我不希望做那些要发挥我能力的工作	
29. 我不喜欢做那些我不知道我能否胜任的事	
30. 当我遇到我不能立即弄懂的问题，我会焦虑不安	
16～30 题记总分为 M_{AF}（回避失败的动机）	
M_S-M_{AF} 为总得分	

成就动机可进一步划分为趋近性和回避性两个因素，分别称为希望成功的动机（M_S）和回避失败的动机（M_{AF}）。前者关注的是如何获得成功，而后者关注的是如何避免失败。在希望成功的动机的影响下，个体会主动从事重要任务，并会选择有利于任务高质量完成的策略，坚持努力，以求成功。在回避失败的动机的影响下，个体面对重要任务时可能会采取两种不同的方式：一种方式是防御性的，个体力图逃避任务以避免失败；而另一种方式则较为积极，个体会非常努力以避免失败。成就动机具体的因素分析如图 3.6 所示。

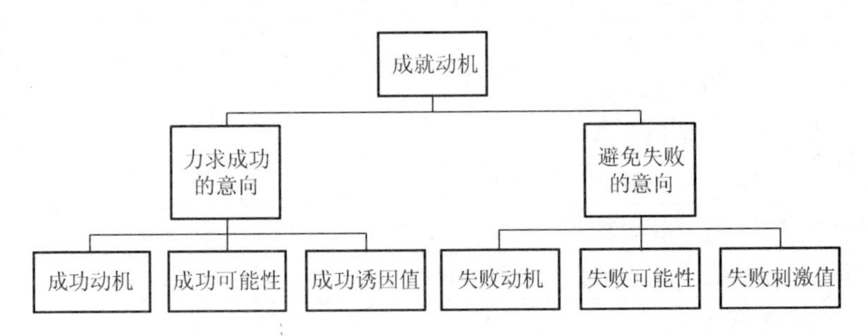

图 3.6　成就动机的因素分析

当 $M_S - M_{AF} > 0$ 时，成就动机强，分值越高，成就动机越强。

高分特质：对人生有自己的看法；有追求成功的强烈愿望；喜欢挑战性的任务，愿意为自己设置高目标；肯冒风险，喜欢尝试新事物；希望在竞争中获胜。活动过程中积极主动，愿意承担责任。对工作或学习，只要下定决心，即使遇到困难也会坚持到底。

当 $M_S - M_{AF} = 0$ 时，成就动机中等，追求成功和害怕失败相当。

中等特质：有时愿意承担一定难度的任务，并能承担一定的责任，对任务的看法很大程度上受情绪的支配。在给成功与失败归因时，态度往往不稳定，情绪消极时会对自己的信念、目标有所怀疑。

当 $M_S - M_{AF} < 0$ 时，成就动机弱。分值越低，成就动机越弱。

低分特质：认为要成功，机会比努力、能力更加重要；通常不愿意面对挑战性的任务；不喜欢参加与他人竞争的活动；做事情没有明确目标，无坚定的信念；工作中可能会表现得比较保守。在集体活动中不太愿意承担责任，出现问题时，喜欢抱怨他人，回避责任，听之任之。

拓展阅读 4　学习归因

1. 学习归因类型

现代心理学研究发现，中学生对学习成败的归因主要有以下六种类型：

（1）把失败归之于自己脑子笨、能力差等稳定的因素。这种归因会使自己丧失信心，自暴自弃，放弃努力。

（2）把失败归之于自己不努力等不稳定的因素。这种归因会使自己重燃希望，变得努力。

（3）把失败归之于学习难度大等稳定因素。这会使自己学习积极性受影响，甚至会对相应学科失去信心。

（4）把失败归之于运气不好等不稳定因素。这可能会使自己重新树立信心。

（5）把成功归之于运气好等外在因素。这会使自己产生侥幸心理，下次不一定会努力。

（6）把成功归之于自己能力强、努力程度高等内在因素。这既可能使自己满意、自豪，也可能使自己产生骄傲、自负等情绪。

2. 学习归因测量

关于学习归因测量，罗特编制了内在-外在心理控制源量表，如表 3－12 所示，学生自行选择并作出分析判断。

表 3－12　内在-外在心理控制源量表

你认可哪句话，就选哪个答案		
1	a. 孩子们出问题是因为他们的家长对他们责备太多了	
	b. 如今大多数孩子所出现的问题在于家长对他们太放任了	
2	a. 人们生活中很多不幸的事都与运气不好有一定关系	
	b. 人们的不幸起因于他们所犯的错误	
3	a. 产生战争的原因之一就在于人们对政治的关心不够	
	b. 不管人们怎样努力去阻止，战争总会发生	
4	a. 最终人们会得到他/她在这世界上应得的尊重	
	b. 不幸的是，不管一个人如何努力，他/她的价值多半会得不到承认	
5	a. 那种认为教师对学生不够公平的看法是无稽之谈	
	b. 大多数学生都没有认识到，他们的分数在一定程度上受到偶然因素的影响	
6	a. 如果没有合适的机遇，一个人不可能成为优秀的领导者	
	b. 有能力的人却未能成为领导者是因为他们未能利用机会	
7	a. 不管你怎样努力，有些人就是不喜欢你	
	b. 那些不能让其他人对自己有好感的人，不懂得如何与别人相处	
8	a. 遗传对一个人的个性起主要的决定作用	
	b. 一个人的生活经历决定了他/她是怎样的一个人	
9	a. 我常常发现那些将要发生的事果然发生了	
	b. 对我来说，信命运不如下决心干实事好	
10	a. 对于一个准备充分的学生来说，不公平的考试一类的事情是不存在的	
	b. 很多时候测验总是同讲课内容毫不相干，复习功课一点用也没有	
11	a. 取得成功是要付出艰苦努力的，运气几乎甚至完全不相干	
	b. 找到一个好工作主要靠时间、地点合宜	
12	a. 普通老百姓也会对政府决策产生影响	
	b. 这个世界主要由少数几个掌权的操纵，小人物对此做不了什么	
13	a. 当我制订计划时，我几乎肯定可以实行它们	
	b. 事先制订出计划并非总是上策，因为很多事情到头来只不过是运气的产物	

（续）

你认可哪句话，就选哪个答案		
14	a. 确有一种人一无是处	
	b. 每个人都有其好的一面	
15	a. 就我而言，能得到我想要的东西与运气无关	
	b. 很多时候我们宁愿掷硬币来做决定	
16	a. 谁能当上老板常常取决于他能很走运地先占据了有利的位置	
	b. 让人们去做合适的工作，取决于人们的能力，运气对此没有什么关系	
17	a. 就世界事务而言，我们之中大多数都是我们既不理解也无法控制的努力的牺牲品	
	b. 只要积极参与政治和社会事务，人们就能控制世界上的事情	
18	a. 大多数人都没有意识到，他们的生活在一定程度上受到偶然事情件的左右	
	b. 根本没有“运气”这回事	
19	a. 一个人应随时准备承认错误	
	b. 掩饰错误通常是最佳方式	
20	a. 想要知道一个人是否真的喜欢你很难	
	b. 你有多少朋友取决于你这个人怎么样	
21	a. 最终我们碰到的坏事和好事机会均等	
	b. 大多数人不幸都是因为缺乏才能、无知、懒惰造成的	
22	a. 只要付出足够的努力我们就能铲除政治腐败	
	b. 人们要想控制那些政治家在办公室里干的勾当太难了	
23	a. 有时我实在不明白教师是如何打出卷面上的分数的	
	b. 我学习是否用功与成绩好坏直接联系	
24	a. 一位好的领导者会鼓励人们对应该做什么自己拿主意	
	b. 一位好的领导者会给每个人做出明确的分工	
25	a. 很多时候我都感到我对自己的遭遇无能为力	
	b. 我根本不会相信机遇或运气在我生活中会起很重要的作用	
26	a. 那些人之所以孤独是因为他们不试图显得友善些	
	b. 尽力讨好别人没有什么用处，喜欢你的人，自然会喜欢你	
27	a. 中学里对体育的重视太过分了	
	b. 在塑造性格方面体育运动是一种极好的方式	
28	a. 事情的结局如何完全取决于我怎么做	
	b. 有时我感到自己不能完全把握住生活的方向	
29	a. 大多数时候我都不能理解为什么政治家如此行事	
	b. 从根本上讲民众对国家及地方政府的劣迹负有责任	

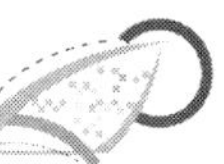

(1) 评分标准，从1～29按顺序（基本无误，但不保证100%精确）：

1不计分 2b计1分 3a计1分 4a计1分 5a计1分 6a计1分 7b计1分 8不计分 9b计1分 10a计1分 11a计1分 12a计1分 13a计1分 14不计分 15a计1分 16b计1分 17b计1分 18b计1分 19不计分 20b计1分 21b计1分 22a计1分 23b计1分 24不计分 25b计1分 26a计1分 27不计分 28a计1分 29b计1分

(2) 分数标准：

① 最高分为23分（极端内部归因者）。

② 最低分为0分（极端外部归因者）。

③ 平均分为11分（高于11分为偏内部归因者；低于11分为偏外部归因者）。

拓展阅读5 焦虑水平

1908年，心理学家叶克斯和道森通过研究，提出著名的叶克斯-道森定律。在一般情况下，学习难度是中等的时候，学习动机与学习效果之间呈倒U型的关系，即学习动机微弱或过于强烈都不利于学习，只有当学习动机的强度适中时，才会取得最理想的学习效果。当学习难度变化时，两者的关系也会发生变化。学习难度很小，学习动机必须十分强烈才能取得好的学习结果；学习难度很大，适当降低学习动机的强度才能促进学习。

心理学家通常将焦虑分成三种水平，一是焦虑过低，二是焦虑适中，三是焦虑过度。一般而言，适中的焦虑能够使学生维持一定的唤醒水平和产生完成任务的心理，最能激发学生的学习动机。而焦虑过低或过度都不利于激发学习动机，特别是对复杂的、新颖的、需要付出心智努力的任务更是如此。焦虑水平对学习动机的影响，也取决于学生的学习能力。在通常情况下，中等程度的焦虑有助于学习能力中等的学生激发学习动机，提高学习效率。高焦虑与高能力的结合也有助于激发学习动机，而高焦虑与低能力的结合则容易降低学习动机，影响学习效率。

通过对焦虑的心理感受的表述和外观行为变化的观察，评定焦虑水平的方法称量表评定法。量表评定已有较长的历史，积累了较多经验，产生了较多成熟的评定量表。

由Zung于1971年编制的Zung焦虑自评量表（SAS），如表3-13所示，该表包括正向评分15题，反向评分5题共20个条目，每条目分4级评分，评分需与常模或对照组比较进行分析，主要用于评定受试者的主观感受。

表3-13 Zung焦虑自评量表（SAS）（评定时间为过去一周内）

评定项目	很少有	有时有	大部分时间有	绝大多数时间有
1. 我感到比往常更加神经过敏和焦虑				
2. 我无缘无故感到担心				
3. 我容易心烦意乱或感到恐慌				
4. 我感到我的身体好像被分成几块，支离破碎				
5. 我感到事事都很顺利，不会有倒霉的事情发生				

（续）

评 定 项 目	很少有	有时有	大部分时间有	绝大多数时间有
6. 我的四肢抖动和震颤				
7. 我因头痛、颈痛、背痛而烦恼				
8. 我感到无力且容易疲劳				
9. 我感到很平静，能安静坐下来				
10. 我感到我的心跳较快				
11. 我因阵阵的眩晕而不舒服				
12. 我有阵阵要昏倒的感觉				
13. 我呼吸时进气和出气都不费力				
14. 我的手指和脚趾感到麻木和刺痛				
15. 我因胃痛和消化不良而苦恼				
16. 我必须时常排尿				
17. 我的手总是很温暖而干燥				
18. 我觉得脸发烧发红				
19. 我容易入睡，晚上休息很好				
20. 我做噩梦				

计分与解释：

（1）评定采用1～4分制计分；

（2）把20题的得分相加得总分，把总分乘以1.25，四舍五入取整数，即得标准分；

（3）焦虑评定的分界值为50分，50分以上，就可诊断为有焦虑倾向。分值越高，焦虑倾向越明显。

拓展阅读6　学习坚持性

学习坚持性是指学生遇到学习困难与障碍或外界无关刺激影响时坚持努力的程度。学习坚持性受学习情境、学习任务、学习兴趣、学习态度、成就动机以及成人的榜样等因素的影响。

高坚持性：学习有耐心，有探索精神，喜欢富有挑战性的学习任务；面对学习困难和学习挫折，能够不气馁、坚持不懈、克服困难、勇往直前，直至完成学习任务。

低坚持性：学习自觉性不理想，在学习中其学习兴趣易变，不喜欢有较大难度的学习任务，不能承受学习挫折，一旦遇挫折就会灰心后退。他们的学习行为，需要更多的外部督导和与他人的合作。

来自互联网的关于学习坚持性低的表现如下。

（1）上课时，一有听不懂的地方我就不想学了。

（2）学习中感到困难，我马上就泄气。

（3）问题不好解答时，我很快就灰心。

（4）好不容易才解完一道题，我再也不想解这么难的题了。

（5）别人做不出来的题，我也不想试。

（6）遇到难题我恨不得马上把它解答出来。

（7）不喜欢的学科我不能坚持学习。

（8）如若旁边有别人干扰时，我无法专心地学习。

（9）有点累的时候，我会先休息，然后才将该完成的作业做完。

（10）有不顺心的事时，会影响我上课注意力的集中。

（11）不明白的地方我不喜欢钻研。

（12）当我发现有些东西没学好时，我也没心思去理会它，总想等将来用得着时再去学。

（13）学习时间稍长一点我就感到厌烦。

（14）当老师讲解过程中有我听不懂的地方时，我就会心烦意乱，听不下去。

（15）我所制订的学习计划，经常是半途而废。

（16）只要有好看的电视，我会不由自主地想到电视节目内容，而无法静心看书学习。

（17）在周末本该外出休闲，可是有许多作业没做完，这时我会先出去玩，然后再做作业，即使做不完也不管。

（18）有朋友来找我玩时，我会放下手中的作业同他出去玩。

（19）我无法长时间看书学习，我觉得那样辛苦，而且也提不起学习兴趣，如能不学习是最好的。

（20）当老师安排一项重要而又枯燥的学习任务时，我常常是不能坚持到底的。

（21）碰到简单易做的题我就很快做完，但是一遇到稍微有难度的题我就想放弃不做了。

（22）我学习时总是没有耐心。

（23）学习中遇到难理解的地方，我总是忽略不看。

（24）考试中，碰到较难的题我从不耐心地去思考。

（25）读课外辅导材料，我很少能从头读到尾。

（26）做作业时遇到较难的题，我常请教老师和学生，而不想认真思考独立完成。

（27）一碰到我不喜欢的学科时，我常找理由不去上课。

（28）当同学讨论难题时，我一般不参与，即使参加了也不会坚持到底。

（29）当我去听讲座时，如果不是我感兴趣的，我就无法专心听讲。

（30）别人说我学习只有“三分钟的热度”，我也是这么认为的。

练　习

1. 请用“Zung焦虑自评量表（SAS）”对志愿者做焦虑测量分析。

2. 请用所罗门学习风格自测量表对志愿者进行学习风格检测。

3. 以下是费尔德教授及其同事编写的学习风格问卷，问卷共有 44 个问题，每个问题有 a 和 b 两个答案可供选择，你可选出最符合你特点的答案。

学校________专业________年级________

性别________来自 □城市初中 □郊区初中 □农村初中

1. 在我________之后，我才能更好地理解事物。

a. 尝试以后　　b. 深思熟虑之后

2. 我宁愿被人称为________。

a. 现实主义者　　b. 创新主义者

3. 当我回想到起昨天所做过事时，我最有可能________。

a. 获得一个完整的画面　　b. 用语言来表达

4. 我常常________。

a. 能较好地理解学科内容的细节但对总体结构却不十分清楚

b. 能较好地理解学科的总体结构但对具体细节却不十分清楚

5. 当我在学习某种新东西时，它能帮助我________。

a. 谈论它　　b. 思考它

6. 如果我是一个教师，我情愿去教一门________。

a. 涉及事实和真实生活情境的课程　　b. 涉及观念和理论的课程

7. 我喜欢用________方式来获取新的信息。

a. 照片、图表、图画或地图　　b. 书面的指导或语言信息

8. 一旦我理解了________。

a. 所有的部分，我才能理解整体　　b. 理解了整体，我就能看到每一部分的作用

9. 在小组中学习有一定难度的材料时，我很可能________。

a. 会很投入，并提出各种想法　　b. 喜欢坐在后面听他人讲

10. 我发现学习________更容易些。

a. 事实性内容　　b. 概念性内容

11. 在一本附有插图的书中，我喜欢________。

a. 仔细看插图　　b. 主要阅读文字内容

12. 当我在解决数学问题时，________。

a. 我通常在一段时间内一步一步地思考问题的答案

b. 我通常直接能得到问题的答案，然后再努力去想出获取答案的步骤

13. 在班上，我常常________。

a. 能记住大部分同学的名字　　b. 无法记住大部分同学的名字

14. 在阅读传记性的作品时，我喜欢________。

a. 那些能告诉我新的事实或教我怎样去做的内容

b. 那些能启发我思考新的想法的内容

15. 我喜欢________。
a. 在黑板上使用许多插图的教师
b. 花许多时间滔滔不绝地讲授的教师
16. 当我在分析一个故事或一篇小说时，________。
a. 我会回忆起故事的情节，并努力把它综合起来思考故事的主题思想
b. 等我阅读完之后，我马上就知道故事的主题思想，然后再倒回去找出体现主题思想的情节
17. 当我开始做家庭作业时，我很有可能________。
a. 一开始就知道答案
b. 先要完整地理解家庭作业的含义
18. 我喜欢那些________。
a. 必然性的想法 b. 理论性知识
19. 我最能记住________。
a. 我所见到的东西 b. 我所听到的东西
20. 对我来说，教师________是很重要的。
a. 以严密的逻辑步骤来呈现课程材料
b. 给我总体性的认识，找出课程材料与其他学科的联系
21. 我喜欢________。
a. 小组学习 b. 单独学习
22. 我很有可能被看成是一个________。
a. 十分注意工作细节的人 b. 工作富有创造性的人
23. 当我得到一本有关新的地方的指南时，我喜欢这本指南是________。
a. 一本地图 b. 一本书面说明书
24. 在我学习时，________。
a. 以一种相当固定的步调学习，如果我努力学习，我定能成功
b. 以断断续续的方式学习，在总体上有时我会感到困惑，但会突然产生灵感
25. 我宁愿首先________。
a. 尝试各种事情 b. 思考一下该怎样去做
26. 当我在看书时，我喜欢作者________。
a. 明白无误地说出他想说的事 b. 以一种创造性的、有趣的方式陈述内容
27. 当我在班上看到图表或结构图时，我很可能记住________。
a. 总体框架 b. 教师所说的内容
28. 当我在考虑一组信息时，我很可能________。
a. 关注这些信息的细节而错过总体认识
b. 在了解这些信息的细节之前获得总体认识
29. 我很容易记住________。
a. 我已经做过的事 b. 我深思熟虑过的事

30. 当我必须去完成一项任务时，我喜欢________。

a. 已有一种完成这项任务的方法　　b. 提出完成这项任务的新的方法

31. 当某人向我提供资料时，我喜欢________。

a. 以图表形式　　b. 以突出要点的文字形式

32. 当我在写文章时，我很可能会________。

a. 从头到尾一步一步地写　　b. 先写出各个不同的部分，然后再进行综合

33. 当我必须讨论小组方案时，我首先想________。

a. 采用“大脑风暴”的形式让每人提出各自的想法

b. 让每人先提出各自的想法，然后把各种想法组合起来进行比较

34. 我会对________人予以高度的评价。

a. 办事果断的　　b. 有想象力的

35. 当我在晚会上碰到陌生人时，我很可能会记住________。

a. 他们的长相　　b. 他们介绍自己的话

36. 当我学习一门新的课程时，我喜欢________。

a. 长时间地学习该课程内容，并尽我所能地学得多一些

b. 努力建立该课程内容与相关课程内容间的联系

37. 我很有可能被看成是一个________。

a. 乐于助人的人　　b. 矜持寡言的人

38. 我喜欢那些强调________的课程。

a. 材料具体的（事实、资料等）　　b. 材料抽象的（概念、理论等）

39. 一旦有闲暇时间，我宁愿________。

a. 看电视　　b. 看书

40. 某些教师开始讲课时会讲授纲要，这些纲要________。

a. 对我有点帮助　　b. 对我帮助很大

41. 在小组中做家庭作业，整个小组成员均为同一年级的做法对我________。

a. 很有吸引力　　b. 没有一点吸引力

42. 当我在做复杂的计算时，________。

a. 我会注意重复所有的计算步骤，然后再仔细检查计算的结果是否正确

b. 我会对检查计算结果是否正确感到很枯燥，因此不得不强迫自己这样做

43. 我在描述我曾经到过的地方时，我感到________。

a. 非常容易，相当准确　　b. 很困难，无法记住很多细节

44. 在小组中解决问题时，我很有可能________。

a. 会想到解决问题的步骤

b. 会想到可能的结果或把结果运用于较大的范围中

表 3－14 是上述问卷的统计表，你可把所选出的答案统计在表格中。例如，在“积极主动型/深思熟虑型”一栏中，如果你选的第一个问题的答案是 a，你就在第一个问题的 a

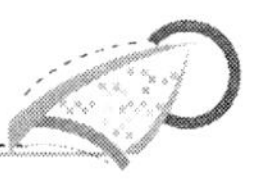

空栏内写上1，如果是b，就在b空栏内写上1，依次类推。然后对每个栏目内的结果进行统计。例如，如果在“积极主动型/深思熟虑型”一栏的统计结果分别为4a和7b，那么，你的最终结果为3b(7－4＝3)，这样你就可以大致了解自己属于何种学习风格了。

表3－14　问卷统计表

积极主动型 深思熟虑型			感觉型 直觉型			视觉型 语言表达型			循序渐进型 总体统揽型		
问题	a	b	问题	a	b	问题	a	b	问题	a	b
1			2			3			4		
5			6			7			8		
9			10			11			12		
13			14			15			16		
17			18			19			20		
21			22			23			24		
25			26			27			28		
29			30			31			32		
33			34			35			36		
37			38			39			40		
41			42			43			44		
每个栏目的总数											
	a	b		a	b		a	b		a	b
大数减小数的结果											

第4章

【本章教学课件】

教学设计

回想一下，你拥有过最好的学习体验吗？是什么样的？回答五花八门。有人会说自己对所学内容怀有激情，但最多的回答是："我那老师很棒!"几乎没有人会说："我有神奇的课本"或"我有非常棒的PPT。"这说明好的学习体验与教学方式相关性较大（图4.1和图4.2）。

+好的教学方式=

图4.1　良好的学习体验

+不好的教学方式=

图4.2　不良的学习体验

优质课堂在成功的学习贡献中占了很大的比例。为了提高教学质量，教学前的教学设计尤为重要，教学设计是教学实施者（团队）绘制的教学蓝图。

优质课堂教学的十项特征（［德］希尔伯特·迈尔）	
1. 清晰的课堂教学结构。 2. 高比例的有效学习时间。 3. 促进学习的课堂气氛。 4. 清晰明确的教学内容。 5. 创建意义的师生交流。 6. 多样化的教学方法。 7. 促进个体发展。 8. "巧妙"地安排练习。 9. 对学习成果有明确的期望。 10. 完备的课堂教学环境。	 希尔伯特·迈尔，当代世界著名的教学论和学校教育学家，师承德国著名教育学家布兰卡茨，重点研究领域：普通教学论、教学方法、学校教育学、学校发展和教学发展。

4.1　教学设计的定义

【参考图文】

【参考图文】

【参考图文】

【参考图文】

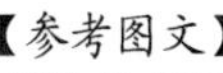

教学设计，指的是把学习与教学原理转化成对于教学材料、活动、信息资源和评价的规划这一系统的、反思性的过程。在某种程度上，教学设计者就像工程师。他们都需要基于那些已被证明是成功的原理，来规划自己的工作，教学设计者所依据的是教学和学习的基本原理；他们都要努力设计一些方案，让这些方案不仅能够发挥作用，而且对终端用户产生吸引力；他们都要确定解决问题的程序步骤，并以此来引导自己的设计决策。

我国职业教育专家邓泽民在著作《职业教育教学设计》中指出，可以从以下几个方面认识和理解教学设计：

（1）教学设计的最终目的是提高教学效率和教学质量，使学生获得良好的发展。

（2）教学设计的研究对象是教学系统。

（3）教学设计必须以学生特征为出发点，以教与学的理论为依据，强调运用系统方法。

（4）教学设计过程是问题解决的过程，应重视对教学效果的评价。

那么如何进行教学设计呢？教学设计必须解决好图4.3所示的几个基本问题：

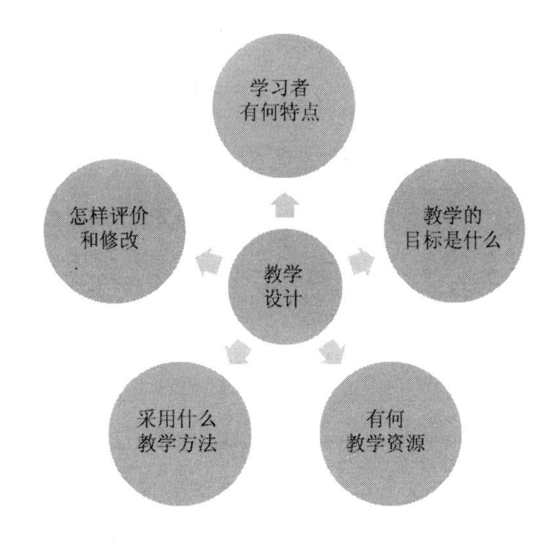

图4.3　教学设计的几个方面

根据教学目标的取向不同，教学设计模式一般可分为三大类：认知取向、行为取向、人格取向的教学设计模式，根据与电子科学与技术专业的相关性，在此简单介绍认知取向、行为取向的教学设计模式，如表4-1所示，详细内容参阅邓泽民学者编著的《职业教育教学设计》。

表 4－1　教学设计模式

<table>
<tr><th>教学设计模式</th><th colspan="2">代表性的模式</th></tr>
<tr><td rowspan="7">认知取向的教学设计</td><td colspan="2">布鲁纳“发现学习”：由学习者通过一系列发现行为（转换、组合、领悟等）发现并获得学习内容的过程。
学习的基本特点：注重学习过程的探究，注重直觉思维，注重内部动机</td></tr>
<tr><td colspan="2">加涅和布里格斯：教学是一系列精心为学习者设计和安排的外部事件，这些事件用于支持学习者内部学习过程的发生。
教学序列的 9 个教学事件：
1）引起注意；
2）告诉学习者目标；
3）刺激对必备学习的回忆；
4）呈现刺激材料；
5）提供学习指导；
6）明确行为；
7）提供行为正确与否的反馈；
8）对行为进行评估；
9）强化保持和迁移</td></tr>
<tr><td colspan="2">奥苏贝尔的“先行组织者”模式：</td></tr>
<tr><td>阶　　段</td><td>内　　容</td></tr>
<tr><td>阶段一
“先行组织者”的呈现</td><td>1）阐明课的目的；
2）呈现“组织者”；
3）鉴别限定性特征；
4）举例；
5）提供前后关系；
6）重复；
7）唤起学习者的知识和经验的意识</td></tr>
<tr><td>阶段二
学习任务和材料的呈现</td><td>1）明确组织；
2）安排学习的逻辑顺序；
3）明确材料；
4）维持注意；
5）呈现材料</td></tr>
<tr><td>阶段三
认知结构的加强</td><td>1）运用综合贯通的原则；
2）促进主动积极的接受学习；
3）引起对学科内容的评析态度；
4）阐明学科内容</td></tr>
<tr><td>行为取向的教学设计</td><td colspan="2">斯金纳的程序教学，以操作性反应和强化原理为理论基础，遵循 5 条原则：
1）积极反应原则；2）小步子原则；3）即时强化原则；
4）自定步调原则；5）低错误率原则</td></tr>
</table>

4.2 学习者分析与示例

了解学习者是优良教学设计的一部分。如果不能充分了解学习者，则可能出现图 4.4 和图 4.5 所示的情况发生。

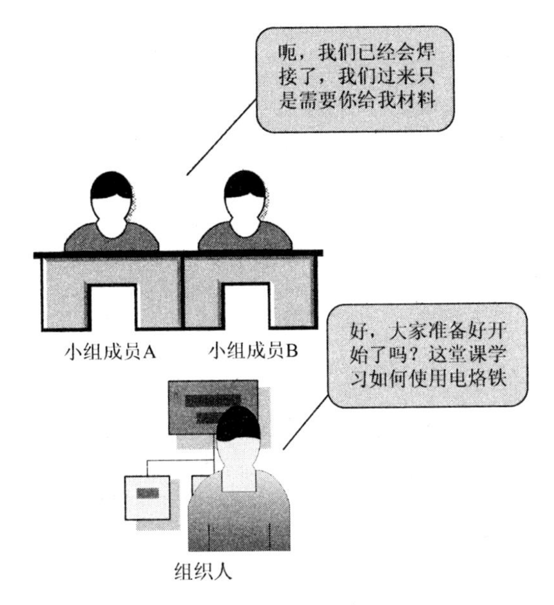

图 4.4 未了解学生情形之一

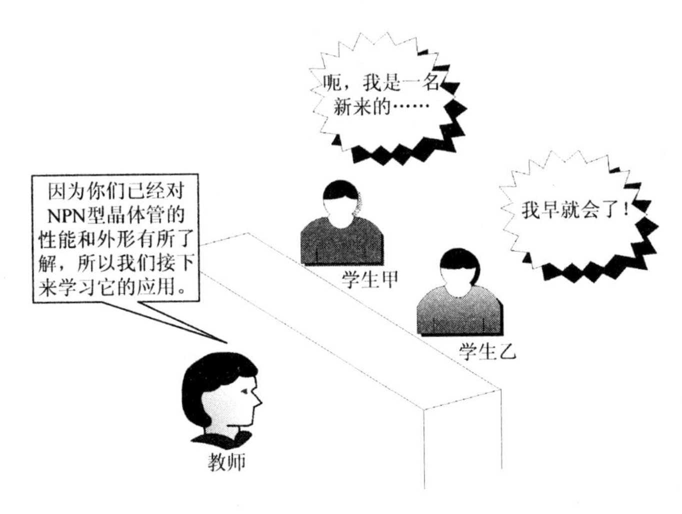

图 4.5 未了解学生情形之二

1. 对于学习者要了解的方面

对于学习者，需要了解以下方面：

（1）社会经济、文化差异。

（2）学习风格。

（3）学习能力。

（4）认知类型。

了解学习者的途径和方法有学生档案、访谈、调研、观察和从家长、监护人那里收集信息等。

关于如何分析学习者请参见第 3 章教学对象分析的内容。

2. 学习者分析示例

我们通过两个案例来比较分析。

案例 1 （抽象描述）

学习情况：授课的对象为二年级学生，通过一年的专业学习已有了一定的专业基础。

能力情况：具有极强的好奇心与求知欲，但抽象思维能力及动手能力有限，特别是在空间想象能力方面比较弱。

心理特点：排斥文字说教等特点，厌恶死记硬背。

该案例比较抽象，适合做课程教学设计的分析。

案例 2 （具体描述）

学情基础：学生已掌握常用低压电器结构、工作原理和使用方法，会识别、检测、使用常用低压电器；能熟练分析三相异步电动机连续正转控制线路工作原理，初步掌握该控制线路的安装步骤与调试方法，已熟悉控制线路线槽板安装工艺要求，但操作技能不够熟练。

学习优势：乐于动手，思维活跃，好奇心强。

学习弱势：理论学习能力较弱，需要不断强化。

评析：有效层面的分析可以从以下方面思考。

“已知”——已有的能力和经验；

“未知”——达到目的过程中还不具备的知识、技能和态度；

“能知”——能达到什么程度和目标；

“想知”——预计学生更希望得到和学到些什么；

“怎么知”——学生期待和适合什么样的途径和方法来学等几个方面综合分析学生情况。

4.3 教学目标陈述与示例

教师在进行教学设计时，必须对目标进行清晰的定义。如果不能了解学习者需要达到的目标，就无法让学习者达到他们的学习目的。如果教师没有一个明确的目标，就不能绘制出清晰的学习路径，也无法将学习路径有效地传达给学习者。

在为学习者确定学习路径之前，需要设定教学目标、确定学习起点与目标之间的差距、确定学习旅程有多长。其中教学目标的制订流程如图 4.6 所示。

1. 什么是教学目标

教学目标，即经过具体的教学过程所期望学生发生的具体变化，分为课程教学目标、

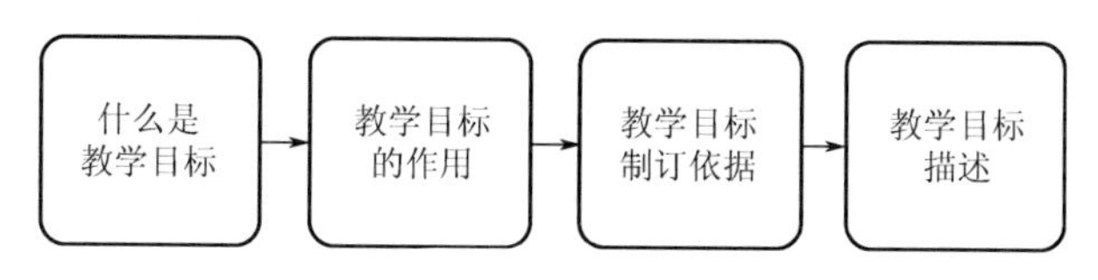

图 4.6 教学目标的制订流程

单元教学目标 、课时教学目标和知识点教学目标等几个级次。

2. 教学目标的作用

教学目标的作用如图 4.7 所示。

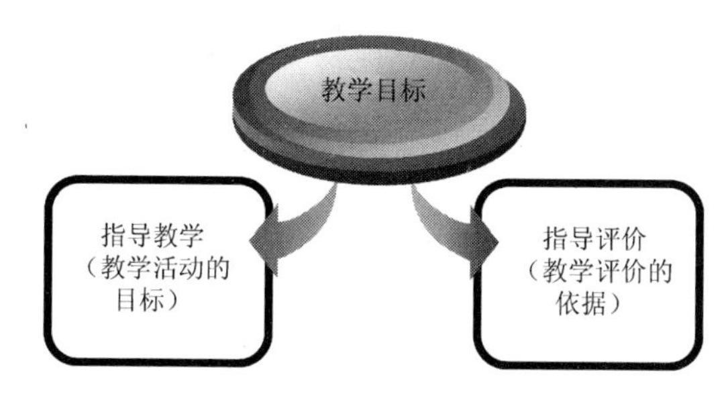

图 4.7 教学目标的作用

3. 教学目标制订的依据

确定教学目标要分三步走：解读标准（专业标准、课程标准）→与文本（教学内容）对话→了解学情。教师需要依据课程标准、教材以及学生情况确定教学目标。

例如，在制订浙江省电子技术应用专业课程的教学目标时要依据如下标准：教育部制订的《中等职业学校电工技术基础与技能教学大纲》《中等职业学校电子技术基础与技能教学大纲》《浙江省中等职业学校电子技术应用专业教学指导方案》、浙江省《电子元器件与电路基础》课程标准、浙江省《电子基本电路安装与测量》课程标准、浙江省《电子产品安装与调试》课程标准、浙江省《Protel 2004 项目实训及应用》课程标准、浙江省《电子技术综合应用》课程标准。

4. 教学目标的描述

1）教学目标的维度

近年来，我国的一些学者参照了国外教学目标研究的成果，从我国教育教学的实际出发，将学习目标分为知识与技能、过程与方法、情感态度与价值观三个维度。三维目标是一个问题的三个方面，集中体现了新课程的基本理念，集中体现了素质教育在学科课程中培养的基本途径，集中体现了学习者全面和谐发展、个性发展和终身发展的客观要求。三维教学目标的具体内容如表 4-2 所示。

表 4－2　三维教学目标

目标维度	内　　容	示　　例
知识与技能（学会）	每门课程的基本知识和基本技能。事实、概念、原理、规律等知识和观察、阅读、计算、调查等能力	电阻、电源、电容、电感等的定义、识别与检测；基尔霍夫定律、戴维南定理、叠加定理等
过程与方法（会学）	认知、科学探究、人际交往的过程与方法	了解学科知识形成的过程（如电阻定义式的形成）； “亲历”探究知识的过程（如等效定理的验证）； 学会发现问题、思考问题、解决问题（如电阻值的选取）；学会学习
情感、态度与价值观（乐学）	学习态度、学习习惯、世界观、人生观、价值观	形成积极、健康向上的学习态度、具有科学精神和正确的世界观、人生观、价值观，成为有社会责任感和使命感的社会公民等

2）三维目标的描述——“ABCD”法

教学目标确定后，从三维目标方面用可观察、可测量和可评价的方式将教学目标描述出来。常用的描述三维目标的方法是 ABCD 法，其中

◆ A——主体（audience）：学习者。

◆ B——行为（behavior）：学习者学习后能做什么。

◆ C——条件（condition）：上述行为在什么条件下发生。

◆ D——程度（degree）：评定上述行为是否合格的最低衡量标准。

至于学习结果，我们不必关心学生知道（理解、掌握）了什么，因为这些动词不容易测量。我们应该关心学生学习后能够做（会）什么。

在描述教学目标时要注意以下三点：

（1）教学目标的四要素要考虑全面。

（2）教学目标是否体现以学生为主体。

（3）教学目标中的行为动词是否可检验。

表 4－3 所示为不同目标水平使用的可测量的动词，供描述时选用。三维目标的描述方法如表 4－3 所示。

表 4-3 各水平的要求标准中使用的行为动词

类型		水平	各水平的含义	所用的行为动词
知识技能目标动词	知识	了解	能从具体事例中，知道或能举例说明对象的有关意义；能根据对象的特征，从具体情境中辨认出这一对象	描述、说（写）出、列举……的名称、辨认、比较、陈述、对比
		理解	把握内在逻辑联系、与已有知识建立联系；进行解释、推断、区分、扩展、提供证据收集、整理信息等	说明、举例说明、概述、评述、区别、解释、选出、收集、处理、阐明、示范、比较、描绘、查找
		应用	在新的情境中使用抽象的概念、原则进行总结、推广，建立不同情境下的合理联系等	分析、得出、设计、拟定、应用、评价、撰写、利用、总结、研究
	技能	模仿	在原型示范和具体指导下完成操作	尝试、模仿
		独立操作	独立完成操作；进行调整或改进；尝试与已有技能建立联系等	测量、测定、操作、会、能、制作、设计
体验性要求的目标动词		经历（感受）	在特定的教学活动中，获得一些初步的经验	体验、参加、参与、交流、讨论、探讨、参观、观察
		反应（认同）	在经历基础上表达感受、态度和价值判断；做出相应反应等	关注、认同、拒绝、选择、辩护
		领悟（内化）	具有稳定态度、一致行为和个性化的价值观念等	确立、形成、养成、决定

表 4-4 三维目标的描述

维度	描述方法
知识与技能	通过……过程＋学习水平（相应的知识与技能）
过程与方法	通过……过程＋感受（认识或运用）相应的“科学方法”（或经历……的探究过程），发展……的能力
情感态度与价值观	通过……过程＋学习水平（相应的情感、态度与价值观）

5．案例分析

案例 1 《万用表测电阻》教学目标

知识与技能：通过练习，学生学会用万用表测量电阻。

过程与方法：通过阅读、设问，养成认真思考、积极回答的良好学习习惯；通过实践操作、实验演示，进一步学会自主学习的方法。

情感态度与价值观：通过实践探究体验成功的积极情感；在小组合作中感受学习《电工技术基础与技能》的乐趣。

评析：教学目标的撰写体现以学生为学习的主体；行为具体可测量；实践探究、小组合作等形式体现了合作、探究的教学理念。

案例 2 《基于 555 的光控延时电路设计与制作》教学目标

一看：能够利用器件手册正确识别 555 各引脚序号和功能，准确率达到 100%。

能够正确回答光控电路各元件功能，回答正确率 98%。

20 分钟内，能够正确描述光控电路原理和功能。

二仿：能够利用 Proteus 软件仿真，结合仿真过程正确回答 555 定时器内部的工作结构和原理。

能够在 5 分钟内，正确找到光控电路仿真器件，正确率 100%。

能够利用虚拟示波器描述光控电路运行结果，思路清晰。

三选：能够利用专业书籍、图样获得帮助信息，与小组其他同学有效沟通，并共享学习资源，制订工作计划，小组成员认同率 100%。

能够根据方案需要，并考虑经济价值，综合选择电路元器件，选件正确率达到 100%，价格不超过市场平均价格。

四做：遵守电烙铁及用电的安全操作规则，防止电烙铁过热或用电安全等原因选成的损坏。

能按资料提供的帮助，正确焊接电路，一次成功率 90%以上。

能按照工作页调试电路、记录电路各个要点参数并正确分析。

4.4 教学方法的选择依据

“教学有法，而无定法”。教学方法既要符合科学性，又要符合艺术性。科学性是指教学活动有规律性和原则性可循，因此教学法的使用要有可循的依据。艺术性是指教学活动中方法使用的灵活性和创造性。教师要在众多的教学法中合理选择一定的教学法来组织教学。选用教学方法是为了在以学生为主体的立场上，最有效、最经济地完成教学任务，达到教学目标。在运用教学方法前，必须清楚影响与制约教学方法的几种因素，如图 4.8 所示。

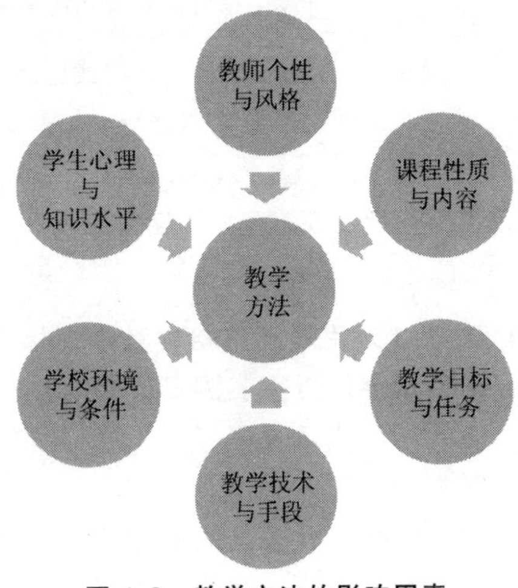

图 4.8 教学方法的影响因素

1）教学目标与任务决定着教学方法

教学目标是教学预期的结果，是教学必须达到的目的。它体现了师生全部活动的出发点、过程和归宿。因此教学目标的达成是教学法选择的首要依据。

2）课程性质与内容制约着教学方法

一般来说，对不同学科性质的教学内容，应采取不同的教学方法；而同一学科中具体内容的教学，又要求采取与之相适应的教学方法。

例如，对于电子类专业的不同课程来讲，《电子基本电路安装与测试》《电子产品安装与调试》多采用任务驱动法、项目教学法；数学多采用练习法。

每门课程的具体内容有各自的特点和要求。在教学过程中它们又总和学生掌握该内容所必需的智力活动的性质相联系。例如，《电子元器件与电路基础》中关于元器件的认识与检测可以采用演示法、实验法，而电路定理可以用讲授法、练习法。

3）学生心理与知识水平影响着教学方法

教师的教是为了学生的学，教学方法要适应学生的基础条件和个性特征。因此，在选择教学方法时，教师要考虑学生在智力、能力、学习方法、学习态度、班级的学习习惯诸方面的准备水平，应当注意从学生实际出发，选择那些能促进学生学习和发展的方法。

培养学生独立学习的能力是职业学校一切教学活动的一个重要出发点。“教是为了不教”，现代职业教育应使受教育者具有不断开发自身潜能和不断适应劳动力市场变化的能力。这既是学习方法研究的目的之所在，也是教育方法运用的功能之所在。

4）教学技术与手段改进教学方法

现代教学手段，特别是以计算机和网络技术为核心的现代教学技术的不断发展，正越来越深刻地改变着教师教的方式与学习者学的方式。它既为教学内容增添了新的内涵，又使教学方法产生了革命性变化。因此，研究如何恰当地借助这些手段，改进并完善教学方法是非常有必要的。

5）教师个性与风格支配教学方法

教师是教学方法的运用者，在选用教学方法的过程中起着主导作用。教师的理念、风格、文化素质、专业素质（如擅长实验、擅长理论推导、数学）、个性特点影响着教师内在的思维过程，制约着教师对教学方法的选用。教师应根据自身特点、教材特点、学生特点，探索有效的教学方法。

6）学校环境与条件限制教学方法

教学方法与目标、内容、学生、教师、条件、环境等有着不可分割的联系。找准这种联系，就找到了选择和运用教学方法的科学依据。

根据当前的课程改革与教育教学的发展，教学方法选择还应考虑以下原则：

（1）为（工作情境）行动而学习。

（2）在（学习情境）行动中学习。

（3）符合学生认知规律（成长规律）。

（4）“手、脑、心统一”。

4.5 教学策略与示例

1. 为学习动机设计的策略

在进行教学设计时，应该关注学习者学习的动机。学生的学习动机是教师在教学设计时必须考虑的一个重要因素。

凯勒开发和检验了一个整合模型，以理解动机并系统地将动机的因素融入教学。教师和教学设计者可以使用凯勒描述的系统过程来有效地满足学习者的动机需求，从而为学习动机设计教学策略。具体的教学策略的案例如表4－5所示。

表4－5　教学策略案例

策　略	建　议	案　例
1）引起并维持注意 好奇心是与生俱来的探索新异环境和操纵新奇客体的需要，大多源自一定的问题情境。好奇心是动机的一个重要来源	为刺激变化引起的好奇心最佳，教师可以通过使用新奇和意想不到的教学方法或者注入个人经历和幽默来吸引学生的兴趣。例如： （1）用与谈论的主题有关的有趣故事作为开场白； （2）演示视觉戏法； （3）用多媒体形式来呈现一些学习材料，或者在讲授时穿插演示、小组讨论或全班辩论等模式	在学习555芯片的应用时，展示门铃（与生活贴近，几乎所有的学生都见过或用过）的实物、视频或图片，吸引学生的注意力
2）促进相关性 相关在其最普遍的意义上是指那些我们认为能满足需求和个人欲望（包括实现个人目标）的工具	要被激励起来，学习者必须首先认识到给定的教学对个人有用，即能帮助他们达到个人目的。 事物越熟悉，越有可能被学习者认为是有关的	教师通过提供门铃具体实物和类比把教学内容（555工作原理）与学习者的经验联系起来 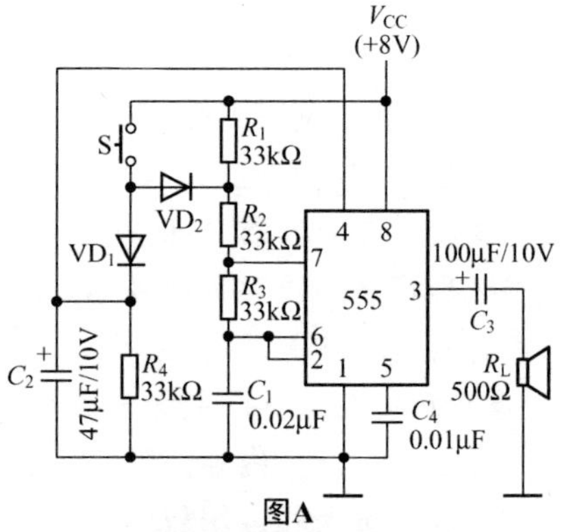 图A 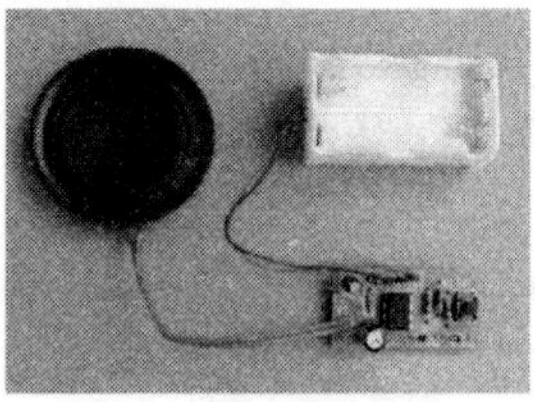 图B

（续）

<table>
<tr><th>策略</th><th>建议</th><th>案例</th></tr>
<tr><td rowspan="2">3）树立信心
盖茨说：“没有什么东西比成功更能增加满足的感觉，也没有什么东西比成功更能鼓起进一步求成功的努力。”</td><td>第一，教师可通过澄清对学生的期望而创设一种积极的成功期待</td><td>在学生已有准备并能理解要求时逐渐揭示或告诉学生教师对他们的期望，如今天的学习目标：会分析门铃电路的工作原理；会安装与测试门铃电路</td></tr>
<tr><td>第二，给学生提供成功的机会。设计“最近发展区”的学习任务，虽然是一种挑战，但不是不可克服的。
向学生演示复杂的、看来达不到的目标如何被分解成子目标和小步骤而变得更易于管理</td><td>1）结合555内部电路与功能表复习逻辑功能的实现。 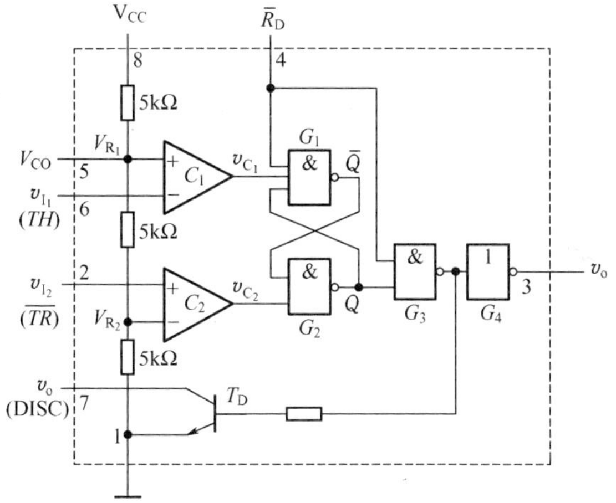

图C　内部电路

表A　功能表
<table>
<tr><th colspan="3">输　入</th><th colspan="2">输　出</th></tr>
<tr><th>v_{I_1}</th><th>v_{I_2}</th><th>$\overline{R}_D$</th><th>v_o</th><th>V 状态</th></tr>
<tr><td>×</td><td>×</td><td>0</td><td>0</td><td>导通</td></tr>
<tr><td>$>\frac{2}{3}V_{CC}$</td><td>$>\frac{1}{3}V_{CC}$</td><td>1</td><td>0</td><td>导通</td></tr>
<tr><td>$<\frac{2}{3}V_{CC}$</td><td>$<\frac{1}{3}V_{CC}$</td><td>1</td><td>1</td><td>截止</td></tr>
<tr><td></td><td></td><td>1</td><td>不变</td><td>不变</td></tr>
</table>

2）结合下图所示的电路和逻辑功能表分析电路工作原理
 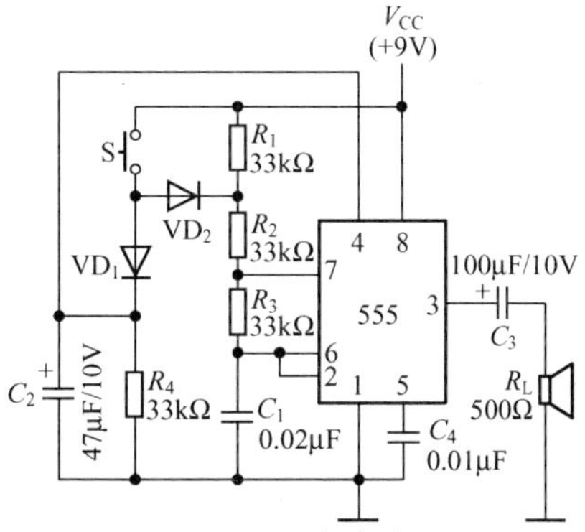
图D　已有电路</td></tr>
</table>

（续）

<table>
<tr><th>策　略</th><th>建　议</th><th>案　例</th></tr>
<tr><td>3）树立信心
盖茨说："没有什么东西比成功更能增加满足的感觉，也没有什么东西比成功更能鼓起进一步求成功的努力。"</td><td>第三，允许学习者合理地控制自己的学习并帮助他们认识到学习是其努力和有效学习策略的直接结果。
学生能从他们做得好的方面获得信心，并将较差的成绩归因于能改正的具体问题</td><td>1）安装门铃电路，并进行测试。
2）对项目的不同方面进行分析并给出分数填入下表中。
表B　分析表<table><tr><td>操作规范</td><td>安装工艺</td><td>测试方法</td><td>测试数据处理</td><td>组内互助</td></tr><tr><td></td><td></td><td></td><td></td><td></td></tr></table></td></tr>
<tr><td rowspan="2">4）产生满足</td><td>以有意义的方式运用新获得的技能或知识的机会</td><td>布置作业：为家庭设计安装一只电子门铃作为母亲节的礼物</td></tr>
<tr><td>有些学生对学科不是特别感兴趣，只是为了满足某些外部要求才来学习</td><td>运用积极的手段，如口头表扬、诱因或者知识的或符号性的奖励，能有效地产生满足感</td></tr>
</table>

2. 为学习环境设计的策略

德国一位学者有过一个精辟的比喻："将15克盐放在你的面前，无论如何你也难以下咽。但当将15克盐放入一碗美味可口的汤中，你在享用佳肴时，就将15克盐全部吸收了。情境之于知识，犹如汤之于盐。盐溶于汤中，才能被吸收；知识需要溶于情境之中，才能显示出活力和美感。"

教学情境，指教师在教学过程中以教材为依据，为了达到既定的教学目的，从教学需要出发，引入、制造或创设与教学内容相适应的、以形象为主题的、富有感情色彩的具体场景或氛围。

电子科学与技术专业涵盖的机电产品检测技术、汽车电子应用技术等专业，旨在培养技术技能型人才，根据该类人才职业活动的特点，即过程固定，以追求产品达到设计要求的各项指标为职业活动价值，重在培养学生的规范操作和标准的教学。按照职业活动过程设计，突出职业活动过程的主线，图4.9所示为电子产品设计与制作的活动过程，各活动过程的典型工作情境如表4-6所示。

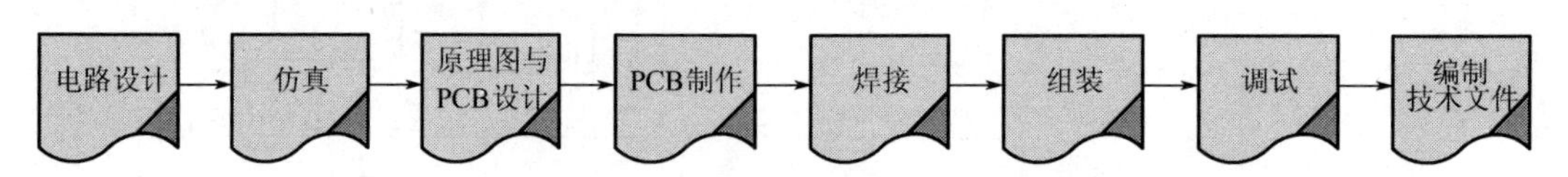

图4.9　电子产品设计与制作的活动过程

表 4-6 典型工作情境

<table>
<tr><th>典型工作</th><th colspan="2">情境设施</th></tr>
<tr><td>电路原理图设计与仿真</td><td colspan="2">小组合作工作台，每桌配有工作计算机，计算机中安装有以下资料：
1）画电路图、PCB布线的软件DXP；
2）PCB的EMC设计规范文件；
3）PCB的布线规范文件；
4）Visio画图软件；
5）上网许可</td></tr>
<tr><td rowspan="3">PCB制作</td><td>实训室配置</td><td>文档资料</td></tr>
<tr><td>1）覆铜板裁剪机（图A）；
2）PCB电路板转印机（图B）；
3）覆铜板腐蚀槽（图C）；
4）钻孔机（图D）</td><td>1）覆铜板裁剪机使用说明；
2）PCB电路板转印机使用说明；
3）覆铜板腐蚀槽使用说明；
4）钻孔机使用说明</td></tr>
<tr><td colspan="2">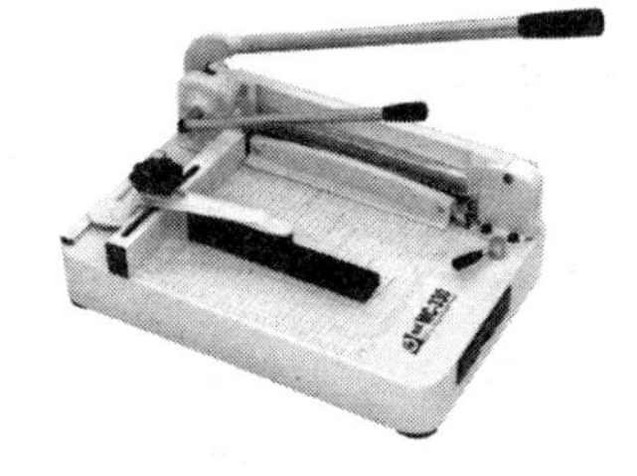
图A 覆铜板裁剪机
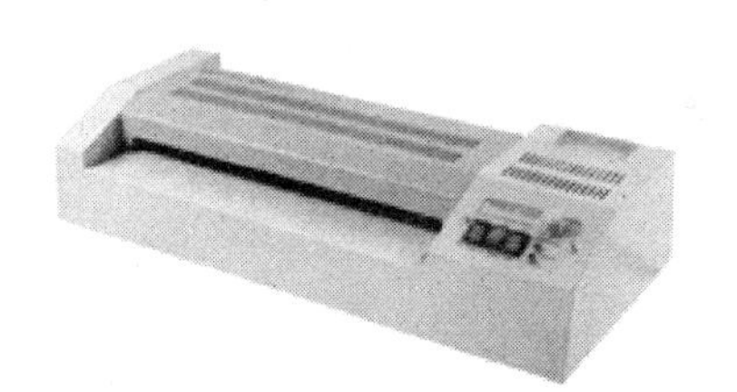
图B PCB电路板转印机

图C 覆铜板腐蚀槽

图D 钻孔机</td></tr>
</table>

（续）

典型工作	情境设施
焊接和组装	实训室配有焊接工作台，每个工作台配有电烙铁一把、焊锡丝、松香、斜口钳和镊子，如图 E～图 G 所示。  图 E　焊接室  图 F　电烙铁  图G　焊锡丝、松香、斜口钳、镊子 装配室如图 H 所示：  图 H　装配室

（续）

典型工作	情境设施
调　试	测试调试实验（训）室配有万用表、示波器、信号源等，测试调试车间如图I所示。  图I　测试调试车间
编制技术文件	技术说明：供研究、使用和维修产品用的，对产品的性能、工作原理、结构特点应说明清楚，其主要内容应包括产品技术参数、结构特点、工作原理、安装调整、使用和维修等内容
	使用说明：供使用者正确使用产品而编写，其主要内容是说明产品性能、基本工作原理、使用方法和注意事项
	安装说明：供使用产品前的安装工作而编写，其主要内容是产品性能、结构特点、安装图、安装方法及注意事项
	调试说明：调试说明是用来指导产品生产时调试其性能参数的

4.6　教学组织的选择

组织形式是教学设计的一个重要方面。职业教育教学活动中，技能教学、任务教学、项目教学和岗位教学是职业教育教学典型的教学活动。有关教学组织的选择策略，职业教育专家邓泽民在专著《职业教育教学论》中做了详尽的描述。典型的教学组织形式有班级教学、小组合作等，如表4－7所示。

表 4-7 教学组织的形式

组织形式	小组合作	班级教学	岗位实习或实训
场景			
适用场合	项目教学、任务教学的计划、自评、汇报阶段	说明任务阶段，检查评估阶段，在最少的时间内传达全员须知的信息阶段	将学生安排到典型岗位的优秀工作人员身边，协助他们做每天的工作，学习他们的优秀职业特质。 在工业中心（实训车间、教学工厂），学生根据自己的时间和需要，到岗位自行训练

表 4-8～表 4-12 所示是针对不同教学内容的参考教学组织形式。

表 4-8 技能教学的组织形式

教学阶段	教学组织形式
定向阶段（教师示范）	集中观摩（学生）；实战演示，准确示范，要点解说（教师）
分解模仿阶段（学生模仿）	适时指导，及时点评（教师）；分组练习，模仿到位（学生）
完整模仿阶段（学生练习）	适时指导，及时点评（教师）；分组练习，模仿到位（学生）
熟练阶段（学生练习）	及时点评（教师）；分组强化练习（学生）

表 4-9 任务教学的组织形式

教学阶段	教学组织形式
任务描述阶段：描述任务背景、内容、要求	班级教学组织
任务分析阶段：什么样的工作任务？ 核心问题在哪儿？ 具体要求是什么？ 怎样满足任务要求？ 已经具备了哪些经验？ 需要哪些支持/帮助？ 哪些信息可用？	小组合作，任务分析，制订计划，教师适当指导
完成任务阶段：按照已形成的方案，实施任务	小组或独立实施
学习评价阶段：评价工作成果和职业能力、任务分析、计划制订、计划实施、工作评价能力	小组和班级两种形式

表 4-10 项目教学的组织形式

教学阶段及任务	教学组织形式
成立项目小组阶段：组建小组，明确角色与任务	按角色分批教学指导、小组磨合
编制项目计划阶段：教师提供项目开发计划书的样板，解释项目实施的步骤、计划书的编写原则及注意事项；小组编制项目计划	班级教学、小组合作
实施项目计划阶段：小组实施计划、教师及时适当指导	小组合作
项目评估总结阶段：分组讲解、展示； 小组自评＋组间互评＋教师评价	小组和班级两种形式

表 4-11 岗位教学的组织形式

教学组织形式	具体操作
学徒制	双元制培养方式中，学生是学校的学生，又是企业的学徒。企业在生产过程中，安排师傅带自己的徒弟学习，为企业人力资源进行必要的储备
工业中心	在典型工作岗位集中的一些车间建设工业中心（实训车间、教学工厂），教师带学生到岗位训练

【拓展阅读】

拓展阅读 1 学习金字塔理论

由美国学者、著名的学习专家爱德加·戴尔 1946 年首先发现并提出了学习金字塔理论，该理论根据美国缅因州的国家训练实验室的研究成果，用数字形式形象显示了：采用不同的学习方式，学习者在两周以后还能记住内容（平均学习保持率）的多少，如图 4.10 所示。

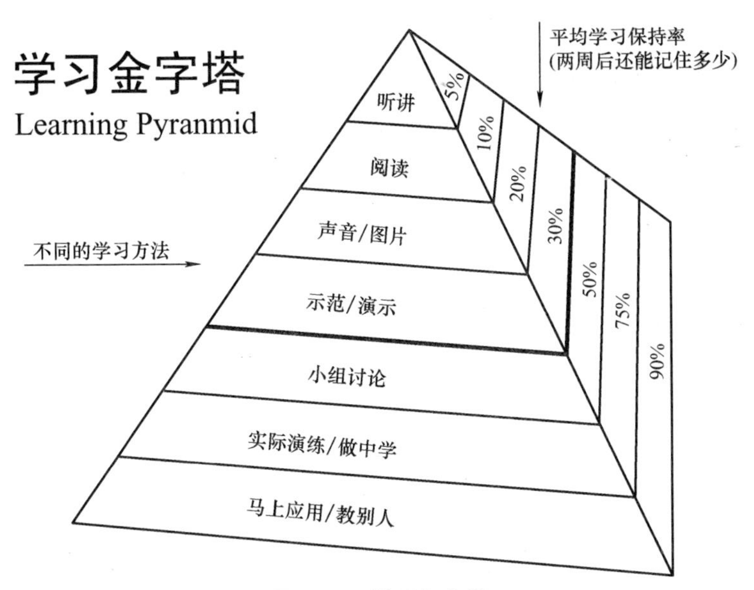

图 4.10 学习金字塔

拓展阅读2　多元智能理论

多元智能理论是由美国哈佛大学教育研究院的心理发展学家霍华德·加德纳在1983年提出。加德纳通过研究脑部受创伤的病人发现他们在学习能力上的差异，从而提出本理论。

他认为，人的智力应该是一个量度他的解题能力（ability to solve problems）的指标。根据这个定义，他在《心智的架构》（*Frames of Mind*）这本书中提出，人类的智能至少可以分成七个范畴（后来增加至八个），如图4.11所示。

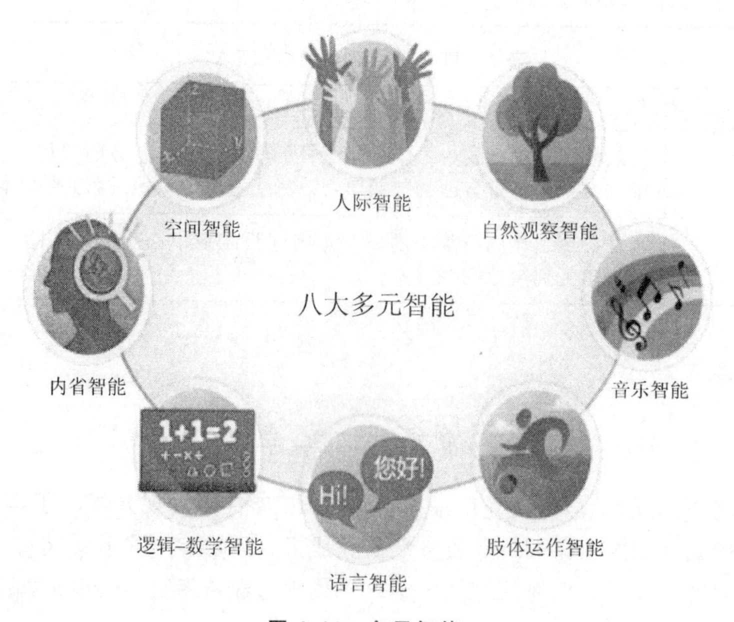

图4.11　多元智能

(1) 语言智能（linguistic intelligence）：有效运用口头语言或书写文字表达、沟通的能力。律师、演说家、编辑、作家、记者等是几种特别需要语言智能的职业。对语言智能强的人来说，他们喜欢玩文字游戏；在学校里，他们对语文、历史等类的课程比较感兴趣；在谈话时，他们常引用他处读来的信息；他们喜欢阅读、讨论及写作。

(2) 逻辑-数学智能（logical - mathematical intelligence）：有效地运用数字和推理的能力。数学家、税务人员、会计、统计学家、科学家、计算器软件研发人员等是特别需要逻辑-数学智能的几种职业。

对逻辑-数学智能强的人来说，他们在学校特别喜欢数学或科学类的课程，喜欢提出问题并执行实验以寻求答案，喜欢寻找事物的规律及逻辑顺序，对科学的新发展有兴趣，喜欢在他人的言谈及行为中寻找逻辑缺陷；对可被测量、归类、分析的事物比较容易接受。

(3) 空间智能（spatial intelligence）：准确的感觉视觉空间，并把所知觉到的表现出来的能力。这项智能包括对色彩、线条、形状、形式、空间及它们之间关系的敏感性，也包括将视觉和空间的想法具体地在脑中呈现出来，以及在一个空间的矩阵中很快找出方向

的能力。向导、猎人、室内设计师、建筑师、摄影师、画家等是特别需要空间智能的几种职业。空间智能强的人对色彩的感觉很敏锐，喜欢玩拼图、走迷宫之类的视觉游戏；喜欢想象、设计及随手涂鸦；喜欢看书中的插图；学几何比学代数容易。

(4) 肢体运作智能（bodily－kinesthetic intelligence）：善于运用整个身体来表达想法和感觉，以及运用双手灵巧地生产或改造事物。这项智能包括特殊的身体技巧，如平衡、协调、敏捷、力量、弹性和速度以及由触觉所引起的能力。演员、舞者、运动员、雕塑家、机械师等是特别需要肢体运作智能的几种职业。这一类人很难长时间坐着不动；他们喜欢动手建造东西，如缝纫、编织、雕刻或木工，或是跑跑跳跳、触摸环境中的物品；他们喜欢在户外活动，与人谈话时常用手势或其他的肢体语言；他们喜欢惊险的娱乐活动，并且定期从事体育活动。

(5) 音乐智能（musical intelligence）：察觉、辨别、改变和表达音乐的能力。这项智能包括对节奏、音调、旋律或音色的敏感性。歌手、指挥、作曲家、乐队成员、音乐评论家、调琴师等是特别需要音乐智能的几种职业。他们通常有很好的歌喉，能轻易辨别出音调准不准，对节奏很敏感，常常一面工作，一面听（或哼唱）音乐，会弹奏乐器，一首新歌只要听过几次，就可以很准确地唱出来。

(6) 人际智能（interpersonal intelligence）：察觉并区分他人的情绪、意向、动机及感觉的能力，包括对脸部表情、声音和动作的敏感性，辨别不同人际关系的暗示，以及对这些暗示做出适当反应的能力。人际智能强的人通常比较喜欢参与团体性质的运动或游戏，如篮球、桥牌；而较不喜欢个人性质的运动及游戏，如慢跑，玩电动玩具。当他们遭遇问题时，他们比较愿意找别人帮忙，也喜欢教别人如何做某件事。他们在人群中感觉很舒服自在，通常是团体中的领导者，他们适合从事的职业有政治、心理辅导、公关、推销及行政等需要组织、联系、协调、领导、聚会等的工作。

(7) 内省智能（intrapersonal intelligence）：有自知之明并据此做出适当行为的能力。这项智能包括对自己有相当的了解，意识到自己的内在情绪、意向、动机、脾气和欲求以及自律自知和自尊的能力。内省智能强的人通常能够维持写日记或睡前反省的习惯；常试图从各种的回馈管道中了解自己的优缺点；经常静思以规划自己的人生目标；喜欢独处，适合从事的职业有心理辅导等。

(8) 自然观察者智能（naturalist intelligence）：自然观察者智能指的是对自然的景物（如植物、动物、矿物、天文等）有诚挚的兴趣、强烈的关怀及敏锐的观察与辨认能力。自然生态保育者、农夫、兽医、宠物店老板、生物学家、地质学家、天文学家等是几种特别适合自然观察者智能强势者从事的职业。

根据多元智能理论，个体的智能是多种多样的，学生的个体差异也是明显的。每个人的智能的强项弱项及组合方式也是不同的。因此，课堂上对专业理论的学习就会出现明显的参差不齐现象，教师不能用统一的标准，即“一刀切”的形式来评价学生的好与坏。有的学生语言表达能力强，能对所学知识、定义、概念进行准确复述；有的学生逻辑推理能力强，善于演算，能熟练运用公式进行计算；有的学生交际能力强，善于合作交流；有的学生操作能力强一些，对电子元器件制作步骤掌握得快。

拓展阅读3　技能学习

大量的学习体验旨在传授技能,但多数人所做的其实只是在介绍这些技能。如果需要让学习者熟练掌握技能，那么向他们进行相应的介绍仅是技能学习必经的第一步。提高技能有练习和反馈两个阶段。

学习体验往往围绕大量的新信息进行建构，很多学习体验的情形如图 4.12 所示。

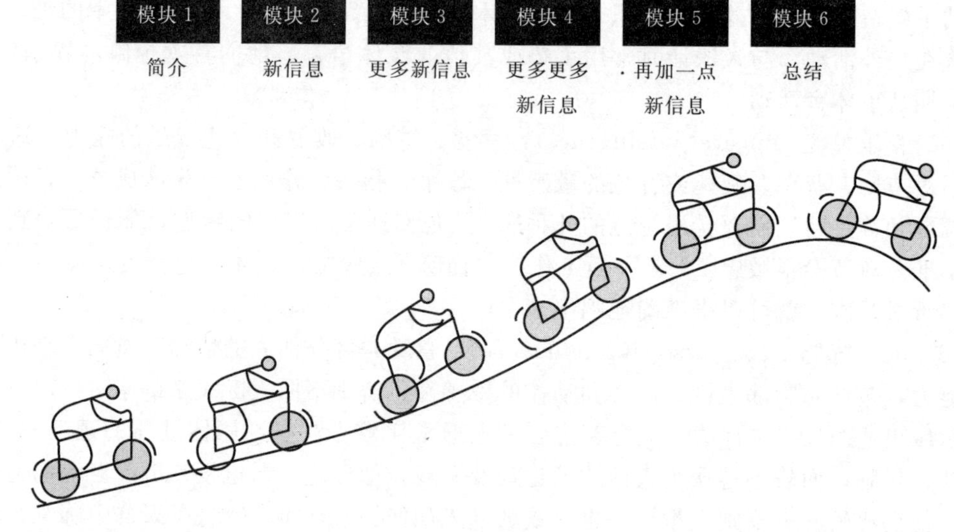

图 4.12　学习体验（一）

这样的学习体验会使学习者筋疲力尽。如果不能让学习者得到适当的休息，过载的信息会令学习者感到沮丧。

当学习者面临的挑战远远超出他们的能力时，学习者会觉得太困难，并且容易陷入沮丧中。但如果学习的事物太容易，学习者又会觉得无聊。因此，学习需要适当的努力，才是一个令人满意的挑战，即让学习者“滑行”，熟练技能的同时产生自信。这样的学习体验如图 4.13 所示。

图 4.13　学习体验（二）

启示：应该怎样建构学习体验呢？学习过程中应当加入交替结构，将这些方法交替进行，让学习者在进入下一个学习阶段之前适应和吸收学习到的新知识，如图4.14所示。

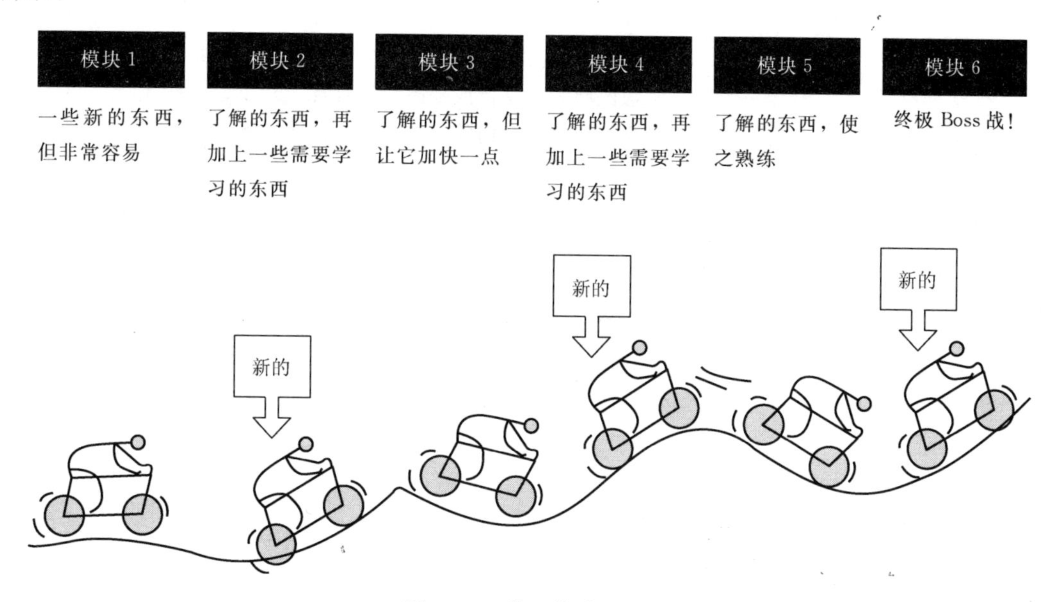

图4.14 学习体验（三）

拓展阅读4 “ARCS”的动机设计模型

美国南佛罗里达大学的心理学教授凯勒开发了一个被称作“ARCS”的动机设计模型(the ARCS mode of motivational design)，如表4-12所示。ARCS是指注意（attention)、相关（relevance)、信心（confidence）和满足（satisfaction)。

表4-12 “ARCS”的动机设计模型

类别与子类别	教师要考虑的过程问题
注意 A 1. 知觉唤醒 A 2. 探究唤醒 A 3. 变化	 我能为吸引他们的兴趣做些什么？ 我怎样才能激起一种探究的态度？ 我怎样才能维持他们的注意？
相关 R 1. 目标定性 R 2. 动机匹配 R 3. 熟悉性	 我怎样才能极佳地满足学生的需要？ 我怎样才能为学生提供合适的选择、责任或影响？ 我怎样才能将教学与学习者的经验联系起来？

（续）

类别与子类别	教师要考虑的过程问题
信心 C 1. 学习要求 C 2. 成功机会 C 3. 个人控制	我怎样才能为建立一种成功的积极期望而提供帮助？ 学习经验如何支持或提高学生对自己胜任能力的信念？ 学生如何知道他们的成功是基于自己的努力和能力的？
满意 S 1. 自然后果 S 2. 积极后果 S 3. 平等	我怎样才能为学生提供运用新习得知识技能的机会？ 我能为学生的学习成功提供何种强化？ 我怎样帮助学生对自己的成就形成一种积极的情感？

练　　习

1. 请小组分析下列教学目标制订的案例，讨论：

(1) 判断教学目标的四要素

① 让学生焊接 100 个焊点；

② 高中二年级上学期的学生，在 5 分钟之内，完成一道语言表达题，准确率达 95%。

(2) 判断是否体现以学生为主体

①“使学生……”　　②“提高学生……”　　③“培养学生……”

(3) 判断行为动词是否可检验

写出、示范、鉴别、解决、解释、选择、知道、懂得、熟悉、察觉、意识、考虑

2. 请将以下条件的表述与类型连线

(1)“可以借助相关软件”或“允许查询网络资料”；	A. 时间的限制
(2)“在黄冈市区范围内，能……”“根据企业提供的相关材料，能……”等；	B. 使用辅助手段
(3)“在 10 分钟内，能……”“通过两课时的学习，能记住……”等；	C. 完成行为的情景
(4)“在课堂讨论时，能叙述……要点”。	D. 提供信息或提示

3. 在中等职业教育课程改革国家规划新教材《电工技术基础与技能》与《电子技术基础与技能教材》中，分析以下内容的教学重点难点。

(1) 基尔霍夫定律。

(2) 晶体管工作时的电流分配和放大作用。

(3) 测试集成双 JK 触发器 74LS112 的逻辑功能。

(4) 单稳态触发器。

(5) 555 式基电路及其应用。

第5章

教学评价与反思

【本章教学课件】

教学评价与教学反思是教学活动中的重要环节。

5.1 教学评价

评价是人类有意识活动的一个表征。评价的实质是促进人类活动日趋完善，是人类行为自觉性与反思性的体现。

教学评价是根据教育目标的要求，按一定的规则对教学效果做出描述和确定，是教学环节中必不可少的一环，目的是检查和促进教与学。

教学评价是教学活动的逻辑终点，又是新的教学活动的行为起点。教学评价有以下几个特点。

(1) 教学评价是根据新时期的教育目标的要求来确定的。

(2) 教学评价是按照一定的规则（价值标准）对教学效果进行评定的。

教师怎样看待学生，把学生看成什么样的人，对学生采取什么样的态度？教师在教学设计中，为学生搭建怎样的发展平台，怎样遵循学生心理发展规律？选择怎样的价值观进行备课？在教学过程中，教师应用怎样的教学策略？师生之间进行了怎样的心理体验和价值感悟以及是否拥有获取知识的快乐？对这些教学问题的不同选择，就形成了教学评价准则。

(3) 教学评价是教学过程中的必要环节。

作为教学过程的一个环节，教学评价执行着特殊的反馈机制，是克服教学活动对目标的偏差，使教学活动保持稳定发展的重要手段。没有教学评价，教学行为、方法、策略就不能得到应有的、及时的检验、调整，教学水平就不会很大的提高幅度，甚至使很多不利于学生发展的教学方法仍然在使用。

(4) 教学评价的目的是检查和促进教与学。

本章将主要围绕课堂教学评价进行介绍与探讨。

课堂教学评价专指对在课堂教学实施过程中出现的客体对象所进行的评价活动，其评价范围包括教和学两个方面。

对课堂教学质量进行完整的评价通常有三个组成部分：

第一，对教学过程进行评价。该部分主要是对教学过程的构成要素，如教师、学生、教学方法和教学环境等进行评价。它是目前主要采用的，也是相对较为成熟的教师课堂教学评价，主要侧重于教师对教学的准备，对教学过程的组织，对学生学习的辅助与支持。

第二，对学生学习活动进行评价。该部分是以学生的心理发展为评价中心，要求对学生在课堂教学中是否得到了认知、情感、动作技能等的发展和进步进行评价，以学生在课堂上的行为表现为基础，主要通过学生在课堂上的行为表现来推测其可能的收获。

第三，对教学效果进行评价。该部分往往是在教学结束之后对学生所取得的成绩进行的评价，通常在课堂教学之后通过考试等测量手段来进行。

5.1.1 教学评价的过程与方法

教学评价是教师的专业能力之一，表现为教师能够正确分析、判断、评价自身的教学行为；在预设的教学目标实施过程中，能够从教学的实际需求出发，做出适当的调整，不断优化教学过程。

教学评价的设计过程包括以下几个方面。

（1）明确评价问题。对教学系统的某个要素评价还是对整个教学系统进行评价；对单节课还是对该门课程进行评价；对学生学业成就还是对教师的教学水平进行评价等。

（2）确定评价目的。

（3）确定评价对象，即选择谁或什么的问题。

（4）制订评价方案。

1. 教学目标设计的评价

根据新课程的要求，学生发展至少包含三方面：

（1）基础目标，指课程标准中所明确规定的学生必须掌握的学科基础知识、基本技能、学习能力等，要求陈述时具体、明晰、可测量，反映学科特点，符合学生身心发展规律。

（2）提高目标，主要表现为学生的独立性、主动性和创造性三方面。独立性指不受外部强迫与控制，独立、自主地控制自己的思想，支配自己的行为；主动性指对现实的选择和对外界适应的能动性，体现在学生对学习的选择性和对社会的适应性上；创造性指对现实的超越，不仅表现出强烈的创新意识，而且具有创新思维能力和动手实践能力。

（3）体验目标。通过师生间的情感交流，形成民主和谐的课堂教学气氛，让各个层次的学生都能获得创造成功的心理体验，都能感受到课堂生活的乐趣和愉悦。

2. 教学内容设计的评价

科学合理的教学内容要体现以下几个要求：

（1）传授知识准确无误，系统连贯，并重视学生能力培养。

（2）编排合理，难易适中，突出重点，突破难点。

（3）激发学生的学习兴趣和求知欲望，引导学生积极思考，吸引学生主动参与。

（4）体现教学内容的科学性、人文性和社会性的融合，培养学生严肃认真的科学态度，关注群体间的设计交往和课堂教学环境的潜在影响，陶冶人文精神，重视情感、意志、直觉等非理性因素。

（5）关注教学内容的实践性，培养学生的动手实践能力和分析、解决实际问题的能力。

3. 教学实施的评价

课堂教学实施是教学过程的中心环节。建构主义学习理论认为，学习是学生主动用现有的知识结构去同化和顺应外部世界的过程，是学生自主建构知识意义的过程。对课堂教学实施的评价可以从以下几个方面展开。

1)“以学评教”，看学生主体地位是否确立

(1) 看学生在教学中的参与情况。

(2) 看学生在课堂上的活动。

(3) 看课堂气氛。

2)“以教评课”，看教师主导作用如何发挥

(1) 看教师课前准备：①教学内容是否融会贯通；②教学结构是否层次分明，条理清楚；③教学方法的选择是否做到胸中有“本”，眼中有“人”，手中有“法”。

(2) 看教师对学生学习的组织调控作用，包括时间调控、节奏调控、师生情绪调控、课堂气氛调控。

(3) 看教师对学生学习的启发引导作用，包括①有无抓住引导时机：新课开始；学生遇到困难；出现知识跳跃；②引导的方法：目标引导、情境引导、问题引导、迁移引导、提示引导。

(4) 看教师对学生学习的指导作用：是否因材施教、照顾个别差异、适时适度、恰到好处。

(5) 看教师基本功，包括①运用现代教育技术手段，操作规范熟练；②教学语言规范，清晰简练，生动形象；③教态自然，服装得体；④板书设计合理，字体规范。

3)“以练评教”，看课堂训练的安排与设计

(1) 看训练内容是否精练，即梯度、密度、广度、深度是否合理。

(2) 看训练形式是否灵活。

(3) 看训练效果是否有效：学生提出问题、回答问题、质疑答辩是否有一定的深度和广度，是否实现预期教学目标，各种非智力因素及个性心理品质是否得到培养。

4. 课后教学行为的评价

1) 作业的完成与批改

作业是学生应用知识的初步实践，是教师检查教学效果和了解学生学习水平的重要途径。关于作业，主要考虑：

(1) 作业内容符合课程标准，难易适当，定量合理。

(2) 作业收发及时，批语具体明确。

(3) 重视作业信息反馈，及时讲评与辅导。

(4) 作业完整无损，格式正确规范，字迹清楚。

2) 课后辅导

课后辅导是课堂教学的补充，是因材施教、分类指导的一种措施。关于课后辅导，主要考虑：

(1) 从学生实际出发。

（2）对学习有困难的学生，要热情关怀帮助。

（3）了解优秀学生的兴趣爱好，并有计划地培养提高。

3）学业考评

学业成就是指学生通过学习活动所获得的成果，具体包括学生对知识的掌握、技能的提高以及态度的改善。学业考评即是对学业成就进行评定，教师对学生的学业成就评定要遵循以下原则。

（1）尊重学生主体地位：评价过程中强调学生对整个评价过程的积极参与。

（2）促进学生全面发展：评价学生的社会能力、方法能力和专业能力。

（3）尊重学生个体差异。

（4）指导学生发展方向：通过评价使学生明确奋斗目标，及时反馈信息，利于学生对自己的发展水平准确定位，以指引学生发挥优势、克服弱点。

（5）激发学生评价需要：教师在评价过程中应采用“激励性评价”，避免“贬损性评价”，以唤醒学生“我要评价”的意识。

（6）评价内容、标准服从职业：无论是评价内容，还是评价标准，都要服务、服从于相关职业要求，要进行过程性评价。

5. 教学评价要求

教育与心理测量是一门相对成熟的教育心理分支学科，有关教育结果的测量与评价的理论在一般教育心理学教科书中都可以找到，本书只讨论目标参照测验与评价。进行目标参照测验的兴趣在于考察预期的教学目标是否为学生所掌握，其试题必须针对预定的教学目标。通过测验，如果学生达到了目标，则教学可以继续进行；如果未达到目标，则应立即进行补救教学。

人们对测验与评价的基本要求是有效、可信，而且有一定的难度和区分度，如表 5－1 所示。

表 5－1　测验与评价的基本要求

效　度	测验或测量工具能够正确测量所要测量的属性或特征的程度。它是科学测量工具最重要的必备条件。 效度的判断：测验所要求的行为和在目标陈述中的行为是否相同
信　度	所测量的属性或特征前后一致性程度，即多次测验的结果是否一致
难度与区分度	在心理与教学测量中，常常采用受测者答对或通过每个项目的人数百分比（P 值）作为难度的指标，即 $P=\frac{R}{N}\times 100\%$ 式中，P 代表项目的难度，N 代表全体受测者人数，R 为答对或通过某一项目的人数。P 值越大，难度越低；P 值越小，难度越高

5.1.2　教学评价示例

案例1　职业教育教学设计评价

职业教育教学设计评价指标体系如表5-2所示。

表5-2　职业教育教学设计评价指标体系（总分：100）

一级指标	二级指标	评价标准	得分	单项评价
思想性（15）	政治思想性（7.5）	1）政治思想观点正确； 2）符合相关政策、法律、法规； 3）体现辩证唯物主义和历史唯物主义观点； 4）培养正确的世界观、人生观、价值观； 5）弘扬爱国主义精神		
	职业导向性（7.5）	1）渗透职业意识和职业道德； 2）树立正确的择业观，发扬爱岗敬业精神； 3）提倡创业精神、团队意识； 4）培养市场意识、竞争意识、安全意识和环保意识		
科学性（40）	教学设计的系统科学性（5）	1）各种各类教学方案设计在职业教育教学系统思想指导下进行，遵循教学系统整体优化的原则； 2）各种各类教学方案齐全、系统、完整，能够完成预期的教学任务		
	教学目标确立的科学性（5）	1）对学生的起点能力的估计是否正确； 2）教学目标符合学生身心水平； 3）教学目标与教学大纲要求相一致； 4）教学目标全面、系统、明确、具体； 5）教学目标与相应的职业资格标准衔接一致； 6）教学目标面向应用		
	教学内容筛选的科学性（5）	1）理论知识必须够用； 2）教学内容结构科学，满足能力形成与动机发展的需要； 3）遵循共同经验与信息来源原理，并做到起点恰当、深浅适度、分量核实、符合实际、利教利学； 4）体现以就业为导向，以能力为本位，以应用为目的的原则； 5）理论紧密联系生产实际，教学的针对性强		
	教学内容自身的科学性（5）	1）基本概念、基本原理等阐述正确； 2）科学事实和社会现象描述清楚、准确； 3）引用的数据、图像、材料可靠； 4）名词术语、文字、符号、图形、数字、计量单位使用规范		

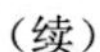

（续）

一级指标	二级指标	评价标准	得分	单项评价
科学性（40）	教学过程结构的科学性（5）	1）教学过程结构科学，要做到教学步骤清楚，教学环节完整，符合职业能力形成和学习动机发展两大规律，不能缺少能力形成和学习动机发展的环节； 2）教学时间充分运用，根据学生的一般特征、学习对象的难易程度和能力形成与动机发展各个环节所需时间，分配教学时间，保证教学时间有效使用； 3）循序渐进，符合学生心理特征和认知及技能养成规律		
	教学策略制订的科学性（5）	1）教学程序设计要服从目标导向、项目导向或问题导向的教学流程； 2）教学形式要保证提高教学质量、缩短教学时间、降低教学成本和激发学生学习动机； 3）教学情境的设计要做到情境作用的全面性、全程性、发展性、真实性和可接受性相结合，充分发挥教学情境的导向功能、激励功能、传播整合功能和愉悦身心功能； 4）选择教学方法的标准是学生认同感和参与度，以及综合性、时效性和审美性，最为经济地达成最佳预期教学效果； 5）教学媒体选择遵循教育信息传播知觉组织原理和最小原理的前提下，充分有效地综合利用各种教学媒体来满足能力形成各个环节的要求、学习兴趣养成与学习动机发展的需要		
	作业设计的科学性（5）	1）作业的内容设计要针对并覆盖能力形成各个阶段的知识教学目标、技能教学目标、态度教学目标、单项能力教学目标、综合能力教学目标； 2）作业的数量设计要根据学生能力水平和各项教学目标达成的难易程度确定		
	学业评价的科学性（5）	1）学业评价的内容要覆盖专业培养方案所列出的各项基本素质、通用能力和专业能力。对于专业能力完成对能力图表单项能力和综合能力的评价。 2）学业评价的时间要根据学生能力与学习动机形成发展的规律，在必要的环节上，进行及时有效地评价，保证纠错及时有效和满足学籍管理以及就业的需要。 3）学业评价的标准服从职业资格标准，没有职业资格标准的，参考一般就业要求。 4）学业评价的方式要根据评价内容，灵活综合运用。一般不能只对知识教学目标进行评价，必须完成对能力教学目标的评价，即能力本位学业评价		

（续）

一级指标	二级指标	评价标准	得分	单项评价
先进性（10）	教学设计理念先进性（2.5）	1）教学设计的指导思想先进； 2）教学设计的理论科学、方法先进		
	教学目标的先进性（2.5）	1）教学目标恰当地反映学生当前和今后的需要； 2）教学目标恰当地反映社会当前和今后的需要； 3）教学目标恰当地反映职业当前和今后的需要		
	教学内容的先进性（2.5）	1）适应我国经济、社会发展和科技进步的需要，及时更新教学内容； 2）用现代先进观点，组织和重构比较传统的内容； 3）恰当地反映新知识、新技术、新工艺和新材料		
	教学设计形式的先进性（2.5）	1）教学设计的立体化程度； 2）教学设计的网络化程度		
工具性（25）	思想品德教育功能（5）	1）内容上，筛选适用的相应素材； 2）结构上，遵循品性养成的一般规律		
	人类经验传承（5）	1）内容上，选择需要传承人类经验，特别是相关职业人类经验； 2）结构上，遵循人类经验传承的规律，教学策略组合科学		
	心理结构构建功能（5）	1）具有心理结构构建条件； 2）体现心理结构构建的过程和特点		
	兴趣动机发展功能（5）	1）学习目标先行； 2）遵循设趣、激趣、诱趣、扩趣过程 3）遵循需求产生发展动机原理		
	教学设计使用的灵活（5）	1）适应工学交替、学分制等弹性教学管理制度的需要； 2）与各种教学资源系列配套		
完整性（10）	教学设计结构完整性（5）	1）教学方案的名称、教学方案的基本描述； 2）教学目标、教学流程、教学策略制订； 3）作业设计、学业评价设计		
	教学设计规范性（5）	1）形式规范、结构规范； 2）文字规范、版式规范		
总评价				

案例 2　课堂学习评价表

“与门”电路的课堂评价表如表 5 - 3 所示。

表 5 - 3　“与门”电路课堂评价表——定性评价

1	你能用语言描述“与”逻辑关系吗	能　　不能
2	你能列二输入“与门”真值表吗	能　　不能
3	你能写二输入“与门”逻辑表达式吗	能　　不能
4	你能画二输入“与门”逻辑符号吗	能　　不能
5	你能用 7 LS08 成功搭建二输入“与门”电路吗	能　　不能
6	你能分析三输入“与门”吗？（同 3—5 步）	能　　不能

评价结果

有 1～2 个“能”：加油吧，少年！	有 3～4 个“能”：哎哟，不错哦！
有 5 个“能”：很棒！成功属于你！	有 6 个“能”：超乎想象，太棒了！

请在下面表情中勾选适合你本节课的心情

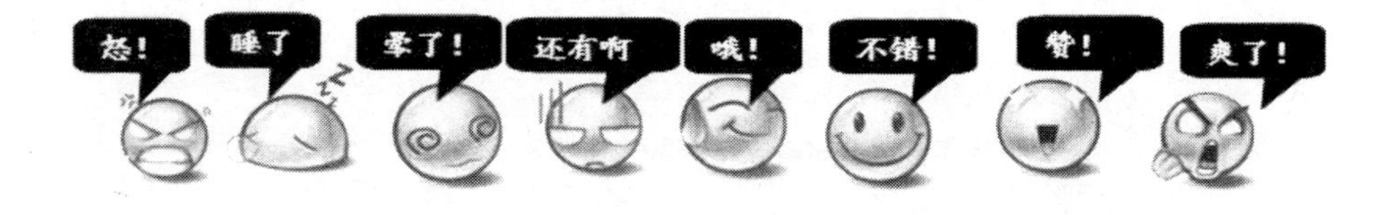

杭州市中等职业学校特级教师沈柏民建议课堂教学评价术语要注意以下几点：

1）准确得体

对学生的评价语言要既准确又得体，要因人而异、具有针对性地做不同的评价，而这些评价又恰恰能给学生以提醒或纠正。

2）生动丰富

在课堂教学中，还要有多样、灵活、生动、丰富的评价语，使学生如沐春风，课堂内总是生机勃勃。

3）机智巧妙

学生在课堂上的回答不可能每次都完全正确。在教学中要运用巧妙、机智的语言来纠正、鼓励学生的回答，注意情绪导向，做到引而不发。

4）诙谐幽默

幽默是现代课堂教学中不可多得的品质，可使整个教学过程达到师生和谐、充满情趣的美好境界。幽默是思维的火花、智慧的结晶，是教师知识、才能长期积累的结果。诙谐幽默的评价语恰到好处地推动了教学过程，使教学信息的传导风趣而高雅。

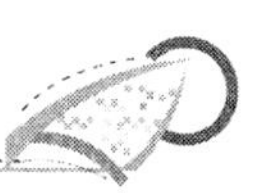

5）独特创新

教师的口语表达形式多种多样，能将有声语和体态语有机结合，将预设语和随机语有机结合，根据学生的反馈信息或突发情况，临时调整原先预设的口语流程，巧妙应对，独特创新地进行评价。

案例3 《发光二极管的识别、检测与应用》评价（表5-4）

表5-4 《发光二极管的识别、检测与应用》评价表

<table>
<tr><th>任务</th><th colspan="7">发光二极管的识别、检测与应用</th></tr>
<tr><th>姓名</th><th></th><th>学号</th><th></th><th>同组合作者</th><th></th><th>日期</th><th></th></tr>
<tr><td rowspan="6">学习
评价
（90分）</td><td rowspan="2" colspan="2">任务实施</td><td colspan="5">得分</td></tr>
<tr><td>组内评价</td><td>组间评价</td><td>教师评价</td><td colspan="2">附加分</td></tr>
<tr><td colspan="2">第一关（30分）</td><td></td><td>—</td><td></td><td colspan="2"></td></tr>
<tr><td colspan="2">第二关（25分）</td><td>—</td><td></td><td></td><td colspan="2"></td></tr>
<tr><td colspan="2">第三关（35分）</td><td>—</td><td></td><td></td><td colspan="2"></td></tr>
<tr><td colspan="2">备注</td><td></td><td></td><td></td><td colspan="2"></td></tr>
<tr><td>学习收获（5分）</td><td colspan="7"></td></tr>
<tr><td>学习体会（5分）</td><td colspan="7"></td></tr>
<tr><td rowspan="5">综合
评价</td><td colspan="2">评价人</td><td colspan="3">评　语</td><td>等级</td><td>签名</td></tr>
<tr><td colspan="2">自己评价</td><td colspan="3"></td><td></td><td></td></tr>
<tr><td colspan="2">同学评价</td><td colspan="3"></td><td></td><td></td></tr>
<tr><td colspan="2">老师评价</td><td colspan="3"></td><td></td><td></td></tr>
<tr><td colspan="2">综合评价</td><td colspan="3"></td><td></td><td></td></tr>
</table>

一个学习者在学习任务完成后的评价由学习者对自身的评价和他人对学习者的多角度、全过程的评价组成。其中，他人评价包括任务实施过程所有阶段的定量评价；学习者本人需从学习收获、学习体会两方面评价内化的程度。最后由学习者、同学、老师的评语来确定学习者的综合评价。

案例4 《低压电器识别与检测》评价——定量评价

表5-5 《低压电器识别与检测》评价表——定量评价

任　务	评价要素	评价标准	配分	扣分
选择工具、仪表	1）正确选择工具； 2）正确选择仪表	1）工具选择错误　每只扣2分； 2）仪表选择错误　每只扣3分	10	

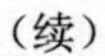
（续）

任　　务	评价要素	评价标准	配分	扣分
识别 低压开关	1）正确识别低压开关名称； 2）正确说明型号含义； 3）正确画出低压开关的符号	1）写错或漏写名称　　每只扣5分； 2）型号含义有错　　每只扣5分； 3）符号画错　　每只扣5分	20	
认识低压 开关部件	正确说明低压开关主要部件名称与作用	主要部件的名称、作用有误 每项扣3分	15	
识读使用手册 （说明书）	1）说明主要技术参数； 2）说明适用范围； 3）说明安装与使用方法	1）技术参数说明有误　每项扣5分； 2）适用范围说明有误　每项扣5分； 3）安装与使用方法说明有误 每项扣5分	15	
检测 低压开关	1）规范选择、检查仪表； 2）规范使用仪表； 3）检测方法及结果正确	1）仪表选择、检查有误　扣10分； 2）仪表使用不规范　　扣10分； 3）检测方法及结果不正确　扣10分； 4）损坏仪表或不会检测　该项不得分	40	
技术资料 归档	技术资料完整并归档	技术资料不完整或不归档 酌情扣3～5分 注：本项从总分中扣除		
安全 文明生产	违反安全文明生产规程　　扣5～40分			
定额时间	40分钟，每超时5分钟（不足5分钟以5分钟计）　　扣5分			
备注	除定额时间外，各项目的最高扣分不应超过配分数			
开始时间		结束时间		实际时间		成绩	

学生自评：

学生签名：　　　　年　月　日

教师评语：

教师签名：　　　　年　月　日

5.2　教学反思

所谓“反思”是指用批判和审视的眼光，看待自身思想、观念和行为的巩固完善及变革。教学反思是一种思考教育问题的反思，要求教师做出理性选择，并对这些选择做出理性的分析。

5.2.1　专家对教学反思的理解

1. 约翰·杜威

约翰·杜威

约翰·杜威（1859—1952），美国哲学家、教育家，实用主义的集大成者。如果说皮尔士创立了实用主义的方法，威廉·詹姆斯建立了实用主义的真理观，那么，杜威则建造了实用主义的理论大厦。他的著作很多，涉及科学、艺术、宗教伦理、政治、教育、社会学、历史学和经济学诸方面，使实用主义成为美国特有的文化现象。

中文名	约翰·杜威	逝世日期	1952年6月1日
外文名	John Dewey	职业	哲学家、教育家
国籍	美国	毕业院校	佛蒙特大学，霍普金斯大学
出生日期	1859年10月20日	主要成就	实用主义的集大成者
		代表作品	《哲学之改造》《民主与教育》等

杜威是第一个把教师看作反思性实践者的美国教育理论家。他把反思行为界定为："对于任何信念或假设性的知识，按照其所依据的基础和进一步导出的结论，去进行主动的、持续的和周密的思考。"

2. 瓦西里·亚力山德罗维奇·苏霍姆林斯基

瓦西里·亚力山德罗维奇·苏霍姆林斯基

瓦西里·亚力山德罗维奇·苏霍姆林斯基（1918—1970），苏联著名教育实践家和教育理论家。他从17岁即开始投身教育工作，直到逝世，在国内外享有盛誉。他出生于乌克兰共和国一个农民家庭。1936年至1939年就读于波尔塔瓦师范学院函授部，毕业后取得中学教师证书。1948年起至去世，担任他家乡所在地的一所农村完全中学——巴甫雷什（也译作帕夫雷什）中学的校长。自1957年起，一直是俄罗斯联邦教育科学院通讯院士。1968年起任苏联教育科学院通讯院士。1969年获乌克兰社会主义加盟共和国功勋教师称号，并获两枚列宁勋章、1枚红星勋章、多枚乌申斯基和马卡连柯奖章等。

中文名	瓦西里·亚力山德罗维奇·苏霍姆林斯基	出生日期	1918年
国籍	苏联	逝世日期	1970年
出生地	乌克兰	职业	教师
		毕业院校	波尔塔瓦师范学院函授部
		主要成就	两枚列宁勋章 多枚乌申斯基和马卡连柯奖章

如果你想让教师的劳动能够给教师一些乐趣，使天天上课不致变成一种单调乏味的义务，你就应当引导每一位教师走上从事一些研究的这条幸福的道路上来。

凡是感到自己是一个研究者的教师，则最有可能变成教育工作的能手。

——《给教师的一百条建议》

3. 巴里·波斯纳

巴里·波斯纳

巴里·波斯纳：世界知名的学者和教育家，全球畅销书《领导力》（销量超过 100 万册）作者之一，圣克拉拉大学列维商学院的院长和领导力教授。他在那里获得了许多教学和创新奖，包括他的学院和大学的最高教职员工奖项。

中文名	巴里·波斯纳	主要成就	世界知名的学者和教育家
外文名	BarryPosner	代表作品	《领导力》

美国学者巴里·波斯纳 认为“没有反思的经验是狭隘的经验，至多只能形成肤浅的认识”，他提出了教师成长的公式：教师的成长＝经验＋反思。

4. 叶澜

叶澜（中国教育家）

叶澜，中国著名教育家，女，祖籍福建南安，1941 年 12 月生于上海，1962 年毕业于华东师范大学教育系本科，并留校工作至今，现为华东师范大学终身教授、博士生导师，华东师范大学基础教育改革与发展研究所名誉所长，上海市人民政府参事。

中文名	叶澜	职业	华东师范大学终身教授
出生地	上海	毕业院校	华东师大教育系
出生日期	1941 年 12 月	主要成就	著名教育家

一个教师写一辈子教案不一定成为名师；如果一个教师写三年的反思，有可能成为名师。

5. 崔允漷

崔允漷

崔允漷，男，汉族，浙江临海人。1993 年博士毕业于华东师范大学，获得教育学博士学位。现任教育部人文社科重点研究基地华东师范大学课程与教学研究所所长，教授，博士生导师。

中文名	崔允漷	民族	汉族
职业	教授，博士生导师	国籍	中国

相信好教师是自己悟出来的而不是教或评出来的，关键是要给教师正确的悟的机会。

（来源：百度百科）

5.2.2 反思的过程

杜威指出了反思过程的循环性。

“不满足于现状的上进动机”是反思性教学的起步点。没有追求更好的教学效果的愿望，人们一般不会对现实教学进行反思。教师的反思行为正始于对不理想的教学效果的“心中极为不安”。这种不安，至少包含未尽到责任的内疚与自己绝非如此无能的不甘，是一种由良心与信心合成的除弊求进的动机。

(1) 关注教学，发现问题。在每一个实例里面，反思的第一步都与问题有关。杜威称这样的问题为“被感觉到的困境”，可以理解为“被感觉到困境的教学现象”。

(2) 反思教学现状，分析形成问题的原因。

“教学现状”可以是教学群体的，也可以是个体的。一般来说，将群体与个体联系起来考虑的居多。反思现状的常用方法有：

① 叙事法，反思者向别人讲述自己教学的故事，在故事中暴露自己的问题，即想解决的问题。

② 微型教学，拍下自己的教学片段，先自己观看，寻找不足，然后在同事（反思性教学小组）的帮助下发现问题。

③ 请同事观察自己的课堂教学，发现教学中需要改进之处。

④ 建立教学档案，进行自我评价。

⑤ 讨论、寻找教学中普遍存在的问题。可用于发现教学群体中普遍存在的问题。

⑥ 文献检索，从学生作业、教学计划、教学理论文章中发现问题。用于发现教学群体中普遍存在的问题。

(3) 明确问题，提出假说，尝试改进。

(4) 制订教学计划，将改进具体化。

(5) 实施计划，进行教学。

(6) 分析资料，写出反思日记。

5.2.3 反思的途径

反思可以通过一些途径实现。对职前教师而言，最有效的途径有观察学习、反思日记、叙事、实习等。

1. 观察学习

班杜拉将观察学习定义为一个人通过观察示范者的行为形成新反应机制的能力。观察的要点包括：

(1) 观察要及时、有条理。

(2) 要有关注的焦点。

(3) 观察过程中记笔记，记录描述性语句。

(4) 观察的时间短，效率高。

(5) 在观察过程中不要加入推理和判断。

案例 5　观察有效提问的情况

主题：观察学习。

目标：学习者使用一套观察方案评价某课堂的有效提问情况。

材料：关于有效提问策略的观察记录一览表（表 5 - 6）；白纸（每组一张）；纸牌。

时间：两个 30 分钟的时间段，15 分钟课堂观察时间。

步骤：第一个 30 分钟＋15 分钟。

（1）将有关提问策略的讲义发给学习者，与他们一起讨论这些已经被研究证明有效的策略。

（2）将纸牌随机发给学习者，让他们按照手中纸牌的花色分成四组。

（3）将关于有效提问策略的观察记录一览表发给每个小组，给他们 15 分钟的实践讨论并修改该一览表。

（4）让学习者应用该一览表进行 15 分钟的课堂观察。

第二个 30 分钟。

（1）观察者归入所在的小组进行活动。每组选出一名组长，用 5 分钟的时间讨论对所用观察工具的看法。给每个小组提供一张白纸，让他们在上面画出本组观察工具。

（2）请每个小组的组长简要介绍本组的工具，说明该工具的用处。鼓励他们利用白纸上所画的观察工具进行说明，帮助大家理解。

评价：学习者用一套观察方案评价课堂提问的有效性，通过讨论分析该工具的作用。

提问：

（1）根据需要，我们可以从哪些方面修订这个观察工具？

（2）只记录我们观察到的行为，这一点很重要，为什么？

（3）我们怎样使用观察记录一览表得到的信息？

（4）使用观察记录一览表的优点和弊端分别是什么？

表 5 - 6　有效提问的策略

有效提问的策略	观察的结果
简单、明了地提出问题	
一次问一个问题	
至少给学生 3 秒钟的思考时间	
使用多样化的问题	
注意所提问题的顺序	
运用能引起学生高级思维活动的问题	
提供积极的反馈	
如果有必要的话，会进行一定的提示	
鼓励学生提问	
要求学生必须给出答案及记录	

注：如果观察到了该行为，就在其后打√或做描述性记录。

案例 6　观察教学活动的必要性

主题：观察学习。

目标：学习者进行 15 分钟的观察，对所观察到的活动依据他们对教学有无必要进行分类。

材料：观察表（表 5－7）；3×5 索引卡，3～5 种颜色；每组一张约 150cm 长的白纸，贴在墙上；记号笔。

时间：一个 30 分钟的时间段；15 分钟课堂观察时间；一个 40 分钟的时间段。

步骤：阶段 1——30 分钟＋15 分钟。

（1）给每个学习者发一张索引卡，让他们每人写 5 条有关教学的观念。（时间：5 分钟）

（2）让他们按照手中索引卡的颜色分组。

（3）让每组讨论他们所写观念的共同点与不同点，鼓励大家说出是过去的哪些经历促进了这些观念的形成。（时间：20 分钟）

（4）将观察表发给所有学习者并作简要说明。学习者的任务是带着观察表去某位导师或者本组某成员的课堂观察。结束后对观察表上所记录的内容进行讨论。（时间：15 分钟）

阶段 2——40 分钟。

（1）观察者归入所在的小组进行活动。每组选出一名组长，用 10 分钟的时间讨论观察记录工具以及观察结果。（时间：10 分钟）

（2）找出组员们认为对成功教学很重要的观念，列出清单，然后将他们写在墙上所挂的新闻纸上。在每种观念下面要列出可以支撑该观念的 3、4 个观察指标。（时间：15 分钟）

（3）看各组的新闻纸上所列的内容，寻找各组看法的相同点与不同点。在这一过程中，组长负责记录大家的评论。（时间：15 分钟）

（4）各组随机选择一名组员简要概括本组的讨论结果。

评价：学习者根据自己的观念系统对所观察到的事实进行分类，积极参与小组讨论。

提问：

（1）根据活动中学习者所提出的观念，我们可以得到哪些结论？

（2）哪些学习者因为观察结果（小组讨论）改变了自己的某些观念？

（3）哪些学习者因为自己的观察结果（小组讨论）改变了自己的某些观念？

（4）使用观察表的优点和弊端分别是什么？

表 5－7　观察表

观察到的事实	对教学有必要	对教学无必要	观　　念
1			
2			
3			
4			
5			
6			
7			
8			
9			
10			

2. 反思日记

波斯勒强调更多的学识来自对经验的反思而不是经验本身。反思日记的格式包括：

(1) 事件发生的日期和具体时间。

(2) 简要说明当天所发生的事件。

(3) 抽取一两个情节进行分析。

可能的解释；从中可以学习到什么。

案例7　反思日记

实习教师的日记　　11月13日下午2点

今天的数学课学集合，课进行得很顺利，但有几件事情让我感到棘手。我把学生分成了三人一组，让他们把相似特征的积木摆放在一起，然后计算并描述这些集合。他们辨认出了很多集合，这让我很高兴，觉得让他们分组学习是正确的，至少我觉得比全班一起学习效果要好。不过，让我烦恼的事情是，有的学生不参加小组活动。大概有五名学生脱离了小组。如果他们不参加活动，怎么学得会呢？我认为学生应该更积极地参与小组活动，而不是更少！

指导教师的评论　　11月13日下午3点

你的课上得真不错！教学目标很明确，而且也向学生清楚地传达了这些目标，他们都确切地知道自己在小组里该做些什么。

关于学生在小组中的参与程度这件事，我觉得你对自己太苛刻了一点。因为我一直在观察，所以我可以更近距离地看到每个学生在做什么。在我看来，哪些似乎没有参与的学生其实只不过是比组里更外向的学生参与得少了一点。例如，西蒙看上去似乎心不在焉，但要知道他是一个非常善于思考的学生。他总是三思而后行！如果你担心的是分组问题，试想一下你是怎么分组的？学生的个性相同吗？他们的能力水平是否不一样？是否有性别或其他的考虑？再想想让所有学生参与小组活动的其他方法。不要放弃，小组教学很有挑战性，也很有效！

实习教师的评论　　11月13日下午3点半

我从来都没料到给学生分组是这么复杂的事情！竟然会影响到课堂教学！这次课上我是随机分组的。他们看上去关系都很融洽，所以我从来没想到有的人分成小组后会不能很好地合作。你能透露给我一些你掌握的“内幕消息”吗？告诉我哪些学生不能分到一起。

指导教师的评论　　11月13日下午4点

我明天下午3：30有一个会议，但我们可以放学后利用15分钟见个面，讨论一下我“洞察”到的信息。我还有一些来自合作学习社团的笔记，你可能会有兴趣读一读，继续努力吧！

3. 微格教学

微格教学（microteaching）是一种压缩了的教学模式，它有两个特征：

(1) 不是向一个完整的班级进行完整的授课，而是给一小部分学生上一小段时间的课。

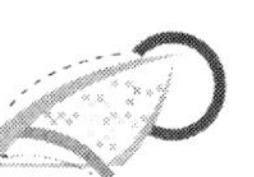

（2）课堂内容要被拍摄下来，这样授课者可以看到自己的教学效果。

微格教学的模式如下：

（1）设计一小节课。

（2）向同学授课，授课过程被拍摄。

（3）观看录像以评价你的表现。

观看上课录像的注意事项如下：

（1）独自看或和同学一起看都可以。

（2）至少要看两遍。

第1遍，对自己的表现质量形成一个总体印象，并大致记一些笔记。

第2遍，要使用清单或观察表格（表5-7），以便注意自己对一些具体的可取行为的运用情况。

（3）每次活动中，确认哪些方面的表现可以得到改进，并就如何改进提出具体的建议。

案例8　面向同伴的微格教学

主题：微格教学。

目标：学习者进行教学计划，然后面向同伴教学。促进者、授课者、同伴根据评价量规评价该次教学。

材料：录像机；微格教学评价量规（表5-8～表5-10）；教学计划表或教学设计。

时间：一个40分钟的时间段；15分钟微格教学时间；一个30分钟的讨论、评价时间。

步骤：

阶段1

（1）通知学习者准备一次微格教学。首先，学习者确定教学的主题、步骤，进行教学设计。教学形式是预定的。将教学设计（或教学计划表）发给学习者，让他们填写自己的具体计划，确定课程名称与教学主题。比如电路分析课，教学主题可以是涉及问题解答的步骤和评分标准。在教学计划中，还要注明一些可对其进行观察的行为目标。这些目标会让读者了解教学对象将学习什么，怎样判断学习行为是否发生。评价标准、所需材料、时间限制以及必备技能等都要在教学计划中说明。详细说明教学步骤，其中包括导入、回顾和策略发展等内容。在结束时，学习者就教学实现预期目标的相关情况进行总结和评价。另外，还要说明拓展性活动以及可能的调整等。

（2）检查学习者是否理解了要求，确定各学习者进行微格教学的时间表。

（3）学习者准备并进行教学“排练”。学习者准备两份教学计划，一份供自己教学时参考，另一份提供给促进者或者同伴。

阶段2

（1）在进行微格教学之前，选择1～4位同伴参与教学评价。

（2）学习者按照预定的时间进行教学，有一个同伴或专门的技术人员录制整个教学过程。

（3）在教学过程中，促进者进行微格教学评价，在教学计划上写出书面评语，就教学计划是否涵盖教学目标、是否便于实施，以及授课者实施教学计划是否成功等方面或按照表的情况进行评价。最后以建设性意见的形式说明有待改进的方面。

（4）微格教学之后，在与促进者进行讨论之前，授课者要先看教学录像，运用评价量规对自己的教学进行批判性评价。这一环节应该在微格教学之后尽快完成。

阶段 3

（1）促进者和授课者一起观看教学录像和授课者自己的评语。授课者根据“评价量规”对自己进行批判性分析，观看录像及促进者与同伴的评价。

（2）将附有促进者和同伴评语的教学计划交给授课者。如果允许，还要给本次教学判定一个分数或者提出下次微格教学的目标。

评价：学习者计划、实施并评价微格教学。

提问：

（1）在此次微格教学中，授课者哪些方面做得好，哪些方面还有待改进？

（2）在下次的教学中，你想改进的方面？

（3）应用评价量规的好处是什么？

（4）面向同伴教学与面向学生教学的区别在哪里？

【拓展阅读】

拓展阅读 1　教学评价

关于教学评价的评价量规如表 5－8～表 5－10 所示。

表 5－8　表现专业特征的观察表

根据下面列出的每一行为，评定教师的表现质量				
行　　为	质量评定			
	优	良	中	差
1. 这位教师表现得富有热情	4	3	2	1
2. 这位教师有幽默感，表现得很和蔼	4	3	2	1
3. 这位教师看上去很可靠，值得信任	4	3	2	1
4. 这位教师对自己和对学生都表现出很高的期望	4	3	2	1
5. 这位教师鼓励和支持学生	4	3	2	1
6. 这位教师有专业素养，公平对待学生	4	3	2	1
7. 这位教师在有时间需要或学生不理解的情况下会调整讲课内容	4	3	2	1
8. 这位教师看上去对话题、学生和教育学都很了解	4	3	2	1

表 5-9 教学行为的观察表

<table>
<tr><th colspan="5">第一部分
这位教师在设置教学行为是使用了哪些行为，在后面画√</th></tr>
<tr><td colspan="4">1. 复习了前一（几）课的内容</td><td></td></tr>
<tr><td colspan="4">2. 上课一开始提出来一个激发学生好奇心的问题</td><td></td></tr>
<tr><td colspan="4">3. 综述了本课的要点</td><td></td></tr>
<tr><td colspan="4">4. 呈现了本课的主要概念</td><td></td></tr>
<tr><td colspan="4">5. 用图表解释了本课各个概念间的联系</td><td></td></tr>
<tr><td colspan="4">6. 提出一个问题让学生进一步理解所学的概念</td><td></td></tr>
<tr><td colspan="4">7. 指出本课和学生的生活及兴趣之间的关联</td><td></td></tr>
<tr><td colspan="4">8. 用一个独特的问题、疑问或故事激发学生的兴趣</td><td></td></tr>
<tr><td colspan="4">9. 对主题表现出兴趣、热情和好奇心</td><td></td></tr>
<tr><td colspan="4">10. 告诉学生本课的教学目标及学生的要完成任务</td><td></td></tr>
<tr><th colspan="5">第二部分
你认为这位教师在以下方面表现如何，评定其表现质量，并在下面空白处解释你的评定。</th></tr>
<tr><th rowspan="2">行　为</th><th colspan="4">质 量 评 定</th></tr>
<tr><th>优</th><th>良</th><th>中</th><th>差</th></tr>
<tr><td>1. 吸引了学生的注意力</td><td>4</td><td>3</td><td>2</td><td>1</td></tr>
<tr><td>2. 为本课搭建了框架</td><td>4</td><td>3</td><td>2</td><td>1</td></tr>
<tr><td>3. 将新知识和学生已学知识联系起来</td><td>4</td><td>3</td><td>2</td><td>1</td></tr>
<tr><td>4. 考虑了学生的入门知识水平</td><td>4</td><td>3</td><td>2</td><td>1</td></tr>
</table>

表 5-10 课堂教学教师表现质量评价量规

<table>
<tr><th colspan="4">根据下面列出的每一行为，评定教师的表现质量，在分值栏打√</th></tr>
<tr><th>序号</th><th>行　为</th><th>标准</th><th>分值</th></tr>
<tr><td rowspan="3">1</td><td>注意与学生的眼神交流</td><td>5</td><td></td></tr>
<tr><td>偶尔与学生有眼神交流</td><td>3</td><td></td></tr>
<tr><td>很少与学生有眼神接触和交流</td><td>1</td><td></td></tr>
<tr><td rowspan="3">2</td><td>内容清晰（语言流畅、知识点准确、指导语明白易懂）</td><td>5</td><td></td></tr>
<tr><td>授课过程中有一些小错误</td><td>3</td><td></td></tr>
<tr><td>内容不清晰</td><td>1</td><td></td></tr>
</table>

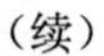
（续）

根据下面列出的每一行为，评定教师的表现质量，在分值栏打√			
序号	行　为	标准	分值
3	发音清楚；语法运用情况良好	5	
	有时发音不清楚；语法运用较差	3	
	发音不清楚；语法运用有错误	1	
4	与学生积极交流	5	
	偶尔才与学生交流或者有些消极的交流	3	
	与学生交流对内容无关的实物	1	
5	讲课有条理，讲过了精心准备	5	
	讲课条理不清楚	3	
	讲课缺乏条理性，看起来像是缺乏准备	1	
6	面部表情和身体语言运用得当	5	
	总体而言，面部表情和身体语言是学生能够接受的	3	
	面部表情和身体语言令人不愉快	1	
7	授课紧紧围绕教学目的；自然引出结束课程的活动	5	
	没有紧密联系教学目的，结束课程的活动有些糟糕	3	
	教学目的不明确或者没有围绕教学目的；没有结束课程的活动	1	
8	教学策略多样化，能够吸引学生的注意力	5	
	在策略运用和吸引学生注意力方面有时是无效的	3	
	教学策略缺乏多样性，不能吸引学生的注意力	1	
9	材料运用正确	5	
	大多数时候材料运用恰当，大部分提问是高质量的	3	
	材料运用不恰当，所提问题质量较低	1	
10	常常在教室内走动	5	
	在教室内有些走动	3	
	没有走动	1	
11	衣着得体、职业化	5	
	衣着不够职业化	3	
	衣着不得体	1	

拓展阅读2　反思的模式与教师反思能力发展规律

反思的特征是什么？大多数学者对反思有三个层面——技术层面、情境层面、辩证层面表示赞同。下面分别说明。

1. 技术层面

范门宁认为反思的第一个层次是技术理性（technical rationality），主要针对为了实现教育目标而考虑的方法、技巧方面的问题以及理论发展。为了实现教育目标，他们可能会对课堂教学、课堂管理进行反思。

职前、职业初期（1～5年）的教师的反思往往处在技术层面。由于他们大都是教育、教学上的新手，主要的工作动力源是对新岗位角色的模仿和适应，他们具备的专业知识多半是直接的书本知识，缺乏具体的带有体验性的实例的有效支撑，所以他们的教育、教学技能是表面的和抽象的，对自身行为将要产生的结果尚缺少客观的预测和估计，因而造成诸多具体的心理矛盾、困惑及行为冲突。这类教师自觉反思的密度比较大，也比较激烈，但是他们在对自身教育、教学的监控中，其反思绝大多数集中于具体操作技术、技能的有效性上，而且是行动之后的补救性反思。

对于反思水平处于技术层面的教师，促进者应该给他们提供获得连续、真实的教学经验的机会，提供观察学习（观察学生、观察示范课）指导，与他们一起对问题及问题的解决方案进行详细讨论。

2. 情境层面

反思的第二个层次主要是指对有关课堂教学实践的一些假设、趋势及教学策略使用效果的反思。

职业中期（5～15年）的教师由于职业时间跨度大，情况就比较复杂。多年的专业经历，使他们的教育、教学经历变得丰富，成为一个成熟型教师，从早期的模仿适应，逐渐发展到寻求改进与尝试突破。他们对自己的教育、教学行为的监控，不是仅仅停留在对具体枝节性技术技能产生效果的反思，更多的是建立在整体假说基础上对实际结果的思考，因而理性和批判性意味较强。

3. 辩证层面

范门宁认为第三个层次（最高层次）的反思——批判性反思是指对直接或间接与教学实践相联系的道德、伦理方面的问题的反思。

处在职业后期的教师大部分人已经达到了自己的顶峰，除了继续保持成熟型教师反思的基本特征外，他们中一小部分人已初具专家型教师的特点，教育、教学经验已经变得十分丰富，且形成了自己独特的风格。反思已经成为职业习惯，他们不仅能对自身的经验和策略不断地加以反思，更为重要的是，他们能从道德与伦理的高度对教育、教学行为进行分析。

拓展阅读3　了解“反思”的活动举例

以下活动可以帮助促进者向学习者介绍“反思”。

案例1　反思的过程

主题：反思的模式。

目标：学习者回顾反思的模式，然后通过角色扮演表现一种情景，以说明反思模式的构成要素。

材料：内容为反思模式的幻灯片；有关“学生不能按照指令坐在座位上”这一问题情境的讲义；在每页讲义的末尾写上或者打印上“A”“B”“C”“D”等字母。

时间：1节课。

步骤：(1) 将有关反思模式的幻灯片呈现给大家。依据本章前的内容讨论这个模式的循环特点。

(2) 将有关“学生不能按照指令坐在座位上”这一问题情境的讲义发给学习者，让他们默读这个故事，并应用反思模式对问题情境中的事实进行讨论。

问题：丹尼上课时的“多动”。

问题的形成-重构：关节炎带来运动的需要。

可能的解决方案：用纸板隔断隔成的“办公室”。

实验：应用由纸板隔断隔成“办公室”的办法。

评价：待确定。

接受还是拒绝：待确定。

(3) 按照每位学习者手中讲义上的页尾的字母，将他们分组。学习者根据字母寻找与自己相同字母的人。最后一名进入小组的人担任本组组长。

(4) 学习者设计一个简短的情节进行角色扮演，以表现反思的模型。注意角色扮演的规则。大家有15分钟时间进行准备。

(5) 每个小组都表演一次。在每个小组表演完毕之后，都要简短讨论一下与该情节有关的反思模式的要素。有关反思模式的幻灯片对这一环节或许有所帮助。

评价：用角色扮演的情节反映了反思模式的构成要素。

提问：(1) 这种模式完整地反映了反思的过程吗?

(2) 在该模式中，有某种要素比其他要素重要吗?

附文：问题情境——学生不能按照指令坐在座位上

老师不得不再次叫丹尼回到自己的座位上，这已经是今天上午第四次提醒他了。可是，没过几分钟，他又离开座位继续他刚才做的事情了。在上午的时间里，他要么和动物模型跳舞、看窗外的景物、捉弄其他同学，要么就躺在地板上或课桌上，老师说：“如果你再这样做，你就要去和校长谈谈你的问题。”

“但是我什么都没干，”丹尼大声叫起来，还把铅笔扔了出去。

“把你的名字写在书上，”老师命令道。

一年来，丹尼一直有问题。因为有关节炎，所以他有两张课桌，以方便他的需要，问题是他过度使用了自己的这一特权。

丹尼从来都没有接受过学习能力方面的测试。他每天会去一个特殊的阅读班上课，但是其他时间都待在普通班。

“今天我们来试试这个。”老师说，“我有一个办公室，我希望你尝试一下在这个办公室里面学习。”她把一个大纸板隔断安在丹尼的桌子上。“看看这个能不能帮助你好好学习。”老师又补充了一句。

案例2　逻辑推理问题

主题：介绍反思的模式。

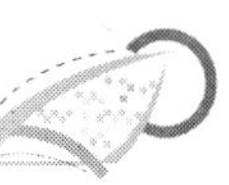

目标：学习者将运用反思模式设计一套方案帮助故事中的人，将狗、兔子和一篮白菜顺利带到河对岸。

材料：反思模式；逻辑推理问题中的各个角色；逻辑推理问题的情境。

时间：20 分钟。

步骤：(1) 将所有学习者分成若干个两人的小组。

(2) 当学习者分好组以后，他们有 10 分钟时间利用反思模式找出以下问题的解决方案：

一个男孩有一只狗、一只兔子和一篮白菜。一天，他来到了一个峡谷边，发现连接对岸的通道是一道摇摇晃晃的旧浮桥。浮桥的宽度和承载能力只允许他每次带一样物品通过。如果他将狗和兔子留下，狗会吃掉兔子；如果他把兔子和白菜放在一起，兔子会把白菜吃掉。请问，他应该怎样做才能顺利将狗、兔子和白菜都带到对岸？

评价：找出合理的解决方案。

提问：(1) 反思模式提供了解决问题的方法吗？

(2) 对问题的重构是必需的吗？

(3) 每位参与者为问题的解决提供了什么？

拓展阅读 4　促进反思活动的方法

杰曼·塔格特和艾尔弗雷德·威尔逊在《提高教师反思力 50 策略》一书中根据皮亚杰的建构主义学习观设计了一些促进反思活动的方法。

建构主义学习观提倡将学习看作一个变化过程。通过同化和适应，新知识被加入原有的知识框架里。同化和适应的区别如表 5-11 所示。

表 5-11　同化和适应的区别

过程	同　化	适　应
区别	新知识被重新建构以并入原有心理图式的过程	对原有心理图式进行调整以重构知识的过程。当知识与原有的心理图式联系起来而被建构时，平衡也就产生了。（值得研究：反思自己的课堂教学，职高生关心的是结果，而非理解等效的过程，他们说“我们老师就是这么说的，记住就行”，这样使得知识在学生的心理图式中内涵不清，没有外延。国外的职高是如何处理职高生“知识够用就行”的？）

建构主义有两个基本原理，一是知识是通过个体积极“组合”而来的；二是学习具有储存有用信息的功能。建构主义与建构主义者的观点是有区别的。

建构主义的观点有：

(1) 强调学习是反思和生产的过程，基本目标应该是使用不同的方法完成一系列相关任务。

(2) 丰富学习环境，学习应该关注正式的活动。考虑让学生合作探讨、评价一些观点，为学生提供与社会交流、接触的学习经验。

(3) 应用适合当前学习情境的技能模式，最好以“学徒制”的形式。

建构主义者的观点有：

（1）认为所有知识都是学习者自己建构和创造的。

（2）让学习者对含义、数字及模式进行积极地实践、操作。

（3）认为学习是非线性的。

（4）给学习提供发展能力的工具：概念、启发式的指导、自我激励、反思。

（5）认为在引导下发现、有意义地应用以及问题解决等情况下发生的学习，效果最好。

下面介绍促进反思活动的几种方法。

1. 讨论

课堂讨论是一种基本的教学形式。在本书中，课堂讨论是指学习者为实现某一共同目标而交流信息、观点和经验。在这个过程中，促进者不直接参与学习者的活动，而是在一旁观察、鼓励。大家可以聚在一起面对面地讨论，也可以借助一些技术手段进行非面对面的沟通。

2. 小组活动

对学习者的分组要根据活动目的而定。集体讨论、小组活动有各自的用处。学习者要不时做集体或者小组讨论发言的准备。小组人数因不同的活动及活动的不同环节而不同。本章内容提供了一些分组及确定小组成员角色的方法。学习者应该重视分组以及组员角色的确定方式，因为活动人数、课堂后勤等方面的因素会影响分组的效果。

在进行小组活动时，促进者的任务有：

（1）提供必要的背景知识和指导，建立活动规则。

（2）让学习者承担实现任务目标的责任。

（3）小组活动时，促进者应该静静地在教师四周巡视，监控但不要随便插入自己的观点、想法以及信息。

（4）促进者的巡视会让学习者感到促进者对他们的支持、关注。如果小组活动遇到了困难，那么最好是就解决问题的途径给他们一些提示，而不是直接提供解决方案。

3. 合作学习

目前，合作学习被广泛应用于各个层次的教育中。这种方法对于成人学习者尤其有效。合作学习的优势有促进学习者之间的联系、培养解决问题的能力和促进学习过程中的民主氛围的形成。

学习者通过合作完成学习任务。在合作学习中，每个成员都必须承担一定的责任，不然学习任务难以完成。

在合作学习中，促进者的任务有：

（1）建立目标、确定规则、提供有趣又有意义的任务、指导、监控。无论从学术的角度还是从社会交往的角度，对任务完成的情况进行评价都是必需的。促进者不仅要关注任务的完成情况，还要关注这项任务是否由所有组员合作完成。

（2）促进者要指导小组取得学术与社会交往两个方面的成功。当有必要对一个小组的活动进行干预时，促进者可以走到他们旁边以观察者的姿态欣赏他们的活动，这样就给学习者一种促进者与他们平等而不是“高高在上”的感觉。

4. 头脑风暴法

在一定的时间内，学习者针对所给主体提出一切观点、看法。所有答案都是可接受的，因为运用头脑风暴法的目的就是得到大量的观点，每个人都不受约束地参与，没有批评性意见。

在进行这类活动之前，必须预先确定一名记录员以记录其他所有成员的观点。在头脑风暴中使用的问题一般都是开放性的。应用头脑风暴法的指导方针是：

（1）预设实践限制。

（2）平等、民主。

（3）接收所有观点；尽量做到有创意。

（4）大声说出自己的观点。

（5）对大家提出的观点不进行讨论。

（6）轻松、自由的氛围。

（7）有专门的记录员。

5. 达成一致意见

从逻辑上讲，“达成一致意见”是“头脑风暴”的后续活动，当所有的观点被提出来以后，就要对这些观点进行讨论，从而确定最适合当前情境的观点。在这一环节，最重要的原则就是最后的解决方案必须为所有组员所接受。有关“达成一致意见”的指导方针如下：

（1）将主题或观点呈现给所有组员。

（2）对主题进行讨论，提出问题。

（3）小组决定是否尝试达成一致意见、大概花多长时间进行讨论以及如果无法达成一致意见怎么办。

（4）寻找各种观点之间的异同。

（5）就之前的主题提出建议，进行一些调整。

（6）在讨论的基础上，小组提出新的观点。

（7）促进者检查大家达成一致意见的情况。

（8）如果大家没有达成一致意见，那么促进者要分析分歧在哪里并帮助大家再试一次。

（9）如果不可能达成一致意见，促进者要从旁观者的角度提出建议（如实验不同观点、修改计划等）。

（10）促进者从旁观者角度检验大家所达成的一致意见。

6. 角色扮演

在角色扮演活动里，学习者可以思考和讨论讲话者、作者、听众的角色及主题，从而加深对问题的理解。这类活动可以帮助促进者更好地了解学习者的感受，进而发现什么对学习者来说是重要的。可以采用指定或者大家推举的方式选择各个角色的扮演者。情节由促进者设定，但是对话由表演者决定。

7. 提问

有效提问可以实现多种目标。通过有效提问，促进者可以让学习者将注意力集中到当前的活动上来，引起学习者对问题的思考而不是讨论其他问题，促进学习者更深层次地理解问题，以及引导学习者的讨论方向和情绪。

有效的问题有很多种，如寻找信息的问题、引导学习者进行研究的问题、提供信息的问题、需要小组集体决策的问题、能激起学习者某种情绪或者感受的问题，以及培养学习者洞察力的问题。

练　习

以小组为单位设计课堂教学评价量表，观看教学视频并分析。

第 2 篇

电子技术专业教学法运用

【本章教学课件】

第6章 教学法概论

美国全国英语教师委员会（National Council of Teacher of English）主席利拉·克里斯坦伯里讲述了为什么学习教学方法如此重要。初次踏上工作岗位时，她拥有英语专业的学士学位和硕士学位，在英语这一学科领域拥有丰富的知识储备，但她没有接受过专业的教师培训。她写道：

> 我精通文学和文学理论……我也熟悉文学史……但这显然是不够的。我对什么不了解？我对人们如何学习一无所知！尤其是那些和我截然不同的人，那些学习动机不明确的人……我不知道该怎么去教他们。我不知道如何组织课堂讨论，如何分小组。我从来没出过任何形式的试卷，也没考虑过怎么给学生评定等级，怎么评价学生。我原本以为这些事情是水到渠成的。简言之，我不懂教育学。我是个优等生，所以我以为我会自动转变成一名优秀教师。可许多年过去了，这个转变都没有发生……学习教育学是教师取得成功不可或缺的一部分……教学行为、对教学的思考以及对学习的思考，绝对是重中之重。……
>
> 通过学习教育学，我们了解到教学是一项复杂的事业，它要求教师掌握丰富的知识，了解学生的需要，真正愿意采纳多方意见并做出调整……而最终唯一重要的事情是：促进学生的学习……显然，学生应当拥有这样的教师：他们知识渊博，是各自学科领域的专家，而且知道自己在教什么。他们懂得教学方法，懂得如何满足每个学生的需求，懂得如何使学习成为一个有效、持久、体现个性的过程。

教学方法，是为达成教学目标而在教学过程中采用的一种师生协调活动的方法体系，是教师“教”的方式、手段和学生“学”的方式、手段的总和，包括教法和学法两个方面，是两者的有机统一。教学方法就是实现教学任务、达到教学目的的桥梁，如图 6.1 所示。

从个体认识论来说，教学任务是解决知识内化问题，通俗地说，就是知识怎么由外在进入内在，由书本跑进学生头脑，而内化的途径便是教学方法。

德国现代教学法的奠基人、捷克教育家夸美纽斯在《大教学论》中提出：教学法的首要目标，同时也是最终目标是寻找并明确一种授课方式，学生在老师讲得少的情况下能学到更多的东西；学校里面噪声更少，学生不会感到无聊，不必付出无谓的努力，能获得更多的自由和愉悦以及切实的成功。

专业教学法是教学法具体在某一个或某一组专业领域的应用，它的构成如图 6.2 所示。因此专业教学法处于教育学与各专业学科的交叉面上。

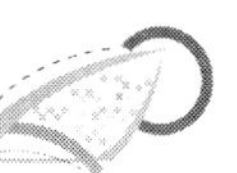

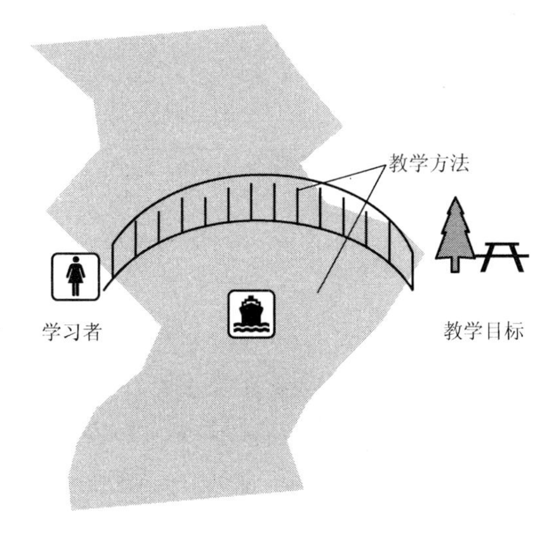

图 6.1　教学方法的桥梁作用

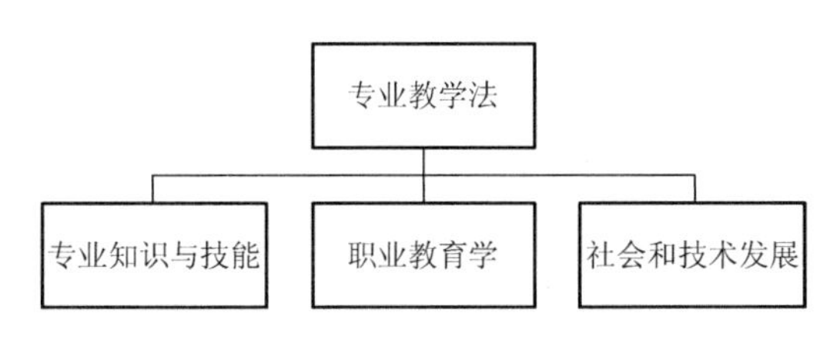

图 6.2　专业教学法的构成

在德国，职业教育专业教学法的理论是建立在行为主义学习理论、认知主义学习理论、建构主义学习理论和行动导向学习理论的基础上。同时，随着这些理论在专业教学中的运用，也对专业教学法的发展起了重要的影响。基于以上理论，在专业教学过程中，教师和学生的关系也在不断变化中，由最初的以教师为中心的教学方式逐渐转化为以学生为主的教学方式，学生逐渐成为教学的主体。

6.1　教学方法的分类

6.1.1　教学心理学基础

让·皮亚杰，瑞士人，近代最有名的儿童心理学家。皮亚杰对心理学最重要的贡献，是他把弗洛伊德的那种随意、缺乏系统性的临床观察，变得更为科学化和系统化，使临床心理学有了长足的发展。

他的认知建构论思想认为，知识内化的途径有同化和顺应两条。当学习者根据现有的图式或运算来知觉新的客体或事件时，就发生了同化。当必须修改现有的图式或运算以便解释一种新的经验时，就发生了顺应。

奥苏伯尔，美国心理学家、学者。与同化和顺应两种基本途径相对应，奥苏伯尔把学生的学习方式分为接受学习和发现学习。知识内化的途径与学习方式的关系如图 6.3 所示。

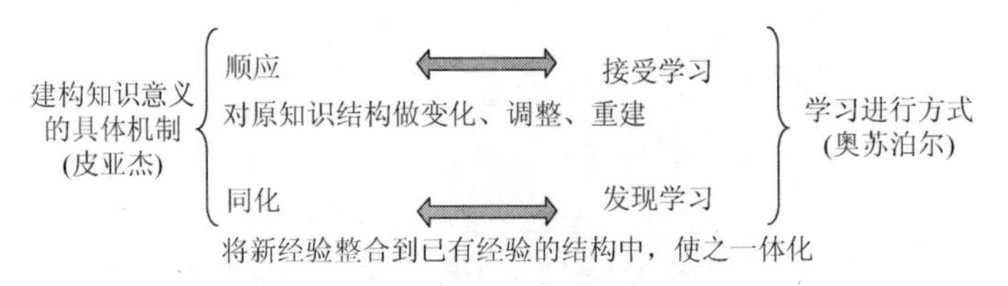

图 6.3　知识内化与学习进行方式

6.1.2　教学方法的分类

按知识的呈现形式来分，教学方法可以分为直接型、间接型两种。

1. 直接型教学方法

直接型教学方法采用知识直接呈现形式，以知识为中心，以教师讲为主，其特点有如下。

第一，教学内容精心整理，重点突出。

第二，教学语言准确清晰，生动感人。

第三，教学智慧机智巧妙，启发思考。

第四，巧用板书呈现教具，边讲边演。

第五，控制时间保持兴趣，忌讳拖拉。

2. 间接型教学方法

间接型教学方法采用知识间接呈现形式，以问题为中心。在电子技术专业教学中，为了展示或探究事物现象本身或事物的变化过程，以及训练某项操作技能经常采用直观演示法和实际操作法，如表 6－1 和表 6－2 所示。

表 6－1　直观演示法

要　求	展示方法	注意事项	场　景
1）充分准备：场地、工具、环境； 2）有效引导：观察有目的、有重点； 3）及时总结：实验、实训报告	实物、实验演示、幻灯、视频、仿真演示等	1）引导多角度观察； 2）有简便观察提纲； 3）引导记录并分析	

表 6－2　实际操作法

注意事项	场　景
1）条件准备要充分； 2）示范动作要标准； 3）要领讲解要得法； 4）参与机会要均等	

6.1.3　课堂教学行为与组织方式

哈根函授大学的几位教育研究人员在关于“教学方法储备”的实证调查中发现了日常教学中的教学行为是比较单一的。他们细致深入地分析了 88 位教师 181 课时教学内容的方法结构（这个研究中，研究人员每隔 5 分钟详细分析一次，配合研究的是有经验的教师，选取的是三门具有代表性的课目：德语课、社会常识课和自然课），得到如图 6.4 和图 6.5 所示的结论。

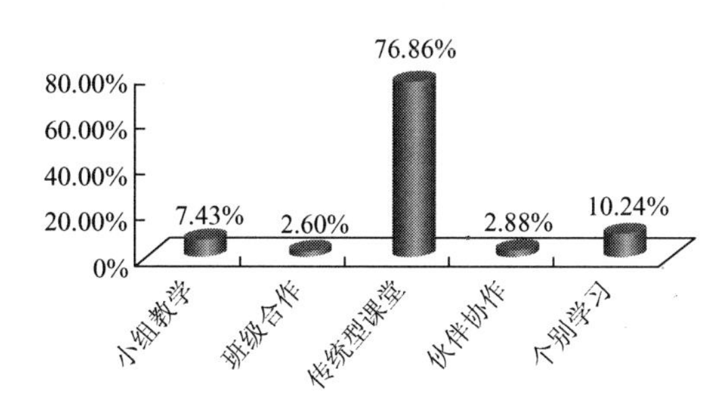

图 6.4　教学组织形式

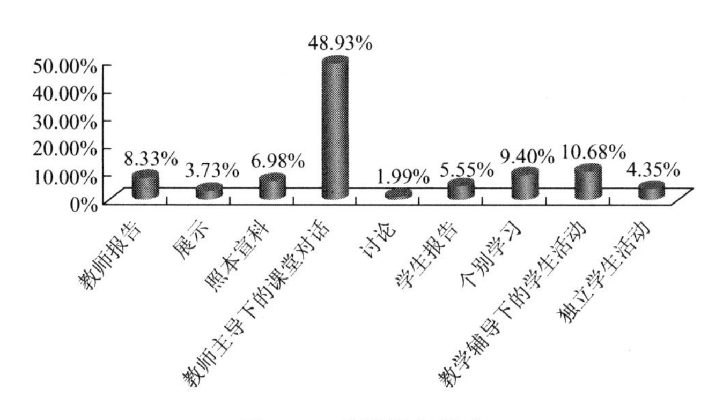

图 6.5　教学行为模式

朱孝平博士也从中职的课堂教学观察中得到了相关的结论，如图 6.6 所示。

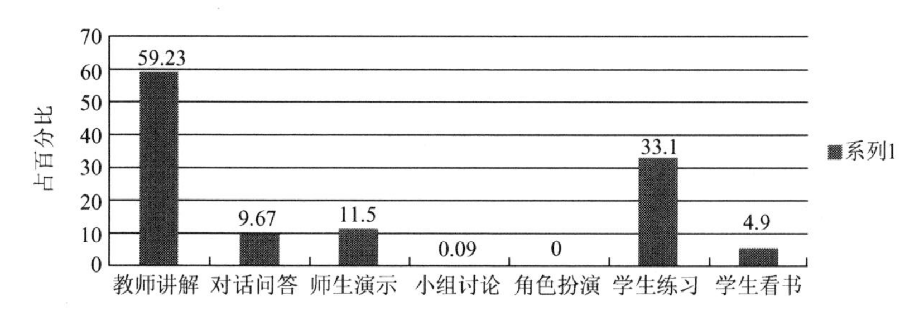

图 6.6　常态课教学样式

这些调查的结果从一定程度上显示传统的课堂、教师主导下的课堂对话、教师讲解依然占据主要地位。但也有少数的课堂开始转向学生为主体的小组合作的课堂教学组织形式。

6.2 行动导向教学法

行动导向是20世纪80年代以来世界职业教育教学论中出现的一种新的思潮。

行动导向教学法源于德国，在德国的教育领域已取得了非常成功的经验。现代化技术的发展，以专业分科课程为基础的课程模式已经不能满足企业不断提高的用人要求。经过充分的讨论，德国各州文化部长联席会议于1996年正式颁布了新课程标准《职业学校专业教育框架教学计划编制指南》，核心是用“学习领域”课程方案取代沿用多年的以专业分科课程为基础的课程模式，“要以学习领域为基本原则组织与职业相关的教学内容”，要求职业学校的教学计划要按企业生产任务的要求组织教学，要用职业行为体系代替专业学科体系，要求职业教育的目标要全面包含“知识、技能和关键能力”，即培养学生的职业行动能力。要达到这种培养目标，传统的授课方式是无法得到促进和开发的，因此要寻找一种新的教学方法来完成任务，确定了应用行动导向教学法来开发学生的职业行动能力。

世界各国职业教育界评价它是一种新的课程理念、先进的教育观念和指导思想，是一种完整的职业教育模式和新的思潮，是改革职业教学的代名词，其教学方法实施的基础是“用心＋用手＋用脑”的职业活动。其主要教学方法包括：头脑风暴法、项目教学法、任务驱动教学法、考察教学法、引导文教学法、模拟教学法、案例教学法、技术实验教学法等。

斯宾塞给好的教育下过定义：“什么是好的教育？有系统地给学生以机会，让他们自己去发现事情。”由于行为导向教学对于培养人的全面素质和综合能力方面起着十分重要和有效的作用，所以日益被世界各国职业教育界与劳动界的专家所推崇。

6.2.1 行动导向教学法的背景

现代教育界要求对中职毕业生的培养过程要以形成学生的综合职业能力为目标，以技术知识和工作过程知识为主要内容，以行动导向教学为主要教育方式。传统的本科职教师资培养是以课堂、教师为中心的教学方式，通过讲授的方式向学生传授专业理论知识。这样的培养方式下的师范生并不符合中等职业教育培养大规模的技能型人才的要求。

知识拓展：

2000年3月国家教育部制订下发的有关中等职业教育、教学改革工作等方面的一个指导性意见《关于全面推进素质教育、深化中等职业教育教学改革的意见》呼吁中职的教学要采用与国际接轨的行动导向教学法。

教职成〔2009〕2号文件《教育部关于制定中等职业学校教学计划的原则意见》对中等职业教育的培养目标明确为：培养与我国社会主义现代化建设要求相适应，德、智、体、美全面发展，具有综合职业能力，在生产、服务一线工作的高素质劳动者和技能型人才。教学中坚持“做中学、做中教”，突出职业教育特色，高度重视实践和实训教学环节，强化学生的实践能力和职业技能培养，提高学生的实际动手能力。

从职业教育所处的历史时期来看，由于普通高中全面升温，各类高中扩招冲击，以及社会长久以来对技能操作型人才的偏见，所示职业教育的社会认同度不高。当前的中职学生普遍存在理论水平比普通高中学生低、逻辑分析能力相比较弱的现象。

目前，在各方的努力下，中职院校引入工学结合的教学模式，注重深入企业生产一线，组织学生参观、见习和顶岗实习。中职电子技术专业的教学正朝着组织形式上行动导向化、内容上工作过程系统化、教学情境设计工作环境化的方向发展。

6.2.2 行动导向教学法的特征

行动导向教学法以培养人的综合职业能力为目标，以职业实践活动为导向，强调理论与实践的统一，为学生提供一个体验完整工作过程的学习机会。

在行动导向教学法下，学生在学习小组的讨论实践中通过努力学习来解决问题，学生为了解决问题而去寻找和运用他们所需要的知识，促使他们主动地、创造性地在实践中学习。同时学生在学习小组中讨论争执，也提高了语言交流能力，语言是交流的主要工具，而交流能激发人的思维和创造。善于表达自己、善于与人交流是获得知识、启迪智慧的重要途径，也是教育体系应该具备的重要特性。教师在实施行动导向教学法的过程中，通过亲身尝试而提高自身的专业综合能力、组织教学能力，加强师生感情的沟通，产生良好的教学效果。

行动导向教学法在教学内容、组织形式、教学方式、教师、学生等方面呈现的特征如表 6-3 所示。

表 6-3 行动导向教学法的特征

行动导向教学法涉及方面	特征
教学内容	可以是一个章节或一个项目，多为结构较复杂的综合性问题； 与职业实践或日常生活有关； 具有工作过程系统性； 有一定的实际应用价值
组织形式	学生自行组织学习过程，多以小组进行，把更多的思考留给学生，让学生自己去尝试新的行为方式和实践空间
教师	学生学习过程的组织者、咨询者、专业知识的对话伙伴和主持人
教学过程	包括信息收集、计划、决策、执行、检查、评估六个环节
激励手段（效果控制）	不是靠分数激励，是不断取得成就的体验，重视学习过程中的质量控制和评估

6.2.3 完整的行动导向教学法模型

在职业教育中，授课方式要遵照完全行为模式，该模式要与职业工作中的实际状况相符合。当学生按照这样的教学模式完成学业后，在今后的职业生涯中便可以独立完成工作的流程。这个模式由六个阶段构成。完整的行动导向教学法模型如图 6.7 所示。

图 6.7 完整的行动导向教学法模型

在进行行动之前，学生被授予尽可能完整的任务。为了激发全面行动的方式，教师需要设置一个综合性的、包含多种问题的任务，并进行精心规划，即教师要设计一份工作任务书。

各行动阶段的描述如表 6－4 所示。

表 6－4 行动导向教学各阶段描述

行动阶段	描述
信息收集	**我们要做什么：** 1）教师提问、教师导入主题； 2）学生应当被授予尽可能完整的任务：为解决这个任务，他必须首先自己完成所需信息收集
制订计划	**我们应该怎么做：** 1）教师提问，学生在小组制订工作计划； 2）学生应当尽可能独立地制订出一个工作流程，我需要哪些材料和工具
做出决定	**确定生产过程及劳动工具：** 1）学生与教师进行专业谈话； 2）此阶段对工作流程进行审查并决定下来如何执行
实施计划	**生产产品：** 1）学生独立或者在小组中完成，教师做咨询顾问； 2）此阶段学生独立完成所需工作步骤

（续）

行动阶段	描　　述
检查控制	**我们的工作达到了专业要求吗？** 1）学生填写检查评价表； 2）此阶段应独立进行目标与实际结果的比较
评价反馈	**我们从中学到了什么？** 学生与教师进行专业对话

6.2.4　教学过程应注意的几个方面

"行动导向教学"是指"由师生共同确立学习目标、学习内容来引导组织整个教学过程，学生通过主动参与全面的学习，手脑并用，完成学习任务"。行动导向教学的重要特点：强调学生自己找到解决问题的思路，通过教师引导和前后知识的链接独立解决问题，并最终展示学习成果。

在实施"行动导向教学法"的过程中应注意以下几个问题。

1）教学设计的完整性和开放性

教师在教学设计时要注重教学内容的完整性和开放性，注重知识的前后链接，任务的设计要能引导学生对新知识产生学习兴趣，然后交给学习团队去完成。其中，开放性指讨论中允许学生提出多种解决方法，而不是唯一答案。

2）不同课程导向的差异性

教师在实施行动导向教学法过程中，要注意针对实验课导向、问题性导向、项目性导向几种课的差异进行有效的课程设计。

（1）实验课的导向性教学：主要是制订实验计划，进行实验和实验结果评价，目的是解决实际技术问题。

（2）问题性的导向性教学：主要过程为理清问题实质、确定结构、解决问题和在实际中应用结果，目的主要是培养学生的技术思维能力。

（3）项目性的导向性教学：是按照一个完整的工作过程，即获取信息、制订计划、决策、实施计划、质量控制、评价反馈进行。项目导向全面培养学生的技术、社会、经济和政治等综合能力，促进学生创新精神、综合能力的发展。

3）教学过程坚持师生互动

教师和学生在教学过程中必须建立平等对话、彼此信任、学术自由、相互讨论、互换位置、双向交流、共同切磋、教学相长、情景交融的互动关系；坚决摈弃以往"教师为本""教材为本""考试为本"的传统教育观和师道尊严的师生观，要求教师从知识的传授者转变为学生智力的开发者、学习动机的激发者和塑造学生健康人格的指导者；倡导教师在教学中启发学生独立思考；引导学生创意性地生成多个设计方案，鼓励学生可以有多样化的思维。在这样的学习过程中，学生就会保持强烈的学习兴趣，从而使其创新精神和创新思维得到培养。

教师可以创造条件建立自己的个人主页或课程网页，充分利用现代网络资源，开辟讨论区以讨论学生提出的问题，开展在线交流。

通过师生之间正式与非正式、课内与课外的互动，促进师生教学相长，相得益彰，师生关系也有原来的居高临下向平等融洽转变。

4）其他

“行动导向教学”中的其他需要注意的问题如下。

（1）实验实习条件。一个任务所需要的所有实验实习场所和设备一般应该具备，最好是实际可操作的东西，如果没有实际可操作的东西，教具、模型或仿真软件必须具备。

（2）班额。班额不易过大，否则教师指导起来会很困难。

（3）教学进程。“行动导向课程”主要以学生工作为主，教学进程往往很慢，教师又不能中途停止学生工作，正常的教学进度难以完成。从德国学校实施几年的情况看，这个问题还需要解决。

【拓展阅读】

拓展阅读1　电子科学与技术专业的特点

1. 电子科学与技术专业的特点

电子科学与技术专业主要培养适应企业生产一线需要，具有较强电子技术应用能力和操作技能的人才，培养掌握必备的电子科学与技术专业基本知识及理论，能从事企事业相关电子产品安装、调试、维修、设备维护和电子产品销售的德、智、体全面发展的技能型人才。各相关专业及培养目标如表6-5所示。

表6-5　各相关专业及培养目标

专　业	培养目标
汽车电子技术应用	从事汽车电子器件的装配、调试、检验，汽车电子设备的安装、检测、维修及汽车电控系统故障检修等工作，德智体美全面发展的高素质劳动者和技能型人才
光电仪器制造与维修专业	从事光电仪器生产、设备装配调试与检测、光电仪器的使用与维护、营销与售后服务等工作，德智体美全面发展的高素质劳动者和技能型人才
机电产品检测技术应用	从事材料、构件、零部件、设备的无损检测、压力容器检验检测等工作，德智体美全面发展的高素质劳动者和技能型人才

这种人才的培养模式具有明显的特征，即以培养技能型人才为根本任务，以适应社会需要为目标，以培养技术应用能力为主线设计教学体系和培养方案，以适应技术为主旨的特征来建构课程和教学内容体系，基础理论和专业理论知识以够用为度，实践教学的主要目的是培养学生的技术应用能力和操作能力。

根据《中等职业学校专业教学标准（试行）》和目前开设汽车电子技术应用、光电仪器制造与维修专业、机电产品检测技术应用专业的中等职业技术学校的调研信息看，专业课程涉及电子类（数字电子技术基础、模拟电子技术基础、电工电子技术与技能、汽车电工电子、电路）、检测类（射线检测、超声检测、渗透检测、磁粉检测、无损探伤现场实用技术、压力容器安全监察与管理）与光电类（激光加工设备基础、激光设备操作实训、激光设备组成及维护、光电检测技术、光电仪表与应用、先进激光技术应用、工厂电气控制）。

专业理论基础宽、技能要求高、实践性强是该专业的主要特点。

2. 电子技术专业的教学内容分析

从中职培养的人才目标和毕业生的社会需求来看，中职学生面对的多为操作性岗位。目前，中职人才培养中，探索行动导向教学方法在培养过程中的实践，取得了喜人的成果。为完成中职人才的培养与工作岗位要求对接，使学习者能较快适应生产实践的要求，中职学校教学中将理论教学与实践教学紧密结合，融合职业资格要求，逐步走向理实一体化的教学模式。目前很多学校已经根据姜大源先生的工作过程系统化思想开发课程，编写了项目教学的校本教材，如浙江省中职电子技术应用专业核心课程《电子元器件与电路基础》《电子基本电路安装与测试》《电子产品安装与调试》《Protel 2004 项目实训与应用》《电子技术综合应用》。根据课程标准设置约 100 个“教学项目”，其中必修项目约 60 个，选修项目约 40 个，实施理实一体化教学，在做中学。

拓展阅读2　实施行动导向教学法对教师的要求

1. 教师的理念

“兴趣是最好的老师。”有了兴趣，就有了探索知识、掌握技能的动力。教学生“乐学”，要充分调动学生的学习情趣，在课堂上要善于“吊胃口”。

老师上课应该像介绍一桌大餐，让学生知道每道菜多么好吃，营养多么丰富，对身体多么有益，使学生垂涎三尺，食欲顿起。然后引导他们去寻找菜的原料是什么，如何制作，使他们摩拳擦掌，跃跃欲试，他们会迫不及待地拿着教师设计的思考题，一头扎进图书馆、实验室，或与同学进行学习探讨，为自己准备这顿“大餐”。

最后要做好评价，不局限于老师个人评价，要自评、互评结合，做到公平公正。

行动导向教学法主要强调学习过程以学生为主，以教会学生“学会学习”为目的的教学理念。它将学生的学习与学生发展作为努力方向，采用的是师生互动型教学模式。在教学中，教师是学生学习的引导者，是教学过程中的主持人，学生是课堂的学习主体。至于教师“教”得如何，要看学生“学”得如何，教师的作用是要调动学生积极主动地参与到学习实践中来。

2. 教师的角色

现代职业教育教学过程以学生为主体。行动导向教学方式的推广，使学习者逐渐承担起对自己负责和自我管理的责任，教师的任务从传统的“传道、授业、解惑”的中心工作转向辅导和咨询等一些激励、调动学生积极学习的辅助性工作，主要有设计和策划教学过程，引导教学内容思考题的设计，组织动员学生积极投入到学习过程中，设计和提供学习资源等。教师应成为学习导师、主持人和顾问。

1）学习导师

进行行动导向教学的过程，主要是自我管理式学习，教师的首要任务是合理安排学习进程，即根据教学培养目标和学生身心发展的实际情况，制订高于现实，但通过努力又可以实现的教学目标。这样教师的职能从“授课”转为“导课”，教师的任务主要是引导、指导、辅导和教导。

学习导师的具体任务如下：

（1）根据课程需要，开发课程，设计学生职业能力发展的途径。

（2）设计职业能力发展途径的关键是教师的思考题设计与引导。

（3）把操作的信息资料、资源和实施的方式方法提供给学生，让学生自己解决问题。

（4）帮助学生策划和设计良好的学习环境和工作环境，从而使学生能更好地发挥潜能。

2）主持人

在行动导向教学过程中，教师作为学习活动的主持人必须保证富有成效的小组学习过程，保证学习小组具有良好的团队精神，保证学习活动取得高质量的效果。

学习活动主持人的主要任务如下：

（1）整个学习活动的发起者、促进者和引导者，掌握活动的全过程。

（2）负责学习过程的设计，选择实现目标最适当的方法，把握小组工作方向。

（3）学习主持人只是“方法领导者”，不是学习活动的领导人。

（4）不控制学习活动的结果，只是调动学习小组运用自己的经验进行对话、产生新知识并最终做出行动决定。

（5）需为学习活动做好充分的准备工作，而不是展示专业能力，控制着学生的学习过程和学习内容。

（6）其工作原则是尽量保留自己的意见，让学生自己去工作。

行动导向学习的成功取决于优秀的主持。主持是一种技巧和艺术。所谓技巧，就是必须了解并且遵循的一定的规则，如知道如何在适当的时候提出适当的问题；所谓艺术，则需要经验和直觉，主持人通过创造生动的“学习剧本”，让学生在“表演”的过程中发挥潜力。主持人要能够正确描述任务，不断激励学生的学习讨论积极性，随时对学习小组的要求做出反应，正确处理意外结果以免破坏学习环境或气氛。因此，主持人在坚持原则的同时要有灵活性，并善于采纳别人的意见，能随时帮助学生从冲突中解脱出来。

优秀主持人应具备的素质如下：

√ 信任别人；

√ 有耐心、具有良好的倾听技能；

√ 有自我意识，渴望学习新的技能；

√ 具有丰富的专业知识和精湛的操作技能；

√ 尊重别人的意见，从不将观点强加于别人；

√ 具有激发参与者自信心的能力；

√ 能灵活变换方法或活动程序以适应活动的发展；

√ 能创造良好的物质环境和氛围。

3）顾问

实施行动导向教学法对教师的要求是成为提供理论知识的字典，学生可以向其咨询检索的方法。在教学过程中，不强调系统地讲授专业理论知识，并不意味着不学理论，而强调在学中做，做中学。更多的时候，是学生在做某一个具体项目，碰到困难时向教师求助，咨询某一知识。此时，教师从主动系统地讲授理论知识转变为被动地接受咨询。在教学过程中，教师不仅能指导学生在操作中的失误，而且会标准、规范地完成操作任务，为学生做出示范指导。这就要求教师不仅熟练地备课讲课，还要有实际操作技能的示范能力和相应的理论知识。

具体的行动导向教学各环节的内容如图 6.8 所示。

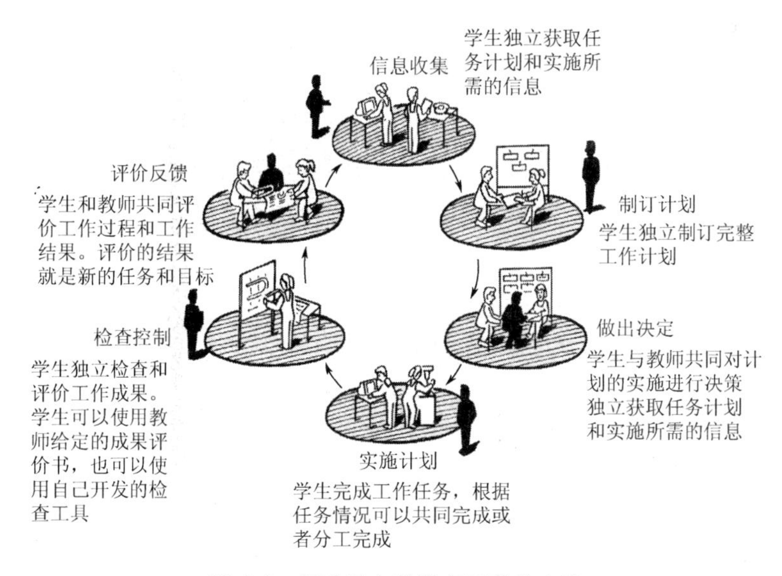

图 6.8　行动导向教学各环节的内容

【本章教学课件】

第7章 引导文教学法

引导文教学法是行动导向教学法中最常用的方法之一。引导课文法的教学思想来源于企业产品的说明书，产品说明书的作用是能够引导顾客独自正确地使用企业的产品。引导文法就是要求教师编写一份起到指南作用的学习手册，用产品说明书一样的引导文，引导学生在阅读引导文后独自完成项目计划或学习知识与技能。德国的亚历山大·彼勒先生说：“教师最终要达到这样一个境界——你走进教室以后，跟学生打个招呼，把材料往那一放，引导文一发，就什么话都不说了。这对教师来说是一个革命。”

7.1 教师工作任务

假如你是一名到中职院校进行教育实习的职前教师，接收到对学生进行“指针式万用表使用”一节的教学任务。请针对该教学任务完成教学设计工作页，进行教学实践，教学反思。

引导文教学法中，教师的工作任务概况如表7-1所示。

表7-1 教师工作任务概况

工作流程	设计意图
教学工作过程：教学设计（教学内容与课程标准分析；教学对象分析；教学重难点的确定；教学媒体的选择；教学流程设计；引导文设计）⇩ 教学实施 ⇩ 教学评价与反思	以教师的教学工作过程为导向
学习目标	**设计意图**
1）知道引导文教学法的教学过程。 2）会判断教学内容是否适合引导文教学法。 3）能够根据教学任务设计引导文。 4）能够根据教学任务进行教学设计	明确的目标引导学习的方向

7.2　教学设计

【参考图文】

指针式万用表使用

教学工作的第一个环节教学设计，是教学活动的构想与蓝图。请阅读本章案例，完成以下要求：

（1）请根据第2、3、4章的内容完成教学设计表格（表7－2）中除教学流程外的内容。

（2）完成《指针式万用表使用》的引导文教学法的教学流程设计。

表7－2　“指针式万用表使用”教学设计工作页

<table>
<tr><td>内容名称</td><td colspan="2">示波器使用</td><td colspan="2">课　　程</td><td></td></tr>
<tr><td>授课时间</td><td></td><td>授课班级</td><td></td><td>设计者</td><td></td></tr>
<tr><td colspan="6">依据标准</td></tr>
<tr><td colspan="6">课程标准：只填写与本节（课）有关的课程标准内容</td></tr>
<tr><td colspan="6">1. 本课教学内容分析</td></tr>
<tr><td colspan="3">本节（课）教学内容概述，知识点的划分及各知识点之间的逻辑关系。</td><td colspan="3">备注：说明本节课出自何种教材，哪一章节，在教材中的地位和作用。本节教学内容是在学生已学哪些知识与技能基础上进行的，是前面所学哪些知识与技能的应用，又是后面将要学习的哪些知识与技能的基础，这些内容在整个专业教学中的地位如何。对学生的知识与能力结构的形成有哪些作用，对学生将来的就业或继续学习有什么作用等</td></tr>
<tr><td colspan="6">2. 本课教学目标</td></tr>
<tr><td colspan="3">知识与技能目标：
过程与方法目标：
情感态度与价值观目标：</td><td colspan="3">备注：目标表述要体现以学生为学习主体，并说明选择的依据和道理</td></tr>
<tr><td colspan="6">3. 学习者特征分析</td></tr>
<tr><td colspan="3"></td><td colspan="3">备注：重点填写学生对学习本节（课）有影响的心理状态、知识结构特点和学习准备情况，作为解决教学重点、难点，选择教学策略，设计课堂教学过程的依据。如果设计的教学活动是在信息化环境下进行的，还需要分析学生现在所具备的信息素养状况，以利于教学活动的顺利开展</td></tr>
</table>

（续）

4. 教学重点和难点

项目	内容	确定依据	解决措施

5. 教学媒体（资源）选择

说明教学中采用的教学技术手段，包括传统媒体（黑板、实物、挂图等），现代化教学媒体（投影、幻灯片、电视、计算机等），要注意灵活选择，科学组合运用各种教学手段。

知识点	学习目标层次	具体描述语言	媒体类型	媒体的教学作用	媒体的使用方式

1）媒体在教学中的作用有：①提供事实，建立经验；②创设情境，引发动机；③举例验证，建立概念；④提供示范，正确操作；⑤呈现过程，形成表象；⑥演绎原理，启发思维；⑦设难置疑，引起思辨；⑧展示事例，开阔视野；⑨欣赏审美，陶冶情操；⑩归纳总结，复习巩固；⑪自定义。

2）媒体的使用方式包括：①设疑—播放—讲解；②设疑—播放—讨论；③讲解—播放—概括；④讲解—播放—举例；⑤播放—提问—讲解；⑥播放—讨论—总结；⑦边播放、边讲解；⑧边播放、边议论；⑨学习者自己操作媒体进行学习；⑩自定义

6. 关于教学策略选择的阐述和教学环境设计

7. 教学过程结构设计（教学程序）

备注：说清教学过程设计的总体框架和设想，说明教学过程的具体安排，说出教学内容的详略安排和教学时间的分配，说透如何突破重点，如何化简难点等，并说明依据和理由

教学环节	教师的活动	学生的活动	教学媒体运用	设计意图和依据
获取信息				
制订计划				
做出决定				
实施计划				
检查计划				
评价成果				

引导文设计：“指针式万用表使用”的引导文

请以小组为单位设计“指针式万用表使用”教学用的引导文。

【知识链接】

1. 引导文设计

引导文教学法是借助一种专门教学文件即引导文（常常以引导问题的形式出现），通过工作计划和自行控制工作过程等手段，引导学生独立学习和工作的一种教学方法。

通过此方法，学生可以对一个复杂的工作流程进行策划和操作，由学生独自制订计划，执行工作并对成果进行检查。因此，引导文教学法还是一个面向实践操作、全面整体的教学方法。在整个引导文教学法实施过程中，学生需要查阅文献、回答引导问题、小组合作、亲自解决困难，这可培养学生的自主学习能力、团队合作能力、动手实践能力、创新能力以及发现问题、解决问题的能力。

1）引导文的作用

引导文的任务是建立起项目工作和它所需要的知识、技能间的关系，让学生明确学习目标，清楚地了解应该完成什么工作、学会什么知识、掌握什么技能。在引导文的引导下，学生必须积极主动地查阅资料，获取有意义的信息，解答引导问题，制订工作计划，借助辅助材料来完成工作任务。辅助材料一般包括仪器的操作使用手册、教师用的课业设计方案、学生用的引导文工作页、教师下达的任务书以及相关的学习网站等。其中，引导文工作页是指引学生完成任务的重要资料。

引导文教学法适用的范围比较广，无论是理论课还是专业技能课都可以采用。引导文法的关键在于教学引导文的编写，教学引导文是由一系列的引导性问题构建的。通过对这些引导性问题的回答从而引领学生独立地进行学习，其实教学引导文就是将教学中的知识点与技能目标通过问题的形式呈现给学生，让学生自己找出答案。在寻找答案的过程中学生必须积极主动地查阅资料获取信息，在解答问题的过程中必须制订计划并予以实施，在实施计划后是否达到要求则需要自我检查。这一系列的过程就起到了学习的效果。

2）教学引导文种类

教学引导文一般是由任务与目标的描述、引导性问题、质量控制单、完成任务的内容与时间、工作质量检查表及辅导性说明等方面构成。教学引导文有项目工作引导文、传授知识技能引导文、岗位描述引导文三种。

（1）项目工作引导文主要是建立起项目和它所需要的知识能力间的关系，即让学生清楚完成任务应该懂得什么知识，应该具备哪些技能等。

（2）传授知识技能引导文主要的功能在于使学生不仅学习了知识，而且掌握了此知识在实际工作中的作用。

（3）岗位描述引导文可以帮助学生学习某个特定岗位所需要的知识、技能，以及有关劳动、作业组织方式的知识。

小贴士

引导文的形式有：电子设计任务书、元器件的数据手册、工作手册、工作建议、仪器仪表操作指南、技术资料、引导问题、导学案等。

教师提供一个书面的以提问形式出现的任务。引导问题和引导句包含了为解决任务所需要的所有信息。它引导学生独立获取所需信息，并对整个工作过程的执行提供帮助。

在引导文的引导下，学生积极查阅资料，获取有意义的信息，解答引导问题，制订工作计划，实施工作计划，评估工作计划。

中职教学中采用引导文法对培养学生自我知识更新的能力、具备“解决无法预知的问题的能力”最为有效。特别是在知识更新与技术革命飞速发展的当今时代，采用这种教学法更有利于学生的可持续发展。学生未来在就业岗位上就能从阅读设备说明书中学习操作新设备；能从学习指南中学习编写新程序；能从技术手册中学会新工艺。中职技能课教学中，将企业的产品说明书进行加工改造是教学引导文设计的一种很好的办法。

3）引导文的设计流程

制作一个问题引导文的流程如图 7.1 所示。

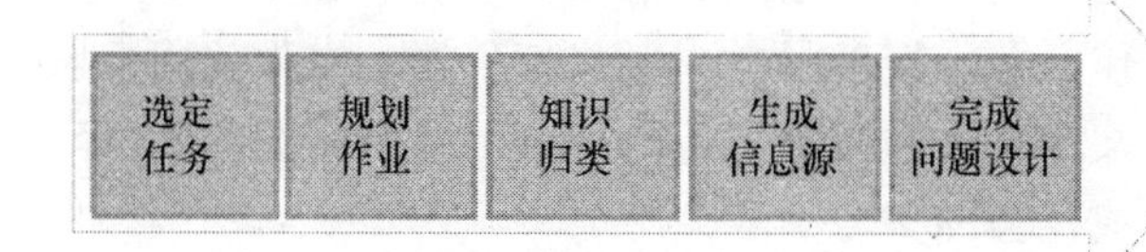

图 7.1　制作一个问题引导文的流程

（1）选定/给定任务。

① 根据学生的知识水平、教学方法接受的程度、实际操作能力等因素选定合适的知识范围。

② 在此基础上考虑具体的题目，并确定整体完成进度和所需时间。

③ 选择合适的任务，不仅在内容上要合适，并且要让学生觉得有学习动力。

（2）规划作业/任务。

① 确定工作流程，划分工作步骤。

② 一张供学生填写的计划表格，会在他们制订工作计划时起辅助作用。表格里可以填写该工作计划的各个步骤及必要的材料、工具和设备。

（3）知识归类。

把各单项工作步骤中所需的，跟学生完成作业任务有关的知识，进行归类整理。

（4）生成信息源。

把所有找出的必需的信息资料汇总，这些资料可以是老师自己制作的材料页、工作图或表格，也可以是现有的教材资料，如教科书、参考书或互联网资料。

（5）完成引导文问题设计。

① 完成教师想让学生回答的问题的设计。引导问题是引导文的核心，引导句包含了为解决任务所需的所有信息。

② 通过这些问题，能够使学生借助所给出的信息资料的帮助，顺利完成各项工作步骤，并掌握老师所规划的知识内容。

③ 为使教师较好地了解学生的学习进度和可能遇到的困难，这些引导性问题要求学生以书面形式回答。

2. 引导问题的设计原则

1）在设计引导问题时需要把握的原则

（1）避免设计简单的是非性问题，即回答为“是”或“不是”的问题。

（2）请不要设计过于简单的问题，设计出来的问题必须借助于给出的资料信息源的知识才能解答，同时，在这个过程中起到激励学生获得新知识的作用。

（3）请注意，在设计的问题中不要含有已有问题的答案。

（4）设计的问题应该有针对性的相应的工作步骤，不要过于泛面或容易产生歧义。

（5）不要设计过于复杂或综合性太强的问题。

（6）在设计问题时要避免出现不容易理解的措辞，用词和造句都要符合学生的知识理解水平。

（7）设计的问题要包含学生所学知识，并在这个基础上进行加深。

（8）问题中不要使用陌生的专业词汇，而应使用在教学资料中明确出现的，并且跟信息资料源的知识对应的词汇。

（9）不要设计跟完成相应工作步骤无关的，或关联很少的问题。

2）创建引导问题的要求

（1）问题应涉及所需的职业活动。

（2）问题应提示难点。

（3）问题应能激发学生思考，要求学生学习。

（4）应当发展解决问题的想法。

（5）问题必须满足学习小组的可能性。

（6）问题必须是明确、具体的，而且是可理解的。

（7）问题必须是可以被独立处理解决的。

（8）问题应当考虑安全和环境保护问题。

引导文案例：示波器的使用

“示波器的使用”的引导文如表 7－3 所示。

表 7－3 “示波器的使用”的引导文

引导文工作页	工作页设计思路
1. 学习任务 （1）示波器的基本应用； （2）信号源操作方法； （3）使用示波器测量电压信号参数（幅度、相位差、交流、直流成分）	工作页中的“学习任务”是让学生明确将要做什么，给学生设置合适的学习任务，能激发学生完成任务的兴趣

（续）

引导文工作页	工作页设计思路
2. 学习目标 （1）能够熟练调节示波器面板的按键（或旋钮），使示波器显示屏上显示出稳定的波形； （2）能够测量出任一正弦波信号的幅度（峰峰值）和周期（或频率）； （3）能够对示波器两个通道的信号进行参数比较； （4）能够将实验结果与理论值进行比较，进行误差分析	学习目标是学生完成学习任务后应达到的行为程度
3. 信息资料 （1）示波器使用说明书； （2）信号源使用说明书； （3）任务相关知识点的参考资料； （4）引导文工作页	信息资料是给学生提供获取相关知识的渠道
4. 示波器功能的基本应用 1）示波器的结构 图A所示的是示波器的面板，请在图中标出虚线框的基本作用。 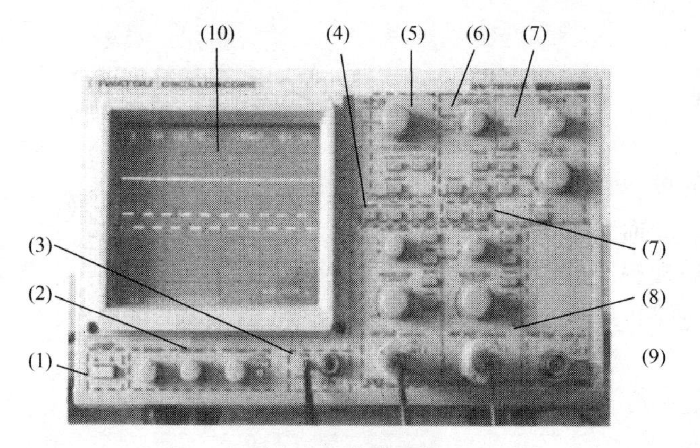 **图A　示波器面板** （1）________；（2）________；（3）________；（4）________； （5）________；（6）________；（7）________；（8）________； （9）________；（10）________。 显示屏的水平格数________；显示屏的垂直格数________；每小格数________	此学习情境安排在“示波器的认知和基本应用”实验之后，因此，引导文的开始，对示波器面板的按键或旋钮功能进行提问，旨在进一步加深学生对示波器的认识，为学生在本次学习情境中更熟练地应用示波器做好铺垫

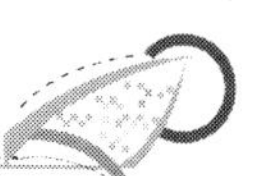

（续）

引导文工作页	工作页设计思路
2）时域波形测量	巩固练习示波器的基本应用，学习调节哪些旋钮或按键能在显示屏上显示出稳定的正弦波。 通过测量信号幅度和频率，让学生掌握直接测量幅度与频率的方法

（1）示波器的自检。“AC－GND－DC耦合方式”选为“AC”，将示波器CH1或CH2输入端测试线接到示波器“标准信号”输入端。测出该“标准信号”的峰-峰值与周期，并与示波器给出的标准值进行比较，结果记入表A。

表A　记录表

校验挡位 / 校验结果	*Y*轴（峰-峰值）		*X*轴（每周期格数）	
	0.5V/div	1V/div	0.5ms/div	0.2ms/div
应显示格数				
实际显示格数				
误差				

（2）信号发生器输出电压幅值的测量。将信号发生器输出调为$f=1\text{kHz}$，波形选正弦波，用示波器和交流电压表分别测量信号发生器输出电压的幅值，记入表B（表格自拟）中，并将结果进行比较，选取一组数据画出波形图。

表B

（3）用示波器测量信号的频率。将示波器接入信号发生器输出端，信号发生器输出端调为$U_{p-p}=4\text{V}$，波形选方波，频率分别为100Hz、1000Hz、5000Hz（由信号发生器频率显示读出），用示波器测出被测信号的频率，结果记入表C（表格自拟）中，选取一组数据画出波形图。

表C

引导文工作页	工作页设计思路
3）测量两个同频率信号的相位差 （1）信号发生器输出频率$f=1\text{kHz}$，峰峰值$U_{p-p}=4\text{V}$的正弦波，用示波器同时观察信号源输出电压与电容电压的波形，调节R或C，观察波形的变化。记录$R=2\text{k}\Omega$，$C=10\mu\text{F}$时观察到的波形，并测出它们的相位差。	在教师的指导下，学生独立操作、调节仪器，计算信号参数（表格自制），将计算所得结果与理论值进行对比，进行误差分析

（续）

引导文工作页	工作页设计思路
（2）固定 R，C 的值，改变信号发生器的频率，观察电容电压的波形变化，并自拟表格 D，填写记录。 C 信号发生器 R **图 B** **表 D**	
5. 思考总结	工作页设计思路
一般情况下，调节示波器面板上哪些按键（或旋钮）能尽快地把显示屏显示的波形调节到清晰、稳定的状态？	思考总结是为了帮助学生对本次学习任务中存在的重要知识点或者关键问题进行反思

6. 学习情况反馈表			
序号	评价项目	任务完成情况签名	“学习情况反馈表”由学生独立完成填写，通过反馈表，教师可了解学生独立完成的任务。小组合作完成的任务，以及教师指导下完成任务的情况，并针对存在的问题提出改进的措施和方案
1	工作页的填写情况		
2	独立完成的任务		
3	小组合作完成的任务		
4	教师指导下完成任务		
5	是否达到目标要求		
6	在完成任务过程中遇到的问题： 1） 2）		

7.3 教学实施

请以小组为单位，在微格教学实验室或专业实验室进行模拟上课，并在课后进行教学评价。

【参考视频】

请通过观摩上课视频案例 1、案例 2，对视频中的教学结合教学设计进行讨论分析。

7.3.1　引导文教学法的步骤

引导文教学法的教学过程分为六个阶段：获取信息（回答引导问题）、制订计划（常为书面工作计划）、做出决定（与教师讨论工作计划和引导问题的答案）、实施计划（完成工作任务）、检查/检测（根据质量监控单自行或由他人进行工作过程或产品质量控制）及评估（讨论质量检查结果和将来如何改进等不足之处）。

引导文教学法的具体教学过程如表7-4所示，在引导文教学中，教师和学生各自的任务如图7.2所示。

表7-4　引导文教学法的教学过程

阶　　段	方　　法	所需关键能力
1. 获取信息 学生明确任务要求，并按照引导文中的引导问题，自主获取信息，获取信息的途径有：阅读图纸、网络搜索、观察和询问、参观，等等	引言 引导问题	媒体能力 信息能力 交际能力 自我学习能力
2. 制订计划 学生制订工作计划，包括： （1）确定工作步骤； （2）必要的工作资料； （3）任务的时间顺序； （4）团队工作中的具体分工	工作计划 引导问题	方法能力 计划能力 有步骤的思考
3. 做出决定 评价解决方案，确定生产设备，与老师商讨，确定最终计划	和老师一起进行一个小组讨论	协商能力 团队能力
4. 实施计划 根据工作计划，学生分组完成工作任务	教师指导	转换能力 解决问题能力
5. 检查/检测 使用控制单自我检测已完成的工作任务	验收标准	自我监控 自我批评
6. 评估 就工作中所犯的错误和老师讨论，找到产生错误的原因	老师和学生间的专业谈话	评估能力 批评能力

工作页的编排使学生对每个问题都需要进行选择、判断，开始侧重于方法能力培养，教学中学生以小组为单位，通过小组学习交流、合作，适当间接地进行社会能力锻炼。该阶段典型教学方法是行动导向的引导文教学，教师按照行动导向的六个步骤将工作任务分成若干小工作任务，编排成工作页，在引导文的帮助下，学生逐一克服障碍，解决问题，最终促成解决问题的方法能力的培养。

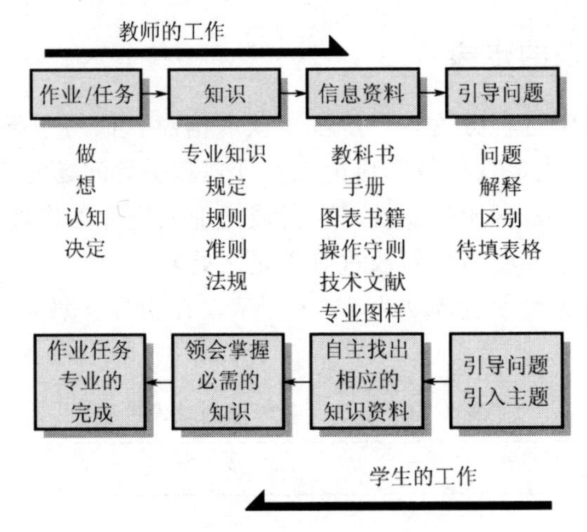

图 7.2　教师和学生各自的任务

7.3.2　教学实施案例

该实例是《电工电路的分析与应用》课程中涉及的一个实际的工作过程——低压配电板的制作（含漏电保护器的安装）与测试。教师在设计教学之前，必须对此工作过程中的任务有一个详细的了解，然后才能进行教学设计或计划（表 7－5）。

表 7－5　教学实施计划表

学习情境　家用照明电路的制作与测试 任务 1　低压配电板的制作（含漏电保护器的安装）与测试	课时：8 学时
准备工作：将学生分组，每小组 3 名同学，注意不同水平学生的搭配，组内推荐一名组长，统一协调和分配任务。教师在与学生协商后，使学生清楚学习工作目标、职业岗位指南、工作要求、已具备的资料和工具、活动方式和完成时间	**提示**：在设计引导问题时，教师要充分了解学生的个性特点，充分挖掘工作任务的内涵；提出适合学生学习的，且能涵盖完成该项工作任务所必需的知识点的引导问题，充分体现引导问题的“引导”作用

引导问题

1）单相插座电源的类型有哪些及如何接线？
2）家用电器为什么有的使用两孔插座，有的使用三孔插座？
3）如何测量交流电路的电能？
4）家用配电板由哪些电器组成？各电器的作用是什么？
5）如何安装低压配电板？这个实训需要哪些配置、仪器？实训步骤、实训注意事项是什么？
6）熔断器的构造、作用是什么？如何安装？
7）刀开关的构造、作用是什么？如何安装？
8）单相电能表的工作原理是什么？如何接线？
9）单相交流电路在生活、生产中有哪些方面的应用？有哪些具体实例？等等

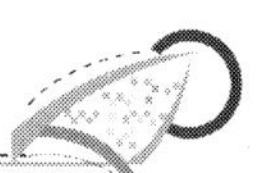

（续）

获取信息：1学时				
教学提纲	**主要内容**	**教学资源及工具**	**师生活动**	**时间（分钟）**
任务描述	1）下发引导文或工作任务书； 2）布置工作任务，确定制作、测试要求及配电板相关性能指标要求等	引导文及工作任务书	利用头脑风暴法，在教师指导、组长组织下进行讨论引导问题	5
知识自主性学习	1）发放相关学习资料； 2）工作过程知识讲授； 3）配电板理论知识讲授	电工工具使用手册、器材技术资料、安装质量检验标准及系统化理论知识		30
答疑	回答学生提问			10

制订计划：0.5学时				
教学提纲	**主要内容**	**教学资源及工具**	**师生活动**	**时间（分钟）**
制订工作计划	1）以组为单位，进行工作任务确认，任务分解，制订作业计划； 2）教师对学生的计划方案进行检查、指导	工艺文件等技术资料	1）学生以小组为单位制订各自不同的详细的学习计划和工作计划，即每个工作流程的负责人，相关工作程序，所需的工具、仪器设备和材料等物质条件，每个工作程序的耗时，工作过程中的注意事项，工作成功的关键及保证，应完成的成果，工作结束后的结果处理等。 2）教师提示并提供信息，必要时授课让学生获得相应知识。学生以小组为单位汇报完成工作任务的内容、步骤、注意事项，由老师组织点评	20

做出决定：0.5学时				
教学提纲	**主要内容**	**教学资源及工具**	**师生活动**	**时间（分钟）**
配电板电路布局图分析确定	1）依据电路图画布局图； 2）布局图可行性、经济性分析； 3）根据配电板性能指标要求确定出符合制作要求的布局图	照明电路图、实训器材、演练支架及配电板工艺要求	师生共同对工作计划进行可行性分析并确定最终方案的过程。学生讨论并提出初始计划，师生进行讨论，教师对错误和不准确之处进行指导或提出变更计划的建议，充分肯定学生合理、新颖的建议及工作计划，最大限度地为学生实施其新颖的工作计划创造条件，帮助学生制订可实施性决策	2.5

（续）

实施计划：5学时				
教学提纲	**主要内容**	**教学资源及工具**	**师生活动**	**时间/min**
电工工具、器材选定	1）电工工具、器材的检测、型号及数量确定； 2）电工工具、器材的预处理	电工工具、器材、电工工具使用手册及器材安装手册	小组成员各自进行准备工作，然后按照工作计划实施。要求学生熟知且能正确使用相关电工仪表、工具，操作规范，步骤正确、完整，有较强的合作创新意识等。学生对整个实践过程每一步具体的操作情况要进行记录，有问题也应详细记录，这是对实际操作质量监控的一种手段。学生的整个实践阶段，教师起监督作用，适时指出学生工作中的错误，对遇到的困难帮助解决。实施的过程能检验计划的合理性，对不合理之处，学生需及时反馈，与教师商定及时调整和修订计划	15
配电板装配、接线	按照布局图及相关工艺技术文件要求进行照明器材的安装与接线	电工工具、器材、电工工具使用手册、器材安装手册、相关工艺文件及网络资源		165
配电板整体测试	分析故障原因，判断故障范围，进行故障修复，通电测试	电工工具、器材及万用表		45
检查与评估：2学时				
教学提纲	**主要内容**	**教学资源及工具**	**师生活动**	**时间/min**
配电板演示与交流	学生以组为单位对所装配电板进行演示和汇报，介绍学习体会、交流学习心得	图片资料、PPT	1）学生对照引导文中的自我检查项目、控制表对自己的工作过程和结果进行评价，并填写相应的表格（见表7-6）。检查与评估可采取量化的形式进行。针对教学目标，教师可以提出相应的控制问题，让学生自己检查校对自己的工作步骤。例如，是否查出造成问题的过程？是否将错误原因定位到某一个过程步骤中？是否清楚描述了错误的原因？负责人是否同意对事实的描述？相关文档是否完整？是否给出避免错误的建议？ 2）学生、组长根据教师或师生共同制订的考核标准或评价指标，对工作过程和结果进行自评、互评后，教师再对小组、对整个教学活动评价，并要求学生做好汇报准备，通常要求学生以小组为单位，以PPT的形式向全体师生演示和汇报，其他组的同学提问并指定此组的某个成员回答，若回答不出可由此组另外的同学补充回答，要求每个组员都要参与演讲或回答问题	40
结果评价	1）学生对整个实施过程自评； 2）邀请友谊小组进行互评； 3）教师综合评价	评价表		1
技术文件整理编写	1）整理工作记录； 2）整理相关技术资料并归档	工作记录、技术资料		5

表 7－6　学生自评表

<table>
<tr><td>学习情境</td><td>家用照明电路的制作与测试</td><td rowspan="2">学习目标</td><td rowspan="2" colspan="2">1）会进行单相交流电路中电器的功率计算
2）能安装照明电路
3）能安装低压配电板
4）能准确使用测量仪表
5）能够分析处理常见的单相交流电路故障</td></tr>
<tr><td>任务 1</td><td>低压配电板的制作（含漏电保护器的安装）与测试</td></tr>
<tr><td>学生姓名</td><td colspan="2"></td><td>标准分值</td><td>实际得分</td></tr>
<tr><td rowspan="5">计划与决策</td><td colspan="2">是否查询了相关资料</td><td>2</td><td></td></tr>
<tr><td colspan="2">是否了解了低压配电板的安装</td><td>2</td><td></td></tr>
<tr><td colspan="2">是否考虑了安全保护措施</td><td>2</td><td></td></tr>
<tr><td colspan="2">设计的实训和仿真实训操作步骤是否合理</td><td>2</td><td></td></tr>
<tr><td colspan="2">小组计划（分工）是否合理</td><td>2</td><td></td></tr>
<tr><td rowspan="5">实施</td><td colspan="2">正确完成低压配电板的安装</td><td>35</td><td></td></tr>
<tr><td colspan="2">正确完成低压配电板电路的接线</td><td>20</td><td></td></tr>
<tr><td colspan="2">准确使用测量仪表进行测量</td><td>5</td><td></td></tr>
<tr><td colspan="2">正确处理常见的单相交流电路故障</td><td>10</td><td></td></tr>
<tr><td colspan="2">正确进行仿真实训</td><td>10</td><td></td></tr>
<tr><td rowspan="3">检查与评估</td><td colspan="2">是否能认真描述困难、错误和修改内容</td><td>4</td><td></td></tr>
<tr><td colspan="2">对自己的工作评价情况</td><td>2</td><td></td></tr>
<tr><td colspan="2">是否检验了实训结果</td><td>4</td><td></td></tr>
<tr><td colspan="3">总分</td><td>100</td><td></td></tr>
<tr><td colspan="2">对规定时间的把握</td><td colspan="3">□超前　　□准时　　□延时</td></tr>
<tr><td colspan="2">做得不好的内容</td><td colspan="3"></td></tr>
<tr><td colspan="2">做得好的内容</td><td colspan="3"></td></tr>
<tr><td colspan="2">困难所在</td><td colspan="3"></td></tr>
<tr><td colspan="2">改进内容</td><td colspan="3"></td></tr>
<tr><td colspan="2">对自己的评价</td><td colspan="3">□满意　　□较满意　　□一般　　□不满意</td></tr>
</table>

采用引导文教学法进行教学，引导文工作页给学生提供了清晰的学习思路，让学生在一步步回答引导问题的同时，完成工作任务，这种方式更易于学生接受和认可。学生在整个教学过程中处于主导地位，学习方式由被动学习转变为主动学习。要想完成任务，每个学生都必须参与到小组工作当中，他们动手、动脑、动笔的机会大大提高，这种全程参与

的行为激发了学生思考问题的兴趣，增加了学生学习的积极性。并且，学生在任务完成的过程中，需要查找文献、制订方案、做出决策、动手实践、与人合作、汇报演讲，这一系列的工作将促使学生提高其知识水平，增强其自主学习能力、团队合作能力以及动手能力。

【参考视频】

7.4 教学评价与反思

（1）小组为单位观看成员“指针式万用表使用”模拟上课后，结合表 7－6 进行教学评价，教学者进行教学反思。

（2）请观摩教学并用表 7－7 点评案例 1、案例 2。

表 7－7 教学评价表

序号	测试项目	测评要素	自己评价	小组评价	教师评价
1	引导文设计（30）	问题能激发学生思考			
		引导问题有梯度、难易适当			
		问题跟完成相应工作步骤紧密相连			
2	教学设计（30）	了解课程的目标与要求、准确把握教学内容			
		能根据学科的特点，确定具体的教学目标、教学重点和难点			
		教学设计体现学生的主体性			
3	教学实施（30）	情境创设合理，关注学习动机的激发			
		教学内容表述和呈现清楚、准确			
		有与学生交流的意识，提出的问题富有启发性			
		板书设计突出主题，层次分明；板书工整、美观、适量			
		教学环节安排合理；时间节奏控制恰当；教学方法和手段运用有效			
4	教学评价（10）	能对学生进行过程性评价			
		能客观地评价教学效果			

第8章

任务驱动教学法

【本章教学课件】

8.1 教师工作任务

假如你是一名到中职校进行教育实习的职前教师，接收到对学生进行“晶体管的类型与引脚的检测与判断”一节的教学任务。请针对该教学任务完成教学设计工作页，进行教学实践，教学反思。

任务驱动教学法中，教师的工作任务概况如表8-1所示。

表8-1 教师工作任务概况

工作流程	设计意图
教学工作过程：教学设计（教学内容与课程标准分析；教学对象分析；教学重难点的确定；教学媒体的选择；教学流程设计；引导文设计）；教学实施；教学评价与反思	以教师的教学设计过程为导向
学习目标	**设计意图**
1）知道任务驱动教学法的教学过程； 2）会判断教学内容是否适合任务驱动教学法； 3）能够设计任务； 4）能够根据教学任务进行教学设计	明确的目标引导学习的方向

8.2 教学设计

晶体管的类型与引脚的检测与判断

阅读案例，以小组为单位，完成以下要求：

（1）请根据第 2、3、4 章的内容完成教学设计工作页表格中的内容（与第 7 章教学设计工作页形式相同）。

（2）完成“晶体管的类型与引脚的检测与判断”的任务驱动教学流程设计。

【知识链接】

任务驱动教学法，是指教师将教学内容设计成一个或多个具体的任务，力求以任务驱动，以某个实例为先导，进而提出问题引导学生思考，让学生通过学和做掌握教学内容，达到教学目标，培养学生分析问题和解决问题的能力。它是一种以学生主动学习与教师加以引导相结合的教学方法，既符合探究式的学习模式，又符合教学的层次性和实用性。它可以让学生在完成“任务”的过程中，形成分析问题、解决问题的能力，以及独立探索的学习精神和与人合作的精神。

1. 任务驱动教学法的含义

“任务驱动教学法”是建立在建构主义学习理论基础上的一种现代教学方法，将教学内容分解为若干个教学或学习任务，以解决问题和完成任务作为教和学的中心。从教师角度来说，“任务驱动法”是引导学生自主学习的有效教学方法。教师是任务的设计者、学生完成任务的引导者，体现教师的主导地位。从学生角度来说，“任务驱动法”是激发学生主动学习的学习方法。学生成为任务的执行者，在教师的指导下探索互动协作完成任务，充分发挥学习过程的主体地位。

“任务驱动”的教学全过程是以学生完成具体任务为教学活动中心。学生在完成任务的强烈动机驱动下，通过对任务进行分析讨论，找到完成任务涉及的知识，提出完成任务的假设和方案，并在教师的指导下自主探索，互相协作。在完成任务的过程中达到知识意义的构建。这样，学生得来的知识概念在他们的记忆中保存的时间要比单纯来自教师讲授或阅读课本长得多。学生在学习过程中被赋予了更多的责任，这就影响了他们的学习，促使他们更多地关注自己的学习是否达到成功。同时，在探索解决问题的过程中，提高了学生的动手能力和解决实际困难的能力及素质，培养了学生的合作精神。

2. 任务驱动教学法的特征

任务驱动教学法的基本特征是“以任务为主线，教师为主导，学生为主体”。

1）任务为主线

在任务驱动教学法中，任务的设计处于核心位置，任务贯穿于整个教学过程。考虑学生的个性发展，任务还可分为指定性任务和开放性任务，指定性任务是按照教师的具体要求完成的任务，开放性任务是教师制订主题，鼓励学生自主发挥的有创新意义的任务。任务是课堂教学的主线，教师首先通过创设问题情境把所要学的内容巧妙地隐含在一个个任务中，要求学生带着任务去学习；然后，教师通过课堂查看学生完成任务的情况，再针对各种情况指导学生探索完成任务的途径；最后随着任务的完成，进行课堂小结，方法归纳，使学生通过完成任务达到掌握所学知识的目的。

2）教师为主导

在传统教学模式中，教师处于主体地位，授课时是教师讲，学生听，学生被动地接受

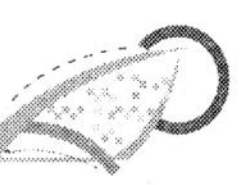

学习，不能充分调动学生的积极性。任务驱动教学法要求教师改变传统角色，从传统的向学生传递知识的权威角色转变为学生学习的导师。教师不仅要在学习内容上引导学生达到学习目标，而且要在学习方法和技能方面指导学生。在任务驱动教学法中，教师的主导作用体现在以下几个方面。

(1) 任务的设计者：教师通过分析学生，分析教材，制订出任务。

(2) 任务情境的创设者：建构主义学习理论强调创设真实的情境。创设情境是任务完成的前提，需要教师创设有利于完成任务的情境。

(3) 完成任务的指导者：学生在完成任务的过程中不会一帆风顺，需要教师根据学生需求及时提供有效的帮助，及时给学生提供帮助，保证任务的顺利完成。

(4) 任务完成的评价者：教师要对学生完成任务的情况制订一定的评价标准，并给予评价。

(5) 课堂的监控者：信息技术课堂是动态的，教师通过巡视课堂，了解学生完成任务的情况，全面引导学生朝着完成任务的方向努力。

3) 学生为主体

学生是学习的主体，“任务驱动”是适用于学习信息技术方面的知识和技能，有助于发挥学生主体地位。在教学实践中，学生主体性主要表现为自主性、创造性和协作性，具体表现在以下几个方面。

(1) 激发学生学习的欲望。现代学习理论认为，学习动机有两种：一种是外在动机，由外部诱因所引起，诸如考试的压力、父母的奖励、教师的赞许等，表现为心理上的压力和吸引力；另一种是内在动机，指由学习者对学习的需要、兴趣、愿望、好奇心、荣誉感等内在因素转化来的，具有更大的积极性、自觉性和主动性，对学习活动有着更大、更为持久的影响。当代学习论认为，教学的根本任务就是要激发学习者的成就动机，形成主动学习、自主建构的良性循环。

从这一基本理论出发，任务驱动教学本质上是通过任务来诱发、加强和维持学习者的成就动机，也就是说，成就动机才是学生学习和完成任务的真正的动力源泉。建构主义认为，学习应该是积极的，教师精心设计的任务可以引起学生的注意，激发其主动投入执行任务的过程中，在这个过程中，任务对学生就是一个兴趣、一种“催化剂”，促进他们积极学习，通过完成任务，使他们有成就感、满足感，从而激发他们更积极地学习，形成了一个感知心智活动的良性循环。

(2) 培养学生自主学习的能力。任务驱动法将学生置于与当前学习主题相关的、尽可能真实的学习情境中，使学生的学习直观化，形象化。这些生动直观的形象可以有效地激发学生联想，唤起学生原有认知结构中有关的知识经验，有利于学生利用原有知识经验去“同化”或“顺应”新知识。当完成一个任务后，成就感驱使他们提出新的问题，再试着解决，循环往复，最终完成总任务。在任务完成过程中，真实的学习情境、强烈的好奇心驱使学生主动探索和发现，完成有关知识的建构，从而增强自主学习的能力。

(3) 培养学生的创造能力。“任务驱动教学法”是一种伴随问题解决的教学方法，所有教学内容都蕴含在任务中，使学生从实际出发，提出问题、分析问题、解决问题，在解决问题过程中建构知识和掌握技能。任务驱动法彻底摒弃了传统课堂教学中的“传递—接受”模式，不再是简单告诉学生每步怎么做，而是培养学生自主思考的能力。学生可以根据自己的理解，自由选择解决问题的方法和途径。因为解决问题的方法是多种多样的，学生通过多角度、多方位的思考，便促进了思维的发展，培养了创造能力。

（4）培养学生的协作能力。教师的任务设计，既有独立的任务，又有协作完成的任务，所以学生在完成任务的过程中，不仅要与教师交流，还要与同学交流，在互动交流的过程中，学生彼此之间交换意见，既增长了知识技能，又促进了同学间良好的人际关系，进一步培养了学生的协作能力。

8.2.1 任务设计

请以小组为单位设计《晶体管的类型与引脚的检测与判断》教学用的任务。

【知识链接】

1. 任务设计的原则

1）目标性原则

围绕学习目标设计教学任务，注重学生已有的知识技能与新知识技能的衔接。可将学习目标分解成多个小知识点，把知识点转化成可操作的具体任务，通过完成任务掌握知识点和目标。

2）操作性原则

操作性指的是任务的动作化，教师设计一项学习任务时必须充分考虑这项学习任务的可操作性。例如，在学习晶体二极管时，给学生设计的任务是“制作直流稳压电源”，通过具体的电子产品制作过程理解晶体二极管的单向导电性。

3）适宜性原则

适宜性指的是任务的难易程度适当。教师设计任务要注意阶梯性，应由易到难，逐步接近学习目标。

4）开放性原则

开放性指给学生提供完成任务的空间和创造空间，让学生的思维能充分释放，允许学生提出不同的完成方案。因为“条条大路通罗马”，不同的方案之间可进行比较，学生可在比较中学会创造，学会正确决策，达到取长补短的目的。

总之，在设计任务时，要结合学科知识和就业需求的特点，设计出以生活情境和学生需要为前提，有利于学生个性发展，有利于培养学生职业素养的任务。

2. 任务设计注意事项

“任务驱动”教学法的关键是任务的设计，教师在进行“任务”设计时主要应考虑以下几个方面的问题。

1）任务设计的生活性和趣味性

“任务驱动”教学模式中任务的设置首先要有趣味性，只有具有趣味性的任务才能驱动学生的学。人们常说：“兴趣是最好的老师。”如果设置的任务不能吸引学生的兴趣，不能调动学生的学习积极性，达不到学生积极主动参与学习的效果，就很难保证教学任务的

完成。学生的兴趣往往来源于生活，如何解决生活中遇到的各种问题（或者学到的知识和完成的任务能够运用到生活当中）常常是他们感兴趣的内容之一。

2）任务设计的差异性

在设计任务时，既要考虑学生的差异，又要考虑知识的特点和难易程度，一般可按基本任务、提高性任务和探索任务三个层次来设计，如表8-2所示。

表8-2 任务层次表

层　次	任务驱动	教学实例	角色的分配	
			教师	学生
基本任务	要求十分明确，包含所要学的新知识、新方法	新建DXP工程，根据放大电路样例，画出PCB图	提供一个具体的PCB布线图样例	完全按照教师的要求去做
提高性任务	适合发展较好的学生	新建DXP工程，根据电路原理图，画出PCB图	给出具体电路原理图（包含电路中元器件参数）	自由发挥，创作出包含创意的作品
探索性任务	适合模块的综合性练习	根据放大倍数，设计元件参数，新建DXP工程，画出PCB图	只给出一些要求（如放大倍数、芯片）	完全由自己设计电路与参数、布线

3）任务设计的合作性

由于学生采用小组合作学习的方式，所以任务的设计应充分考虑小组各成员的分工需要，要让任务的完成依赖于小组内全部成员的努力，并要求总任务可分解成小组内不同能力类型的学生都能独立完成的分任务。这样可充分调动小组内每个成员的积极性，让他们体验到合作带来的效率，感受到合作拥有的快乐，并促进小组成员间情感的交流，从而促进合作意识的增强和合作能力的提高。

将所要学习的新知识隐含在一个或几个任务之中，学生通过对任务的分析、讨论，明确大体涉及哪些知识，并找出哪些是旧知识，哪些是新知识，然后在教师的指导、帮助下找出解决问题的方法，最后通过任务的完成来实现对所学知识的意义建构。事实上教师并不是简单地给出任务就了事，重要的是要让学生学会学习，使学生处于积极的学习状态中，使每一位学生都能根据自己对当前任务的理解，运用共有的知识和自己特有的经验提出方案、解决问题，为每一位学生的思考、探索、发现和创新提供开放的空间。

8.2.2 任务设计案例

案例1 直流稳压电源的制作与调试

“直流稳压电源的制作与调试”任务设计如表8-3所示。

表 8－3　《直流稳压电源的制作与调试》任务设计

任务分析

“直流稳压电源的制作与调试”是《电子技术基础》教材中模块一的内容。直流稳压电源在电子产品中应用十分广泛，设计此任务，能够贴近学生实际生活，激发他们的兴趣和求知欲。根据电子技术应用专业教学计划的要求，《电子技术基础》在入学后第二学期开设。此时，《电工技术基础》和《整机装配工艺》等课程的教学任务已经完成。

学生已掌握电压、电流等基本概念，以及电阻、电容、电感等常用元器件的特性和基本应用。在技能方面，学生能够熟练运用焊接技术和使用常用仪器仪表。

通过任务分析，查找资料，小组讨论，学生绘制出直流稳压电源方框图，如图 A 所示。

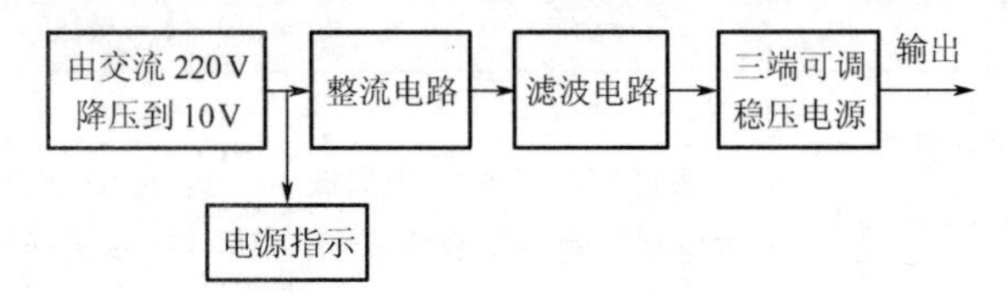

图 A　直流稳压电源方框图

根据直流稳压电源的技术指标及要求，其电子线路设计如下：

(1) 由变压器 T 将市电 220V 交流电降为低压；

(2) 经过二极管 $VD_1 \sim VD_4$ 组成的整流电路，利用二极管的单向导电性将低压交流电转换成单向脉动的直流电；

(3) 利用电容 C_1 两端电压不能突变的特性，滤除单向脉动直流电中的交流成分；

(4) 通过三端式集成稳压器稳定由于电网电压波动、负载变化等引起的输出电压的变化。

学习目标

总学习目标：通过对简易直流稳压电源的制作，掌握晶体二极管的单向导电性、二极管的参数选择以及直流稳压电源的工作原理等相关理论知识，同时增强对电子产品的制作工艺的认识，提高学生的动手操作能力。

具体的学习目标：如表 A 所示。

表 A　具体的学习目标

学习任务：直流稳压电源的制作与调试		
学习目标	认知目标	1) 晶体二极管、电容的特性和作用； 2) 整流、滤波电路的工作原理； 3) 三端集成稳压器的工作原理
	能力目标	1) 主要元器件的选择； 2) 直流稳压电源的制作； 3) 示波器的使用； 4) 电源电路的设计和调试
	情感目标	培养学生间团队合作意识和探索创新精神
教学内容分析	重点	整流、滤波的工作原理
	难点	直流稳压电源性能指标的测量方法

为了提高完成任务的实效性，把学生分成合作小组。分组以能力互补为基本原则，结合班级的综合情况及学校的实验条件。一般每组 3～4 人，选定一个人负责。要求学生以学习任务为中心，运用集体智慧，通过讨论提出完成“学习任务”的最佳预案，可以借助教师提供的相关资料来完善方案

（续）

教学设计

1. 工作任务单

【参考图文】

任务一　根据方框图设计整流电路（如图 B 所示）。

任务二　手工制作 PCB（如图 C 所示）。

任务三　安装三端可调稳压电源（如图 D 所示）。

任务四　整机调试与故障排除。

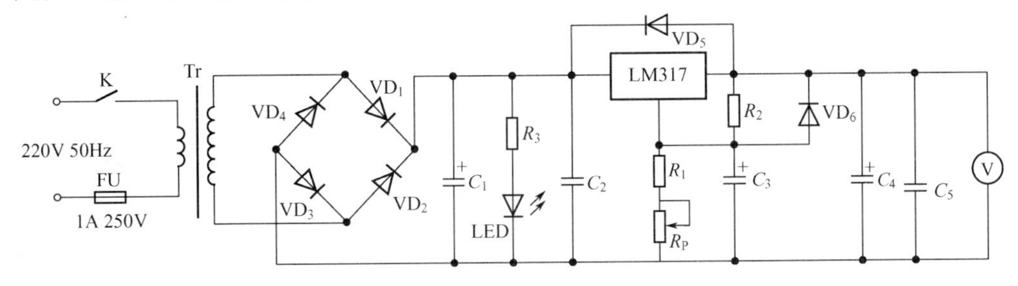

图 B　直流稳压电源原理图

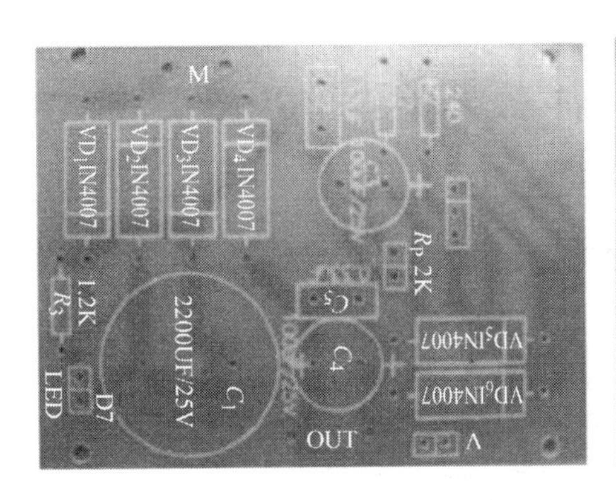

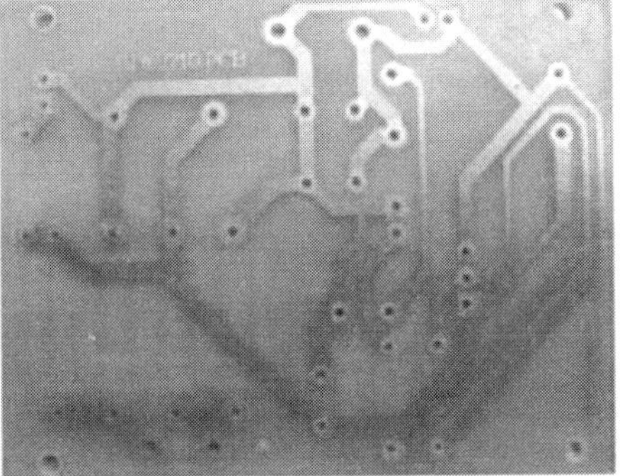

图 C　直流稳压电源印制电路板正、反面图

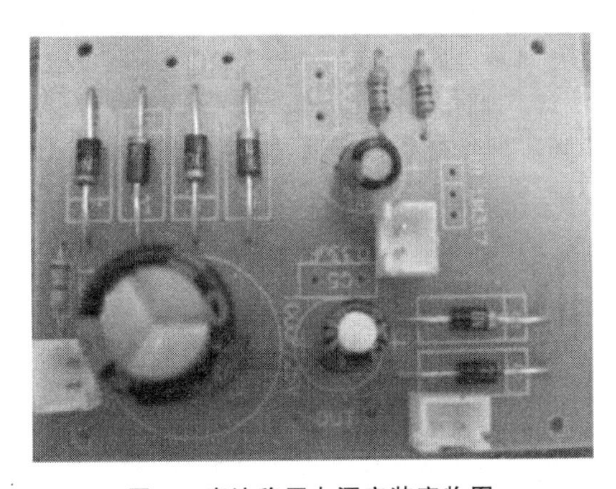

图 D　直流稳压电源安装实物图

（续）

教学设计

2. 知识链接

相关的知识如表 B 所示。

表 B　相关的知识

知识点	名　　称	内　　容
知识点一	二极管及其整流电路	（1）二极管结构和符号以及分类； （2）二极管的伏安特性及其曲线形式； （3）整流电路的组成及工作原理
知识点二	滤波电路	（1）滤波电路的分类； （2）滤波电路的组成与工作原理
知识点三	三端稳压电路	（1）稳压二极管的基本知识； （2）并联稳压电路的组成与工作原理； （3）集成稳压器及其应用

案例 2　有源音箱的设计与制作

“有源音箱的设计与制作”任务设计如表 8-4 所示。

表 8-4　“有源音箱的设计与制作”任务设计

任务分析
“有源音箱的设计与制作”是《电子技术基础》教材中模块三的内容。这个模块涉及的是功率放大器的理论知识，有源音箱是功率放大器最常见的应用形式，也是学生非常熟悉的电子产品。设计此任务，把学生亲手设计和制作的产品转变为他们的生活用品，学以致用，使学生在成就感中树立信心，为今后的职业规划找到了方向。它既是电子产品生产基本技能和工艺知识入门的向导，又是创新实践的开始和创新精神的启蒙。电子专业的学生毕业后尽快适应岗位的需要，改革现行的电子实训教学内容和教学方式，高起点的培养电子产品的设计制造人才，以满足制造业发展对人才的需要。 本案例在设计理念上突出电路的设计，学生在理论学习基础上尝试电子产品的开发，培养学生收集、整理信息的能力。同时，让学生自己制订和细化工作任务，以培养学生的就业岗位意识。
学习目标
总学习目标：根据教师提供的性能指标设计并制作一个有源音箱电子产品，掌握功率放大器的工作原理，了解电子产品的设计过程。 具体的学习目标：如表 A 所示。

（续）

学 习 目 标

表 A　具体的学习目标

学习任务：有源音箱的设计与制作		
学习目标	认知目标	1）集成功率放大器的组成与工作原理； 2）集成功率放大器的不同类型； 3）功率放大器的主要性能指标与测试方法
	能力目标	1）能够设计简单的应用电路； 2）能够按照工艺要求正确安装、调试集成功率放大器； 3）能够使用仪器仪表测试电路的性能指标； 4）具备对集成功率放大器典型故障分析和检修的初步能力
	情感目标	培养学生自主探究、团结合作的意识
教学内容分析	重点	功率放大器的作用及工作原理
	难点	集成功率放大器的组成及性能指标测量

教 学 过 程

知识链接

相关的知识如表 B 所示。

表 B　相关的知识

知识点	名　　称	内　　容
知识点一	功率放大器的基本知识	（1）功率放大器及其特点； （2）功率放大器的分类； （3）分立电路功率放大器
知识点二	集成功率放大器	（1）集成功率放大器的性能指标； （2）集成功率放大器的组成及原理

8.3　教学实施

请以小组为单位在微格教学实验室或专业实验室进行模拟上课，准备课后进行教学评价。

【知识链接】

1．任务驱动教学法适用的教学内容

任务驱动教学法是以培养学生心智技能或操作技能为目的，教师设置并提出可以考核的、体现技能要求的工作任务，结合学生易感知的实例或实物，讲解完成该任务所需要的相关知识，演示完成该任务的操作步骤与要点，学生在理解所讲内容的基础上，顺利完成该任务，掌握所要求的心智技能或操作技能的教学技能。

“任务驱动”的前提是“任务”。人们通常所说的学习“任务”，指的是需要通过某种学习活动完成的某件事。默写单词、背诵唐诗、解数学题，这些都是学生在学习中必须完成的“任务”。传统教学的任务主要是知识的获取，只要学生在一个单元时间内学习并掌握了某个“知识点”，就是为完成了单元学习任务。因此，传统课堂教学法任务定位为“掌握知识点”，可形象地称为“知识点驱动”。在任务驱动中，必须对学生将要完成的事项提出最终结果的要求。完成任务的表现形式可以是完成一件作品（如一篇演示文稿），或者是进行一次口头报告（如解释某一特定主题），或是这些任务不同程度的综合。

“任务”是指来自于生产一线的、经过教学加工的、与专业和职业类型配合的典型学习任务。任务设计是整个教学设计的关键，任务是教师课前精心设计的，隐含了学生应该掌握的知识和技能，以及获得的能力训练。

2. 任务驱动教学法流程

任务驱动教学法包含六个步骤：咨询、计划、决策、实施、检查、反馈评估，如图 8.1 所示。任务驱动教学法各环节的意义如表 8－5 所示。

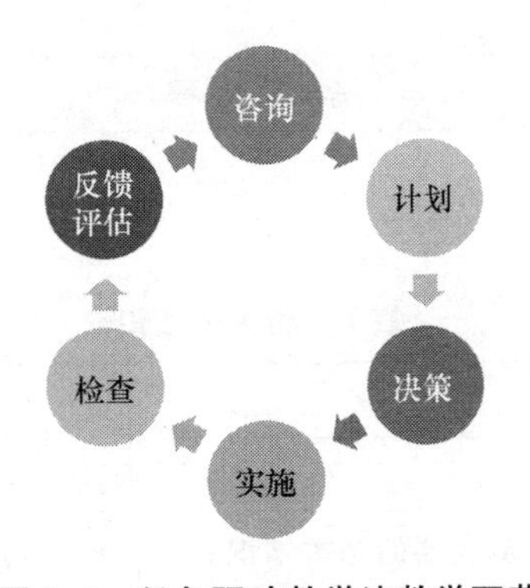

图 8.1　任务驱动教学法教学环节

表 8－5　任务驱动教学法各环节的意义

教学环节	教学环节意义	给教师的建议
咨询	给出咨询并分析任务，是任务正确执行的前提	学生接受任务后，先进行讨论。教师指导学生回顾已有知识和查阅相关资料，分析任务并提出问题
计划	分析任务（可采用头脑风暴法），得到完成整个任务需要的人员、知识、实践、设备材料等，并做出初步的工作规划	让每个学生充分发表意见，要让学生充分理解任务要求，探讨如何去完成任务，在完成任务过程中可能会遇到哪些难以解决的问题
决策	通过教师启发和引导，让学生自己提出问题并一起解决	教师要引导学生去解决问题，激发学生主动求知的欲望，使学生积极地去学习和理解新知识，从而实现主动学习的目的

（续）

教学环节	教学环节意义	给教师的建议
实施	设计好工作步骤后，学生要通过多种途径、方法和手段去完成任务	学生可以围绕任务查阅资料，进行尝试探讨
检查	教师观察学生在教学过程中与教学任务的配合情况，灵活地调控教学的推进	教师要想一些办法让学生都动起来，如合理分配时间，促进学生间的合作，让每个学生都参加到学习活动中去
反馈评估	对任务进行评估，是教学效果的重要反馈，是学生知识形成并产生成就感的重要阶段	教师在课堂教学中要组织小组进行成果展示或小组总结，同时要求学生展开互评，必要时教师进行点评

任务驱动教学实施过程中应注意以下要点。

1）创设情境、提出任务

建构主义学习理论认为：学习只有与一定的情境相联系，才能让所学知识和技能在学习者的记忆中留下较深的印记。因此，学习电子技术，教师应该创设与工作环境相似的学习情境，引导学生带着任务走进这种学习环境，让学生体验在具体的工作环境中完成任务、掌握知识技能的过程，从而实现知识系统的建构。

学习情境的创设是把理论知识与实际应用环境结合在一起，为学生能够顺利掌握相应技能而设计的真实的工作环境。

在学习任务“整流滤波电路”中创设了这样的学习和工作环境：让学生拿出自己的手机充电器放在桌子上，要求学生观察充电器的构造并说出它的用途，以及充电器采用的电路是什么。学生用已有的知识讨论可能使用的基本电路，并画出方框图。例如，教师提出制作一个简易直流稳压电源的任务，并创设制作简易直流稳压电源的学习情境，学生置身这个真实的学习环境中，产生了极大的尝试兴趣。同时分组合作的竞争让学生发挥了自己的最大潜能，任务完成的过程给学生留下深刻印象。

2）分析任务、明确目标

在学生接受任务后，教师要引导其积极地进行思考，可采取头脑风暴法，让每个学生充分发表意见，理解任务要求，探索完成任务的最佳途径。也可视具体情况把总任务细化为若干“子任务”，使学生明确目标，保证学习方向和目标。

3）小组合作、完成任务

持续发展的教学模式，以期改变以前沉闷的课堂气氛，基本的指导原则就是让学生在“任务中学习”和“通过任务学习”。

8.3.1 教学实施案例

案例1 直流稳压电源的制作与调试

“直流稳压电源的制作与调试”的教学实施方案如表8-6所示。

选取任务一的教学过程来说明任务驱动教学法在课堂教学的实施。

表8-6　“直流稳压电源的制作与调试”的教学实施方案

教学过程			
教学过程	教师任务	学生任务	设计目的
1. 任务设计	教师应根据学习目标在课前进行任务设计，在本节课的教学环节要为学生顺利完成任务做好铺垫，条理清楚、思路清晰	对本节课程理论内容进行预习，进行市场调查，收集资料	巧妙的任务设计既要结合教学大纲也应根据学生自身特点，把握难易程度
2. 创设情境，课程导入，提出问题	教师先拿出干电池、蓄电池、充电器等进行作品展示。提出问题： ① 干电池提供的是交流电还是直流电？这些电子产品在日常生活中常见，很容易引起学生好奇心和注意力。 ② 不用充电器，手机能直接插在插座上充电吗？这样多方便啊！教师提出问题，引导学生回顾有关直流电和交流电的相关知识。 ③ 怎样才能把交流电变换为所需的直流电呢	观察展示作品，随着教师的问题思考，小组讨论	理论依据：学习只有与一定的情境相联系，才能让所学知识和技能在学习者的记忆中留下较深的印记。 启发：学习电子技术，教师应该创设与工作环境相似的学习情境，引导学生带着任务走进这种学习环境，让学生体验在具体的工作环境中完成任务、掌握知识技能的过程，从而实现知识系统的建构
3. 学生分组，共同讨论，教师提出任务，学生明确任务	经过学生讨论，教师讲解，得出整流电路是交流电转变为直流电的关键。教师给出以上任务后，与学生共同讨，并将任务细化。例如，这个符号见过吗？听说过二极管吗？它有哪些用途呢？等等。教师要适度联系学生的现实生活和以前所学知识，引导学生通过回忆、再现，激活学生思维，鼓励每个学生提出自己的问题并加以表扬。学生明确任务后，进行小组分工。 对于一些关键、难点问题，教师采用多种形式启发学生，让他们领会任务的要领，避免走弯路，不将问题复杂化	1）学生积极参与讨论； 2）认真听取教师讲解； 3）明确任务，小组分工进行准备，学生要仔细观察，认真思考	理论依据： 小组合作利于培养学生的创新精神，合作意识和开放视野。 启示 学生积极投入地学习，体现了学生的主体作用，培养了学生自主学习的精神

（续）

教学过程	教师任务	学生任务	设计目的
4. 合作探索、寻找方法、操作实践	1）出示样例作品，鼓励学生从样例作品中得到启示，思考任务解决方法； 2）巡视指导，必要时给予适当点拨； 3）给学生留有足够的思考和自由发挥的空间，激发学生不断地去尝试； 4）掌控学生的实施进度，在学生遇到困难的时候给予必要的指导，强调实训操作安全	1）各小组根据任务要求，从对元器件的识别、选取、测量，到电路的搭接，充分发挥各个成员的智慧，设计电路方案。 2）学生尝试完成任务，进行实践操作，由手生到手熟。每个小组成员都必须尝试操作一遍。个别同学如果操作不熟练或出现错误，可由操作熟练的同学指点。 3）完成任务后，在教师的监督下通电试验，并做好任务小结，准备展示	理论依据： 合作学习（Learning Together）社会心理学基础：当所有人聚在一起为一个共同目标而工作的时候，靠的是相互团结的力量。相互依靠对个人提供了动力，使他们互勉、互助、互爱。 心理学理论表明：良好的人际关系能促进学生的认知、情感和行为三种不同层次的学习心理状态的提高。小组合作学习为学生创设了一个能在课堂上积极交往的机会，对于学生形成良好的人际关系及在交往中养成良好的合作意识，培养合作能力等方面都是有极大作用的。从激发学生主体性而言，学生是学习的主体，这就要求在较短的课堂时间内给予学生较为充裕的活动时间，包括相互交流、相互启发、探索创新的时间，而小组合作学习就较好地解决了这一矛盾，使学生能在和谐的气氛中，共同探索、相互学习、逐步培养他们的探索精神和创新意识。 启示：学生在合作实践操作中，拥有了相关知识、技能态度和职业素养，有一定职业技术含量

（续）

教学过程	教师任务	学生任务	设计目的
5. 展示成果，教师讲评，知识构建	1）学生作品展示，学生自评、互评 2）教师首先要对学生完成任务的正确性进行评价，对出现的问题和错误要及时矫正，反馈给学生正确的知识信息。其次，对学生在完成任务时表现出来的态度，发挥出来的能力和创造性也要给予恰当的评价，激发学生进一步探求知识的欲望	1）每位小组成员根据个人在完成任务过程中的表现进行量化考核；同时小组间也要进行互评； 2）各小组代表对任务实施过程出现的问题和成功的经验进行总结； 3）学生相互交流经验，并进行及时有效的反思	分析：学习成果的展示是激发学生学习的主动性和培养学生分析和判断能力的有效途径。课堂教学中教师在学习任务完成后要组织小组进行成果展示，要求学生展开互评，教师最后进行点评。这是学生知识构建同步提高并产生成就感的重要阶段。 启示： 1）教师对学习效果做出客观评价，以表扬鼓励为主。 2）提高学生的团队意识和综合运用知识的能力

【教学反思】

本案例能很好地完成教学任务，教学效果良好。采用任务驱动教学法，首先让学生的学习兴趣和积极性明显提高，学生在完成任务过程中边学边练，发挥其主观能动性。其次，增强了学生的主体意识，学生的综合应用能力和创造性得到了很好的发展，并学会了进行自我探究。再次，小组成员之间强调团队意识，在不断地讨论、否定中逐步走向成功，使每个人都有收获和成就感，树立自信心和相互尊重的理念。由于学生的个体差异，接受能力不同，仅仅凭借课堂教学，还不能达到最佳教学效果。因此，教师还要给学生布置探究型课外作业，引导学生主动思考，增加实践操作机会，弥补课堂教学的不足。

案例 2　有源音箱的设计与制作

“有源音箱的设计与制作”的教学实施方案如表 8 - 7 所示。

表 8 - 7　“有源音箱的设计与制作”的教学实施方案

教学过程
1. 创设情境，提出任务 教师将事先准备的一个有源音箱拿出来，让学生欣赏音乐，在学生陶醉其中时，突然没有声音了。在学生急切要了解原因时，教师提出问题：为什么会出现这种情况呢？那我们先从制作音箱开始了解音箱的设计。这样给学生提出了精心设计的任务：制作一个有源音箱。

（续）

教学过程

2. 新课教学

根据中职学校学生理论基础差、理解力低、爱动手的特点，以学生为中心，教师创设情境并提出任务，激发学生兴趣，动手实践、分析探究、体验感悟，让学生由感性认知到理性接受，真正实现手脑并用，获得理论和技能的双丰收，培养学生多方面的能力，为学生可持续发展做好准备。在教学中设计了六个环节：

（1）确定学习任务。

（2）提出细化任务计划。

（3）制订完成各项任务的方案。

（4）方案实施过程。

（5）检查调整。

（6）评价反馈。

各环节的具体要求如下所示。

教学各环节的具体要求

学习任务	学习小组在接到设计与制作有源音箱的任务之后，先明确工作任务和工作目标，通过收集市场信息，参观生产电子产品的企业，查阅相关资料，整理信息
分解任务	对功率放大器的相关理论知识进行分析，理解功率放大器的性能要求，设想出实施任务的内容、程序、阶段划分和所需条件等。在教师指导下确定有源音箱的原理图，要将任务具体化，说明产品的技术性能指标以及产品最终达到的效果。教师可以准备一些作品供学生参考，也可以提出改进意见
做出决策	各小组将本着民主的原则讨论出最佳的制作有源音箱的方案。然后由小组代表阐述本小组制作有源音箱的设计思路和创意，并进行小组间的讨论，指出存在的问题及改进措施。最后由教师进行点评，共同完善并确定有源音箱的制作方案，确保任务的可实施性
实施计划	1）设计原理图和印制电路板，如图A和图B所示。 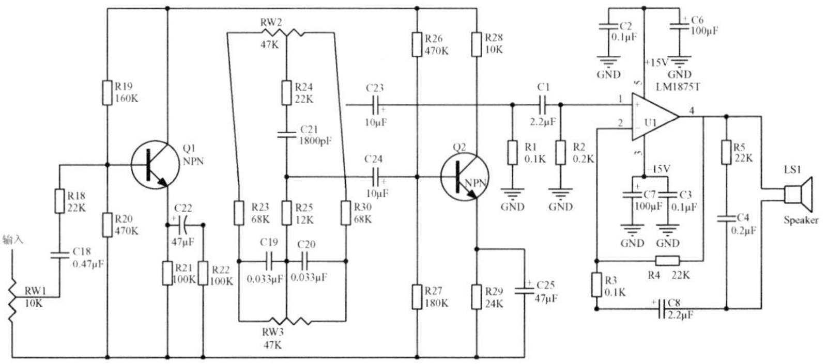 **图A　有源音箱的电路原理设计**

（续）

教学过程	
实施计划	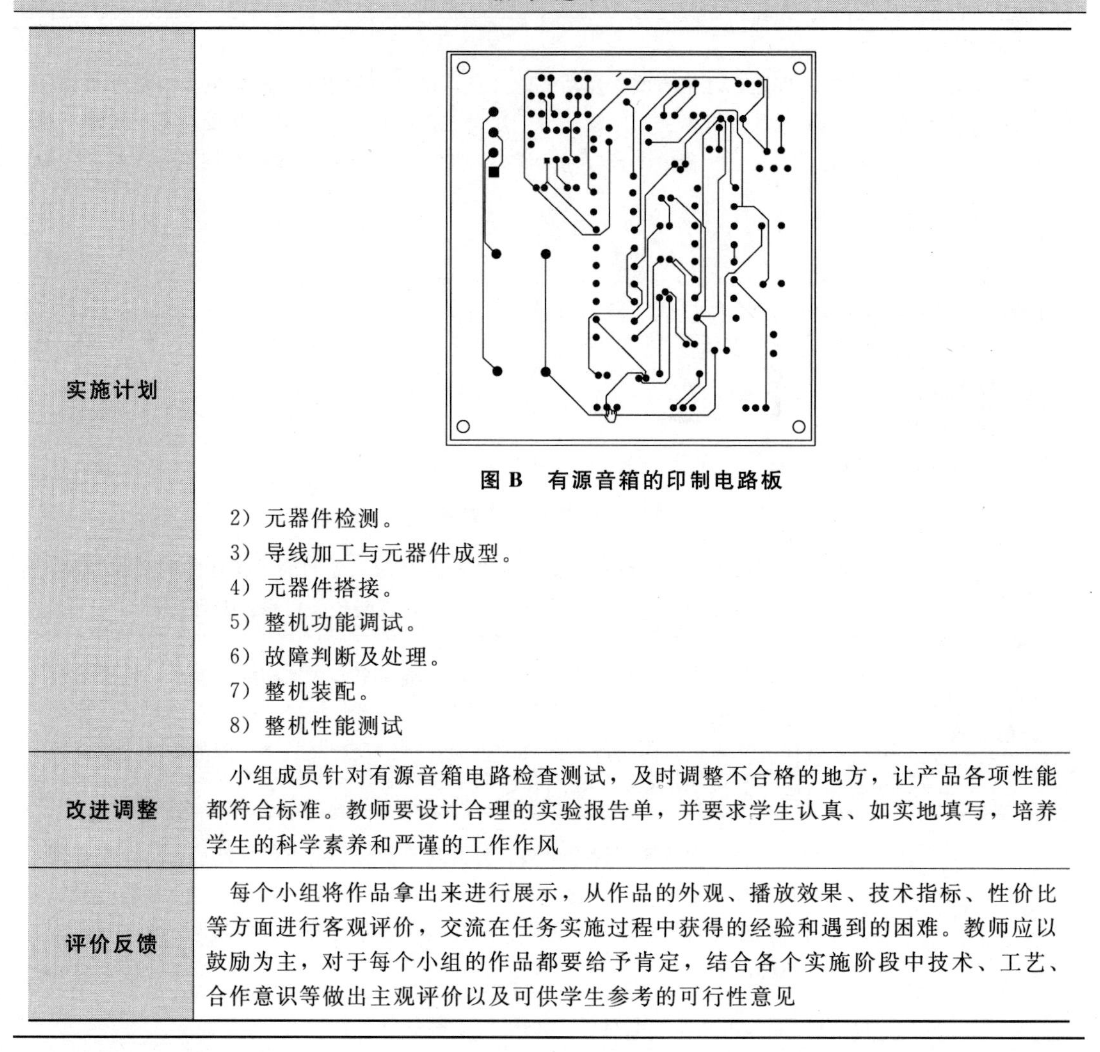 图 B　有源音箱的印制电路板 2）元器件检测。 3）导线加工与元器件成型。 4）元器件搭接。 5）整机功能调试。 6）故障判断及处理。 7）整机装配。 8）整机性能测试
改进调整	小组成员针对有源音箱电路检查测试，及时调整不合格的地方，让产品各项性能都符合标准。教师要设计合理的实验报告单，并要求学生认真、如实地填写，培养学生的科学素养和严谨的工作作风
评价反馈	每个小组将作品拿出来进行展示，从作品的外观、播放效果、技术指标、性价比等方面进行客观评价，交流在任务实施过程中获得的经验和遇到的困难。教师应以鼓励为主，对于每个小组的作品都要给予肯定，结合各个实施阶段中技术、工艺、合作意识等做出主观评价以及可供学生参考的可行性意见

【教学反思】

本次课采用任务驱动教学法达到了较好的课堂效果，学生在轻松的气氛中掌握了知识，成功的满足感溢于言表。教学以使用有源音箱播放流行歌曲来创设情境，从一开始就吸引了学生，激起了学生强烈的好奇心。学生积极参与整个产品的设计过程，感性和实践不断提高，投入其中的感情和心血，使他们更加珍惜自己的劳动成果。同时，在实践教学过程中，学生的积极性和注意力并不能持久，这就需要教师在每个教学环节中都能通过创设情境等手段激发学生的内在学习动机，实现学生学习由“要我学”到“我要学”的转变，使自主性学习有一个长久的动力，以推进任务驱动教学法持续、有效地进行。

课堂教学结束后，通过布置课外探究作业，使学生在科学的道路上勇于探索、勇于发现，努力提高学生的创新设计能力和科学素养，突出学生的主体地位。由于学生的个体程度不同，不能机械地用一个模式和标准来要求和评价学生。

8.4　教学评价与反思

以小组为单位观看成员《晶体管的类型与引脚的检测与判断》模拟上课后，结合表8-8进行教学评价。

表8-8　教学评价表

序号	测试项目	测评要素	自己评价	小组评价	教师评价
1	任务设计(30)	任务具有生活性和趣味性			
		任务围绕学习目标设计			
		任务具有合作性			
		任务具有开放性			
2	教学设计(30)	了解课程的目标与要求，准确把握教学内容			
		能根据学科的特点，确定具体的教学目标、教学重点和难点			
		教学设计体现学生的主体性			
3	教学实施(30)	情境创设合理，关注学习动机的激发			
		教学内容表述和呈现清楚、准确			
		有与学生交流的意识，提出的问题富有启发性			
		板书设计突出主题，层次分明；板书工整、美观、适量			
		教学环节安排合理，时间节奏控制恰当，教学方法和手段运用有效			
4	教学评价(10)	能对学生进行过程性评价			
		能客观地评价教学效果			

【本章教学课件】

第9章 技术实验教学法

职业技术教育的一个重要特性就是实践性。实践性教学主要有实习、实验、设计、野外考察、社会调查等，其中实验教学在职业技术教育教学中（无论是基础课和专业课教学）得到了广泛的应用。

9.1 教师工作任务

假如你是一名到中职院校进行教育实习的职前教师，接收到要对学生进行“最大功率传递定理”一节的教学任务。请对该教学任务完成教学设计工作页（见第7章教学设计工作页），进行教学实践，教学反思。

技术实验教学法中，教师的工作任务概况如表9-1所示。

表9-1 教师工作任务概况

工作流程	设计意图
教学工作过程 —教学设计 ——教学内容与课程标准分析 ——教学对象分析 ——教学重难点的确定 ——教学媒体的选择 ——教学流程设计 ——引导文设计 —教学实施 —教学评价与反思	以教师的教学设计过程为导向
学习目标	**设计意图**
1）知道技术实验教学法的教学过程； 2）会判断教学内容是否适合技术实验教学法； 3）能够设计任务； 4）能够根据教学任务进行教学设计	明确的目标引导学习的方向

9.2 教学设计：最大功率传递定理

阅读案例，以小组为单位，完成以下要求：

(1) 请根据第2、3、4章的内容完成教学设计工作页表格中的内容（与第7章教学设计工作页形式相同）。

(2) 完成“最大功率传递定理”技术实验教学流程设计。

【知识链接】

1. 技术实验与科学实验

实验是经验学的主要元素。通过实验，实验者既可获得知识也可进行应用性研究。实验是一个过程，在此过程中实验者有意识地、系统地对研究对象与过程施加影响，以获取新的知识。

教育范畴内的实验教学法自然也承担着培养学生独立性和创造性的使命，但不应像在传统教学中仅把实验教学看作是用实验的方法来证明一个已知的理论。自从伽利略以系统的实验和观察推翻了以亚里士多德为代表的、纯属思辨的传统的自然观，开创了以实验事实为根据并具有严密逻辑体系的近代科学以来，实验的方法就成为获取新知识、传授前人经验的重要手段之一，并且在职业教育领域发挥着无可替代的重要作用。

技术实验与科学实验有所不同，具体如表9-2所示。

表9-2 技术实验与科学实验

科　　学	技　　术
为了发现自然规律，回答“是什么”和“为什么”的问题。 目的是现象之中求本质，以认识课题为己任	对于科学发现的规律进行的具体应用。 来自某种认识或者经验的升华，用于改造课题的活动
科学实验	**技术实验**
科学实验（scientific experiment）是人们为实现预定目的，在人工控制条件下，通过干预和控制科研对象而观察和探索科研对象有关规律和机制的一种研究方法。它是人类获得知识、检验知识的一种实践形式，如万有引力定律的发现、麦克斯韦方程组的发现等	技术实验（technical test）在技术活动中为了某种目的所进行的尝试、检验、优化等探索性实践活动，如同步卫星的使用、无线通信的应用等

2. 任务导向的先导性实验教学

陈永芳、姜大源两位学者对电子技术专业实验教学法进行了探讨，对传统的演示实验法和验证实验法的不足进行改革，在教学实践中设计的“任务导向的先导性实验教学法”，以实验作为电子技术教学的辅助手段，在学习新课程教学内容之前，要求学生通过完成序列实验任务实现已有知识的创新性应用和新知识引入。

基于电子技术课程存在许多“看不见、摸不着”的内容，要坚持以“直观”为出发点：学习新内容先不讲授理论，而以实验教学为先导，这是对抽象的技术性知识学习的一种“前瞻性”的教学尝试。通过序列实验任务的完成，学生不仅在已有知识的基础上扩充了知识面，掌握了科学的实验方法和学习方法，更重要的是在实验的过程中，逐步构建了对将要学习的新的技术理论的知识框架，这既有利于学习新技术、新知识，又有利于掌握科学的方法论。任务导向的先导性实验需要特别强调两个基本的教学原则。

1）教为主导与学为主体的原则

教学过程是教师的“教”和学生的“学”共同构成的“双向”活动。所谓“教为主导、学为主体”，这里教师主导作用的发挥是完成教学任务的前提条件，但作为“受体”的学生，在学习过程中不应是被动的而是一种独立、能动的“主体”。启发学生的兴趣，充分调动学生学习的积极性，才能将被动地接受知识的学习变为学生主动地获取和构建知识的行动，发挥教学的最大效率。

2）学中做与做中学统一的原则

在职业教育的教学过程中，学习的目的是为了应用，而通过应用又可使学生了解所学内容的应用条件和应用环境，以增进对所学内容的深层认识。前提性的、事实性的知识在学中做，边学边做；导出性的、策略性的知识要在做中学，边做边学。

在教学过程中两者相互交替，在教学内容上相互衔接，以利于学生知识的自我建构。通过动手发现问题、分析问题、解决问题，是探索式学习的重要途径。从认识论的角度看，多个信息通道的学习方式，尤其是动手，要比单纯的动脑有效得多。

任务导向的先导性实验教学法效果的好坏，取决于教学实验任务的设计是否合理。由于这一实验在传授新内容的教学之前进行，所以教师所设计的任务合理与否的标准，在于是否有利于学生通过实验“任务”在动手的过程中巩固旧知识、掌握新知识；是否有利于培养学生的实验技能、智力技能；是否有利于提高学生的联想思维、创新思维。

实验设计：请以小组为单位设计“最大功率传递定理”教学实验。

【知识链接】

1. 任务导向的先导性实验教学法的设计步骤

第一步，教师根据教学目标，精选主干教学内容，注意前后知识之间的联系，把握专业课程中最主导型的内容。要以这一主导型内容为红线展开实验任务。第一任务的设计必须以学生现有的知识为起点。

第二步，教师根据学生情况，确定实验任务情境。在这一环节中，实验任务的选择要考虑贴近学生实际生活，要选取有趣、易于激发学习欲的任务，还要设计实验任务的情况，以提高学生的学习热情和学习积极性。

第三步，教师根据递进特征，设计实验任务数量。整个实验教学中要求学生完成序列性的任务，故需分各个子任务来设计实验。各子任务之间的接口要自然，知识的衔接要有连续性，跨度不能太大，要明确提出各子实验任务的要求和目的。

第四步，教师根据经验预测，拟定实验引导问题。目的在于对实验过程中可能出现的

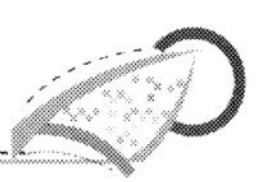

难点予以引导，启发学生根据已有知识寻求解决问题的方案，要有针对性地引出需进一步学习的新知识点，为新内容的学习打下实验基础。

2. 任务导向的先导性实验教学法的实施过程

将实验任务安排在讲授新的教学内容之前，学生通过完成由易到难的一组任务，达到逐步学习和掌握新知识的目的，具体的实施过程如下。

(1) 教学过程。

教学各过程如表 9－3 所示。

表 9－3 教学各过程

教学环节	学生任务	学生活动	设计目的
咨询与计划	学生自学课本中的有关理论知识，查找有关资料，设计实验方案，进行电路图设计	学生自己查询资料、调查市场，了解元器件的型号、功能，并准确选用	学生在获取信息的过程中接触社会实际，对从事设计工作帮助很大，也锻炼了社会交往能力
实施	学生进行电路制作与调试	学生要进行独立焊接、调试、测量、观察和分析工作，并做好实验记录和有关运算。遇到困难时以小组的形式开展讨论，小组成员必须协调合作	在合作中培养学生的参与意识，变被动接受知识为主动探索知识。这不仅调动了学生的学习积极性，而且帮助教师实现了角色转换：从纯理论知识的传授者变成了完成实验过程的协调人和实验任务的委托者

(2) 教学分析。要完成这一个个逐步递进的“直观”的实验任务，学生必须学会如何去获取信息，如何对信息进行加工处理，如何根据实验任务的目标制订计划，如何选择相关的实验线路和仪器、仪表，如何科学地进行实验并分析和解决碰到的问题，如何根据实验的要求来检查和评价任务完成的好坏。任务的序列性为学生掌握行动的完整性，为培养学生的行动能力，发挥着十分重要的作用。

(3) 教学反思。学生在接受新知识之前，先完成感性的序列性实验任务再接受电子技术领域中知识的重点和难点，因而这种实验教学法使学生能较快且较好地熟悉电子器件和芯片的实用功能，解决实验调试中出现的实际问题，掌握电子技术的读图制图、线路分析、定量计算、工具仪器使用等基本技能，培养了学生以实用的、技术的而不是纯理论的思维来分析和解决实际问题的能力。

3. 行为导向的实验教学流程

实验教学法，在职业教育的教学实践中，着重于在实验过程中培养学生的“关键能力”(除专业能力外，还包含个性能力、方法能力、社会能力等)，是一种包含获取任务、提出假设、制订计划、实施、评价及结论六个步骤的行动导向教学法，如图 9.1 所示，各教学环节的意义如表 9－4 所示。

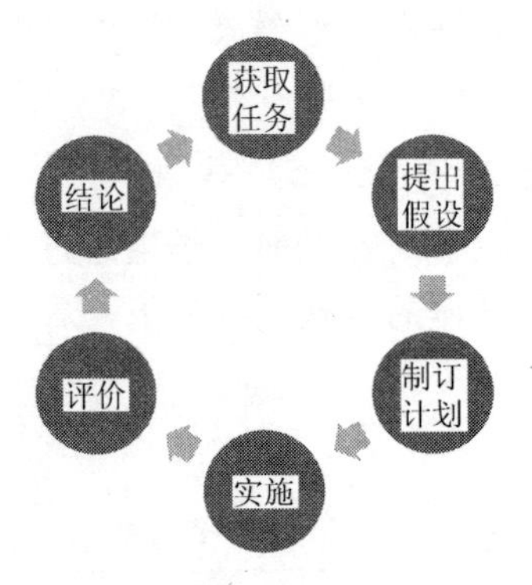

图 9.1　行动导向的教学环节

表 9-4　各教学环节的意义

教学环节	意　　义
获取任务	教师布置任务给学生
提出假设	1）学生进行问题分析； 2）根据熟知理论确定一个解决问题的模型； 3）尝试着去确定一些不了解、非确定的因素； 4）做出基本假设
制订计划	1）思考解决目标和方法； 2）根据假设确定实验目标； 3）确立采取实验的方法和手段； 4）计划实验过程； 5）准备实验
实　　施	进行实验
评　　价	1）用实验来检验原有的假设； 2）分析试验数据和结果
结　　论	1）排除分析问题时的不确定因素； 2）阐释理论

9.3　教学实施

请以小组为单位在微格教学实验室或专业实验室进行模拟上课，并在课后进行教学评价。

案例 1　任务导向的先导性实验教学法的实际案例：触发器

“触发器”的教学实施方案如表 9-5 所示。

表 9－5 “触发器”的教学实施方案

教学内容分析	触发器是在学完组合逻辑电路后进行的教学实验，内容为各种触发器的原理、应用及其相互转换。由于涉及逻辑电路原理，学生掌握这类知识一般都感觉难度较大
实验任务设计	由五个环节组成的任务序列。 任务一、使用门电路实现串行加法器的功能。 任务二、利用 D 触发器记录任务一中的进位信号。 任务三、以 JK 触发器代替 D 触发器实现任务二的逻辑功能。 任务四、用 D 触发器构成一个双稳态触发器。 任务五、分别用主从式、边沿式 JK 触发器的 Q 输出端作为任务四中 D 触发器的时钟输入
设计意图	以上五个任务之间存在联系，任务一为任务二做准备，任务二是任务三的依据，任务四以任务一、任务二、任务三为基础，任务五是前四个任务的总和
教学启示	以触发器任务导向的先导性实验为基础，还可以完成模拟电子技术的电子元器件、放大电路、整流电路以及数字电子技术的时序逻辑电路、555 电路等任务导向的先导性实验的开发和设计。这些实验的共同特点是实验任务的内容与就业岗位及所从事的工作有着直接的、密切的关系，任务序列由浅入深，由几个递进的实验组成，并采用小组工作的方式进行

案例 2 行为导向的实验教学案例：半桥单臂电子秤中温度对应变片的影响

1. 实验背景分析

质量在生活、工业自动化生产过程中是重要的工艺参数之一。生活中常见的测量质量的仪器如图 9.2 所示。

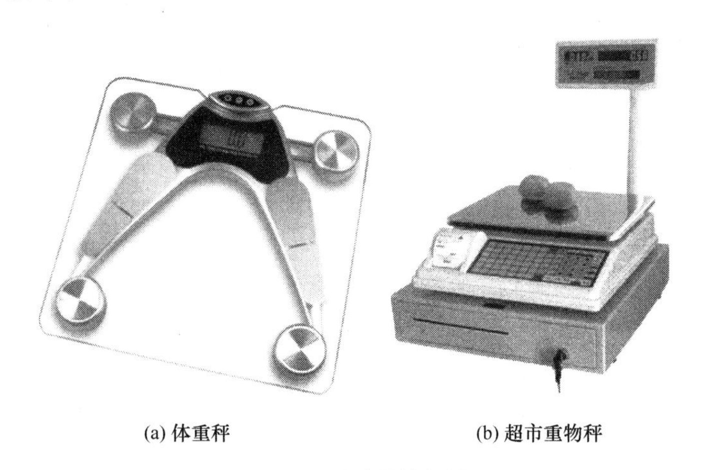

(a) 体重秤 (b) 超市重物秤

图 9.2 测质量的仪器

应变片是电测法质量测量系统常用的传感器。根据应变效应（即物体在外界应力的作

用下改变原来的尺寸或形状，当应力撤销后，物体又能恢复原来的尺寸和形状)，通过对物体应变的检测，从而得到物体受外界压力作用的程度。

电桥是应变片测量质量常用的测量电路。应变片的温度效应使得其阻值会随温度发生变化，从而对测量结果带来误差。电桥单臂实验图如图 9.3 所示，称重传感器的安装方式如图 9.4 所示。

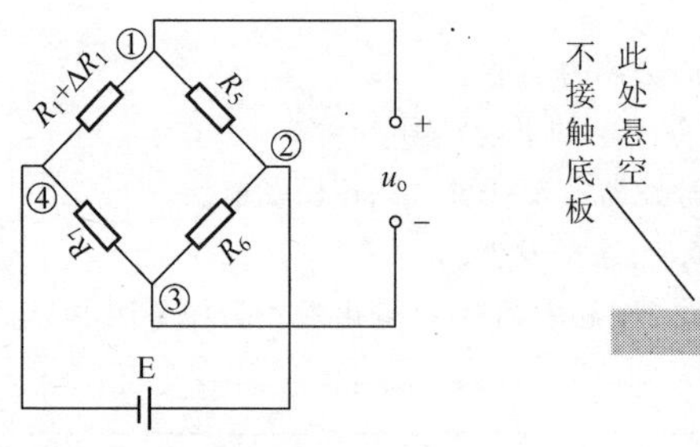

图 9.3　电桥单臂实验

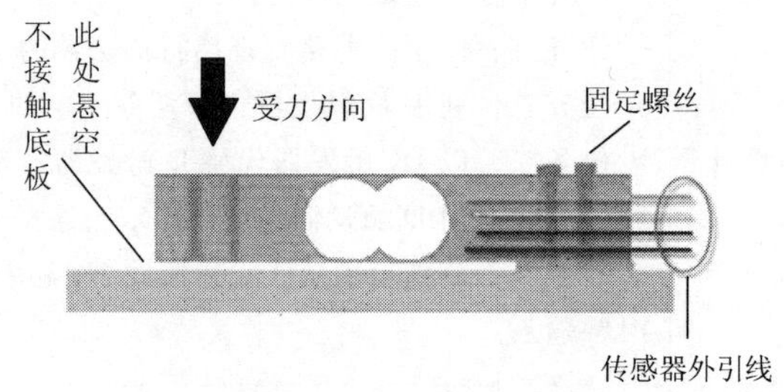

图 9.4　称重传感器安装方式

假设：电桥平衡时，$R_1=R_5=R_6=R_7$，其中 R_1 是应变片贴在上图 9.4 中应变梁上感受重物的质量引起的形变。

2. 教学过程

1）获取任务

电子秤所处环境温度的变化是测量系统设计必须考虑的因素。环境温度的变化将引起应变片阻值的变化。

电阻应变片的温度影响，主要来自两个方面。敏感栅丝的温度系数，应变栅的线膨胀系数与弹性体（或被测试件）的线膨胀系数不一致会产生附加应变。因此当温度变化时，在被测体受力状态不变时，电桥输出会有变化。

任务：请设计一个实验，通过测量数据分析温度的变化对测量结果的影响。

设计意图：学习任务与实际岗位工作对接。

2）提出假设

以小组为单位对任务进行讨论，提出小组的基本假设。

设计意图：让学生在实践过程中体会到团队合作精神和职业素养的重要性。

3）制订计划

该实验方案需要制订以下计划。

（1）根据图 9.5 所示的模块设计单个应变片的测量系统，完成电路的连接。

（2）确定实验步骤，与教师商量。实验步骤必须包含以下几个关键点。

① 放大器调零。按图 9.6 所示接线，将主机箱上的电压表量程切换开关切换到 2V 挡，检查接线无误后合上主机箱电源开关；调节放大器的增益电位器 R_{W_3} 到合适位置（先顺时针轻轻转到底，再逆时针回转 1 圈）后，再调节实验模板放大器的调零电位器 R_{W_4}，使电压表显示为零。

② 系统调零。关闭主机箱电源，按图 9.7 所示接线，将 ±2V～±10V 可调电源调节到 ±4V 挡。检查接线无误后合上主机箱电源开关，调节实验模板上的桥路平衡电位器

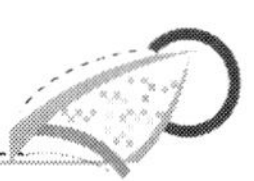

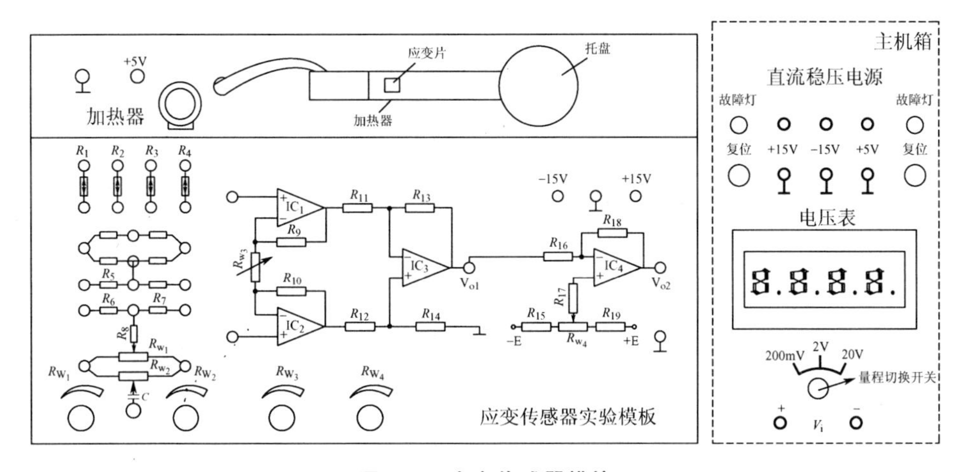

图 9.5 应变传感器模块

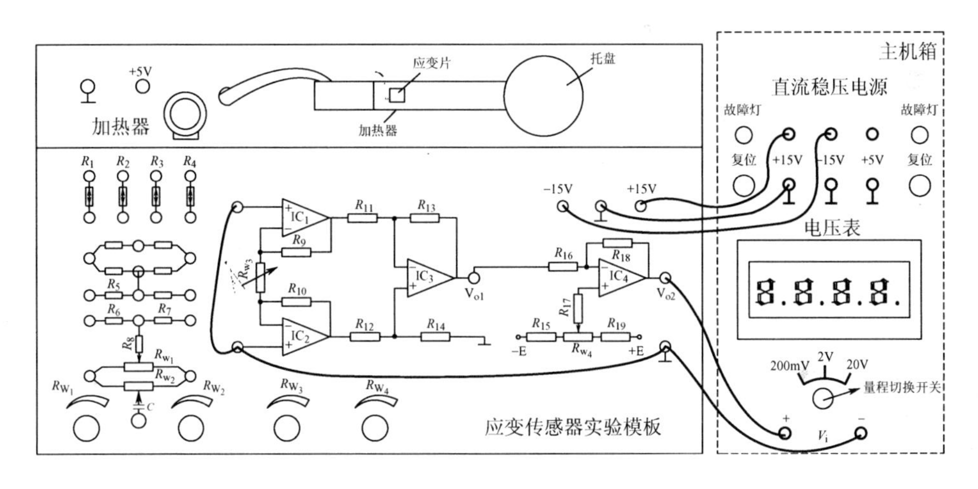

图 9.6 放大器调零电路

R_{W_1}，尽量使主机箱电压表显示为零，细调节。

③ 温度的影响。将主机箱中直流稳压电源＋5V、⊥接于实验模板的加热器＋5V、⊥插孔上，数分钟后待数显表电压显示基本稳定后，记下读数 U_{ot}，$U_{ot}-U_{o1}$ 即为温度变化的影响。

(3) 设计记录数据的表格（表 9－6）。

表 9－6 应变片单臂电桥性能实验数据

质量/g	0	20	40	60	80	100	120	140	160	180	200
不加热电压/mV											
加热 5min 电压/mV											

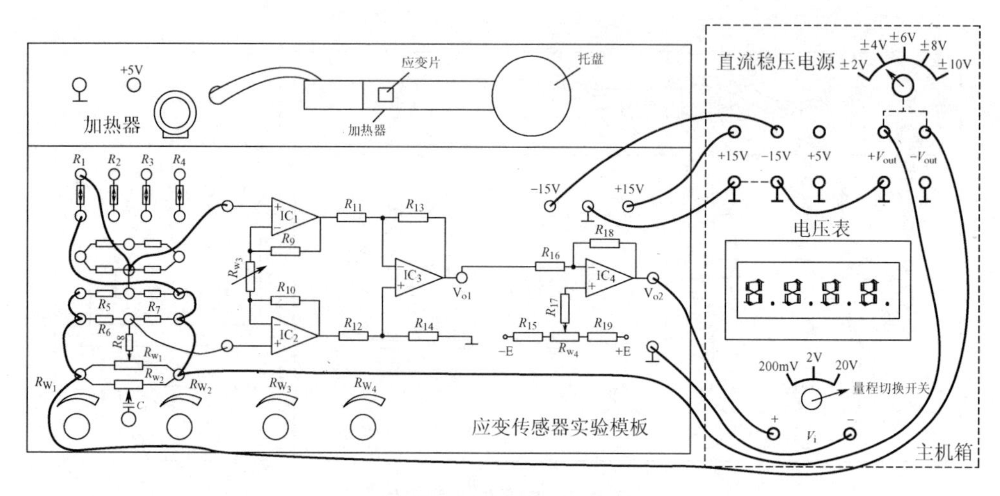

图 9.7　系统电路调零

设计意图：锻炼学生的电路分析、设计与数据处理能力。

4）实施实验

学生以小组为单位进行实验，并将实验结果记录在表 1 中。

设计意图：让学生在实践过程中体会到团队合作精神和职业素养的重要性。

5）评价

以小组为单位，根据对表格数据的观察与分析，总结得出关于温度对测量结果的影响。

小组把所得结论进行汇报，并对实验方案、步骤、结论进行自评，同时与其他小组和教师进行评价，并填写学习评价表（表 9－7）。

表 9－7　学习评价表

实验过程评价（以 5☆为标准评价）				
评价内容	参与程度	仪器仪表使用	安全文明操作	团队协作
评价等级				
收获与体会				

设计意图：帮助学生梳理本节课所学的知识，锻炼语言表达能力。

6）结论

首先，全部小组汇报完实验结果，引导学生总结实验结论：环境温度会影响单臂电桥电子秤的测量结果。

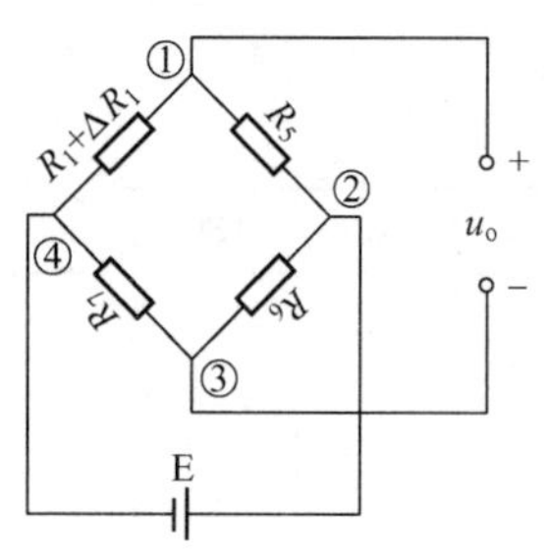

图 9.8　电桥电路图

然后，从电路出发，分析理论原因，在图 9.8 所示的电桥的表达式中，输出电压随着应变片的阻值变化量而改变，或是输出电压 u_o 与阻值变化量 ΔR_1 成正比，而应变片感受的应变和温度都会引起 ΔR_1 的变化。因此，即使电子秤上放的重物不变，当环境温度改变时，阻值发生改变，从而输出电压 u_o 改变，导致电子秤的示值发生改变。

设计意图：实验探究得到的结论与理论分析的结果相结合，

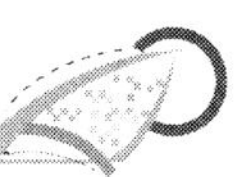

培养实事求是、透过现象看本质的科学精神。

9.4 教学评价与反思

以小组为单位观看成员“最大功率传递定理”模拟上课后，结合表9－8进行教学评价。

表9－8 教学评价表

序号	测试项目	测评要素	自己评价	小组评价	教师评价
1	实验设计(30)	科学性（实验原理、实验方法和操作过程必须科学、严谨、合理）			
		可行性（试验方案要真正切实可行，所用仪器、装置安全可靠）			
		安全性（避免危险的实验操作）			
		教为主导与学为主体			
2	教学设计(30)	学中做与做中学			
		能根据学科的特点，确定具体的教学目标、教学重点和难点			
		教学设计体现学生的主体性			
3	教学实施(30)	情境创设合理，关注学习动机的激发			
		教学内容表述和呈现清楚、准确			
		有与学生交流的意识，提出的问题富有启发性			
		板书设计突出主题，层次分明；板书工整、美观、适量			
		教学环节安排合理，时间节奏控制恰当，教学方法和手段运用有效			
4	教学评价（10）	能对学生进行过程性评价			
		能客观地评价教学效果			

【本章教学课件】

第10章 模拟教学法

模拟教学法是一种针对某一教学内容，设置特定的教学环境和条件，通过实施周密的过程控制以达到一定教学目的的一种行动导向教学法。模拟教学能在很大程度上弥补客观条件的不足，为学生提供近似真实的训练环境，提高学生的职业技能。

10.1 教师工作任务

假如你是一名到中职院校进行教育实习的职前教师，请选择某内容完成教学设计工作页（见第7章教学设计工作页），然后进行教学实践，教学反思。

模拟教学法中，教师的工作任务概况如表10-1所示。

表10-1 教师工作任务概况

工作流程	设计意图
教学工作过程 → 教学设计：教学内容与课程标准分析；教学对象分析；教学重难点的确定；教学媒体的选择；教学流程设计；引导文设计 → 教学实施 → 教学评价与反思	以教师的教学工作过程为导向
学习目标	**设计意图**
1）熟悉模拟实验教学法的教学过程； 2）会判断教学内容是否适合模拟教学法； 3）能够设计模拟情境； 4）能够根据教学任务进行教学设计	明确的目标引导学习的方向

10.2　教学设计

阅读案例，以小组为单位，完成以下要求：

（1）请根据第 2、3、4 章的内容完成教学设计工作页表格中的内容（与第 7 章教学设计工作页形式相同）。

（2）完成自选内容的模拟教学流程设计。

【知识链接】

1. 基于设备的模拟教学

基于设备的模拟教学主要是以模拟设备作为教学手段，学生在模拟设备上按照教学要求进行模拟练习，其特点是不怕学生因操作失误而产生不良的后果，一旦出现问题或失误可重新操作，还可以进行单项技能训练，学生在模拟训练中能通过自身反馈感悟正确的要领并及时改正。电子专业的模拟设备有实物模拟设备和计算机软件模拟设备两类。

1）实物模拟设备

在专业课教学中，有许多需要与电子加工、生产设备进行直接操作后才能理解的内容，如贴片机的使用等，但是购买实物需要很多的资金投入，并且有些是涉及人身危险的操作，如触电急救等，这时模拟设备在教学中的作用就显得非常重要。

2）计算机软件模拟设备

应用虚拟技术开发的实验测试、现代电子产品生产加工计算机仿真系统是电子信息产品加工领域应用最广泛的计算机软件模拟设备，这类仿真模拟软件具备对电子技术操作全过程和加工运行全环境进行仿真的功能，可以进行电子电路设计、生产加工的模拟教学，能够完成整个加工操作过程的教学。

仿真模拟软件使原来需要在真实企业、实验室的仪器设备上才能完成的大部分教学功能可以在这个虚拟制造环境中实现。仿真模拟软件可以网罗市场上各类电子技术的训练，可以大大减少教育在电子仪器、设备上的资金投入，也大大减少工件材料和能源的消耗，大大降低仪器设备管理、维护、折旧和更新换代的费用，从而大大降低教育和培训成本。

由于仿真软件不存在安全问题，学生可以不受时间、空间的限制进行独立学习和练习。仿真模拟软件不仅具有对学生设计的电路进行自动检测、排错的功能，还具有在真实设备上无法实现的三维再现功能。

这些功能使学生可以进行自我学习、检测，大大降低了教师的工作强度。计算机辅助教学软件的互动教学功能使得教师既可以以广播的方式在每个学生的屏幕上演示其教学内容，也可以在自己屏幕上看到每个学生的操作情况，实时了解学生的学习情况，并且通过自动评分实现考试功能，通过网络技术实现远程教学功能。

2. 基于情境的模拟教学

基于情境的模拟教学主要是根据专业学习要求，模拟一个社会场景，如模拟车间（图 10.1），在这些场景中具有与实际相同的功能及工作过程，只不过活动是模拟的。这

类模拟教学通常结合角色扮演教学法，通过这种教学让学生扮演一个具体的职业角色，在一个现实的社会氛围中进行职业工作模拟。通过模拟，学生对自己未来的职业会有一个比较具体的、综合性的全面理解和体验，特别是对一些属于行业特有的规范的理解，可以得到深化和强化，有利于学生职业素质的全面提高。

图 10.1　模拟车间

3. 模拟教学法流程

模拟教学法的流程如图 10.2 所示。

图 10.2　模拟教学法流程

1）教学准备阶段

教学准备阶段的主要任务是编制模拟教学方案和材料的准备，其中模拟教学方案的设计可参考表 10－2，需要准备的材料包括教师教案、学生的练习、操作说明、模拟教学的软硬件设备和模拟教学的环境布置。

表 10－2　模拟教学方案

教学主题		教学目的	
教学环境与模拟条件	加附表		
教学过程设计	加附表		

2）咨询阶段

咨询阶段包括的任务有：

(1) 教师提出问题，布置任务。

(2) 学生仔细阅读学习材料。

(3) 熟悉所要进行模拟的显示问题。

(4) 学习解决问题所需的知识。

(5) 对重点和难点知识向教师提出问题。

(6) 熟悉模拟系统的功能模型。

(7) 学习模拟系统的操作步骤。

3) 计划阶段

计划阶段包括的任务有:

(1) 学生以小组为单位根据引导文中的模拟练习要求或教师的提问，对模拟仿真和运行做出工作计划。

(2) 小组要理解模拟仿真的每一个步骤及模拟运行的初始条件、输入参量、运行条件、测试要求等。

4) 决策阶段

决策阶段包括的任务有:

(1) 学生与教师进行专业谈话，确定生产过程及劳动工具。

(2) 教师听取小组的计划，引导其从专业的角度分析学习过程、设备、方案。

5) 实施阶段

(1) 学生实施计划。首先设置模拟仿真运行的初始状态，然后执行模拟，观察模拟运行过程状态，执行必要的参数或动作决策，最后结束模拟运行并保存模拟结果和模拟流程的信息。

(2) 教师作咨询顾问。指导学生独立操作模拟仿真软件和模拟设备，解答学生操作中出现的问题，必要时提供帮助，观察学生工作过程，搜集反复出现的问题和需完善的条件等。

6) 检查阶段

检查阶段包括的任务有:

(1) 教师介绍对结果的比较与评价操作方法。

(2) 学生完成模拟操作练习后，对模拟练习结果进行自我评价，并填写检查评价表。

(3) 各学习小组向教师和同学进行汇报。教师与其他小组对汇报小组进行评价记录。

7) 评价阶段

学生与教师进行专业对话，总结我们从中学到了什么，并对小组在专业知识、解决问题的操作方法、工作计划的执行情况和与其他同学之间的合作关系等方面进行反思。

模拟教学法的特点如表 10-3 所示。

表 10-3　模拟教学法的特点

模拟教学法的优点	模拟教学法的缺点
1) 可以模仿复制出危险、昂贵和复杂的工作情境，来达到学习、测试和实验的目的; 2) 可以组织安排个人独立工作和团队合作; 3) 可以通过观察和实验来加深对电子实验系统的工作原理的理解; 4) 支持个人对所做决定和采取的工作方案在短期和长期内的功效进行自我检查; 5) 可以检测个人能力和技能; 6) 可以实现个人探究性的学习; 7) 一套模拟设备可用于多种不同的学习目标和问题情境	1) 必须拥有事物模拟设备或计算机系统和模拟软件，并且确保模拟设备和软件可供教学实验; 2) 模拟设备、情境的学习与实际的工作环境不可避免地存在区别

10.3 教学实施

请以小组为单位在微格教学实验室或专业实验室进行模拟上课，并在课后进行教学评价。

案例1 触电急救

1. 教学内容分析

触电急救方法是电工必须掌握的一项基本技能，是电工从业的必考项目。

对教材中的急救步骤、胸外按压的频率、深度按照新标准做了处理，使专业课程内容与当今职业标准对接。

2. 学情分析

学情分析如表10-4所示。

表10-4 学情分析

学生心理	技能基础	知识基础
1）思维活跃，自主意识比较强； 2）处事不稳重，优柔寡断	1）动手兴趣高； 2）能通过网络环境获取一定的信息缺乏实践经验	1）学习了触电的基本知识和电气安全技术知识，初步认识到了触电的危险性； 2）基础薄弱

3. 教学目标

教学目标如表10-5所示。

表10-5 教学目标

知识与技能目标	过程与方法目标	情感态度与价值观目标
1）能描述触电急救步骤、方法； 2）能进行正确的触电事故施救与处理	1）通过网络平台的应用，提高信息素养和信息应用能力； 2）通过创设直观的情境，激发学生的学习兴趣； 3）通过小组讨论，师生归纳触电急救的方法，培养学生小组合作学习的能力	1）培养严谨的职业工作态度，安全文明生产的良好习惯； 2）树立社会责任感和“知识守护生命、技能挽救生命”的观念

4. 重点与难点

教学的重点与难点如表10-6所示。

表 10-6　教学重点与难点

重点与难点	内　　容	教学策略
重　　点	1）触电急救的步骤； 2）胸外心脏按压、人工呼吸的操作要领	网络导学、自主探究、教师点评
难　　点	胸外心脏按压、人工呼吸的操作要领	先做后学、互助合作、集体攻关

5. 教学准备

（1）专题学习网站。

（2）理实一体化实训室。

（3）模拟人。

（4）导学案。

6. 教学流程设计

教学流程设计如图 10.3 所示。

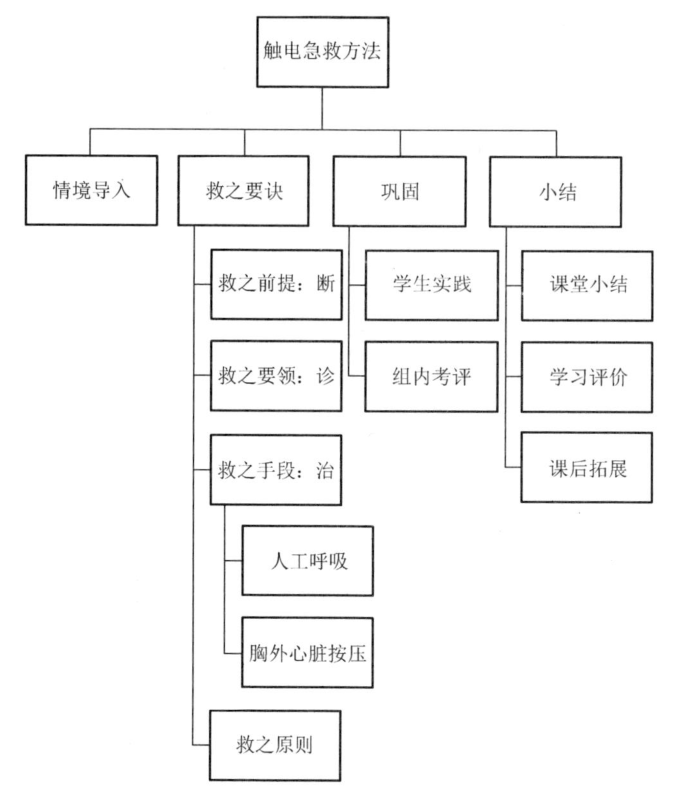

图 10.3　触电急救教学流程

7. 实训认识

重温实训安全操作规范、7S管理（图10.4）。

图10.4 实训室7S规范

8. 教学过程

1）咨询

（1）小组代表展示搜集信息成果，交流触电事故案例。

（2）观看有关触电的视频，了解触电危害。

2）计划

（1）情形诊断。

① 创设情境：讲台边，突发“触电事故”。

② 小组讨论如何快速诊断。请学生转移“伤员”。

③ 分组练习，应用“望、闻、问、切”进行诊断。

（2）诊治。

① 轻型触电者：意识清醒、昏迷但有呼吸心跳。

就近移至通风、干燥的地方，使其仰卧平躺，解开衣扣，畅通气道，严密观察，等待医生诊治，切勿让患者走动站立，以免情况加重。

② 重型触电者：假死。

a. 有心跳无呼吸。

措施：口对口人工呼吸法。

方法：开—捏—吹—松。

口诀：清口捏鼻手抬额，深吸缓吹口对紧，张口困难吹鼻孔，五秒一次不放松。

关键点：吹气量胸部明显凸起，频率为每分钟12次。

b. 有呼吸无心跳型。

措施：胸外心脏按压法。

方法：找—压—松。

口诀：掌根下压不冲击，突然放松手不离，手腕略弯压寸半，一分钟百次较适宜。

关键点：位置准确、姿势正确、幅度适当、频率到位。

教学中常见的几种错误的操作如图 10.5 所示。

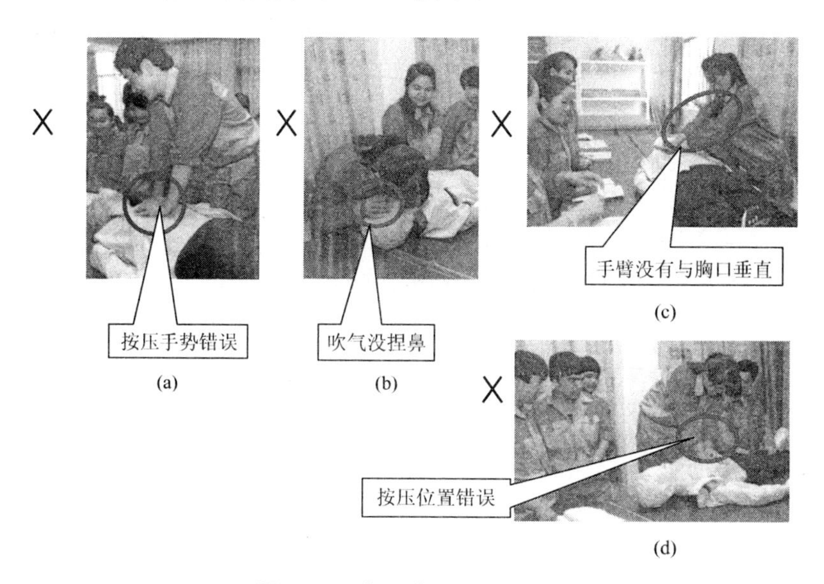

图 10.5 常见的几种错误操作

c. 无呼吸无心跳。

措施：胸外心脏按压法、人工呼吸法。

关键点：按压与人工呼吸比（30∶2）。

3）实施

首先思考针对不同的重型触电者应该采取何种措施，动作要领有哪些，然后在模拟人身体上进行重型触电救生训练，并指出同伴救护操作中的问题，体会施救动作要领和操作难点。

4）检查

各小组汇报施救动作要领和操作难点。

（1）有心跳无呼吸——人工呼吸法。

（2）有呼吸无心跳——胸外心脏按压法。

（3）无呼吸无心跳——胸外心脏按压法、人工呼吸法。

5）评价

完成任务检测与评价表。

6）作业

如果你是“社区服务员”，你认为救护技能对我们有何影响，又如何发挥它的最大功效呢？

案例 2 汽车车身电子控制系统检修

教学过程中，由小组分工扮演接车员、客户、维修技师等角色，进行情境模拟教学。

1. 教学实施方案

汽车车身电子控制系统检修的教学实施方案如表 10－7 所示。

表 10－7　汽车车身电子控制系统检修教学实施方案

项目描述	本项目是讲述电子式防盗器安装、原车防盗器的结构与原理、防盗系统常见故障检修。通过本项目的学习，学生理解汽车防盗系统的工作原理，并能运用多种分析方法、检测手段诊断防盗系统故障
项目目标	1）认识铁将军 858 防盗系统总体组成及结构； 2）能正确安装铁将军 858 防盗系统； 3）防盗系统的控制方法与控制原理； 4）能诊断与排除防盗系统常见故障
项目任务	1）收集汽车防盗系统相关信息，制订汽车防盗系统维修计划； 2）防盗器安装与检修：通过学习铁将军防盗器原理，安装防盗器，安装后进行性能测试与故障检修
项目实施	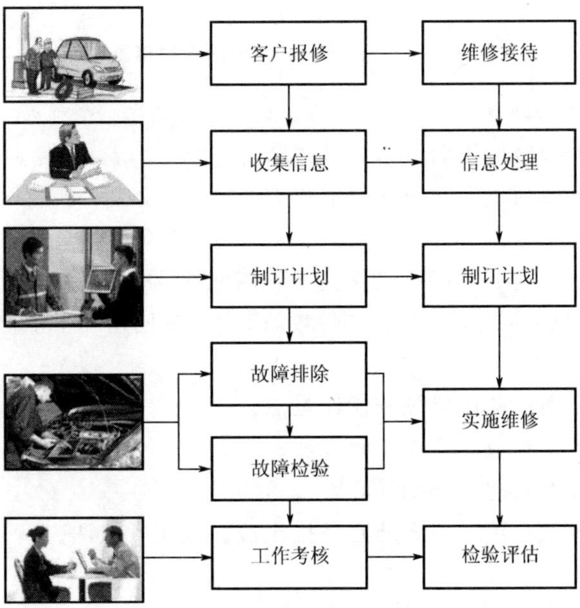 客户报修 → 维修接待 收集信息 → 信息处理 制订计划 → 制订计划 故障排除、故障检验 → 实施维修 工作考核 → 检验评估

2. 教学实施过程

1）维修接待

按照表 10－8 所示完成待修车辆的维修接待，并准确填写接车问诊表。

表 10－8　维修接待与接车问诊表

(1) 通过与客户面谈了解客户的需要；

(2) 产品推荐；

(3) 填写接车问诊表，确认客户所选的产品品牌

接车问诊表

车牌号：________　车架号：________　行驶里程：________

用户名：________　电　话：________　来店时间：________

<table>
<tr><td colspan="2">用户陈述故障发生时的状况：车主要求加装一架铁将军防盗器
故障发生时的状况提示：</td></tr>
<tr><td colspan="2">接车员检测确认建议：</td></tr>
<tr><td colspan="2">车间检测确认结果及主要故障零部件：
车间检查确认者：________</td></tr>
<tr><td rowspan="2">外观确认：
在有缺陷部位做标识</td><td>功能确认：(工作正常√　不正常×)
□音响系统　□门锁　□全车灯光　□工具
□后视镜　□顶窗　□座椅　□点烟器
□玻璃升降器　□玻璃</td></tr>
<tr><td>物品确认：(有√　无×)
□贵重物品提示
□工具　□备胎　□灭火器　□其他（　　）
旧件是否交还客户　□是　□否
用户是否需要洗车　□是　□否</td></tr>
</table>

☞ 检测费说明：本次检测的故障如用户在本店维修，检测费包含在修理费内；如用户不在本店维修，请您支付检测费。本次检测费：¥________元

☞ 贵重物品：在将车辆交给我检查修理前，已提示将车内贵重物品自行收起并保存好，如有遗失，概不负责。

接车员：____________　用户确认：____________

2）小组完成信息收集与处理

按以下问题提示完成信息收集与处理。

(1) 铁将军防盗器的主要组成部分有哪些（参考图 10.6）？

(2) 铁将军防盗器车门开关信号、脚刹车开关信号、手刹开关信号各采用什么触发方式？

(3) 铁将军防盗器车门开关信号的作用是什么？

(4) 铁将军防盗器脚刹开关信号的作用是什么？

(5) 铁将军防盗器手刹开关信号的作用是什么？

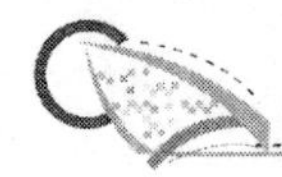

（6）铁将军防盗器 ACC 信号的作用是什么？

（7）收集安装汽车中央门锁系统的相关资料。

（8）制订安装与检修工作计划。

(a) 主机　(b) 振动感应器　(c) 电子喇叭　(d) 防盗指示灯　(e) 遥控器

图 10.6　铁将军防盗器的主要组成部分

3）小组制订安装计划，教师担任顾问

（1）收集安装车辆中央门锁系统信息。

（2）确定元件的安装位置。

（3）相关线路的查找方法。

（4）饰板的拆装规范。

（5）安装后功能测试。

（6）故障排除。

4）小组实施作业

完成铁将军防盗器的安装表（表 10－9）。

表 10－9　铁将军防盗器安装

<table>
<tr><td colspan="3">1）根据实习设备，结合教学实际情况和教材，收集相关信息。
2）熟悉安装车辆中央门锁系统结构和电路控制原理。
3）会检测与防盗器相关的线路。
4）能按照安装说明书正确安装防盗器</td></tr>
<tr><td rowspan="2">1）车辆信息描述</td><td>车辆描述</td><td></td></tr>
<tr><td>车辆中央门锁系统类型描述</td><td></td></tr>
<tr><td>2）车辆中央门锁控制原理描述</td><td colspan="2"></td></tr>
<tr><td>3）防盗主机安装位置</td><td colspan="2"></td></tr>
<tr><td>4）振动感应器安装位置</td><td colspan="2"></td></tr>
<tr><td>5）边门开关线查找方法</td><td colspan="2"></td></tr>
<tr><td>6）脚制动等开关线的查找方法</td><td colspan="2"></td></tr>
<tr><td>7）手制动开关线的查找方法</td><td colspan="2"></td></tr>
<tr><td>8）转向灯开关线的查找方法</td><td colspan="2"></td></tr>
<tr><td>9）点火开关 ACC、IG、ST 线的查找方法</td><td colspan="2"></td></tr>
<tr><td>10）中央门锁触发信号线的查找方法</td><td colspan="2"></td></tr>
</table>

5）检查与评价

教师与其他小组一起完成对某小组的评价，填写检查和评价表，如表 10－10 和表 10－11 所示。

表 10－10 检查表

评价指标	检验说明	检验记录
检查项目	1）各元件安装是否牢固； 2）线路包扎是否良好； 3）拆下的饰板是否装复； 4）中央门锁系统工作是否正常	
防盗器各功能情况是否正常		

表 10－11 评价表

评价内容	检验指标	权重	自评	互评	总评
检查任务完成情况	1）完成任务的情况				
	2）任务完成的质量				
	3）在小组完成任务过程中所起的作用				
专业知识	1）能描述防盗器的组成				
	2）能描述防盗器的工作原理				
	3）能描述与防盗器相连的线路检查方法				
	4）会排除安装后出现的故障				
职业素养	1）学习态度：积极主动参与学习				
	2）团队合作：与小组成员一起分工合作，不影响学习进度				
	3）现场管理：服从工位安排、执行实训室“5S”管理规定				
综合评价与建议					

10.4 教学评价与反思

以小组为单位观看成员对自选内容的模拟上课后，结合表 10－12 进行教学评价。

表 10－12　教学评价表

序号	测试项目	测评要素	自己评价	小组评价	教师评价
1	模拟情境设计（30）	模拟的环境真实度比较高，有身临其境的感觉			
		诱发性原则			
		与教学目标最大关联性原则			
		教学情境符合学生的认知水平和他们的生活实际			
		教学情境设计让学生学会交流和分享获得的信息、创意及成果，并在欣赏自己的同时，学会欣赏别人的环境			
		创设的情境要符合苏联著名心理学家维果茨基的“最邻近发展区”理论			
		选择创设与主题相关的尽可能真实的问题情境			
2	教学设计（30）	学中做与做中学			
		能根据学科的特点，确定具体的教学目标、教学重点和难点			
		教学设计体现学生的主体性			
3	教学实施（30）	情境创设合理，关注学习动机的激发			
		教学内容表述和呈现清楚、准确			
		有与学生交流的意识，提出的问题富有启发性			
		板书设计突出主题，层次分明；板书工整、美观、适量			
		教学环节安排合理；时间节奏控制恰当；教学方法和手段运用有效			
4	教学评价（10）	能对学生进行过程性评价			
		能客观地评价教学效果			

第11章

项目教学法

【本章教学课件】

“项目教学法”最早见于美国教育家凯兹和加拿大教育家查德合著的《项目教学法》。“项目教学法”的理论认为：知识可以在一定的条件下自主建构获得，学习是信息与知识、技能与行为、态度与价值观等方面的长进；教育是满足长进需要的有意识、有系统、有组织的持续交流活动。

2001年4月，查德博士曾到我国讲授“项目教学法”。该教学法陆续引进欧洲、南美、大洋洲、日本、韩国。德国引进该教学法后，联邦职教所自主创新，并于2003年7月制订了“以行动为导向的项目教学法”的教学法规。中国职教电子专业教师2004年10月前往德国进修，德方就采用“项目教学法”进行教学。

11.1 教师工作任务

假如你是一名到中职院校进行教育实习的职前教师，接收到要对学生进行“直流稳压电源电路的安装与测试”的教学任务。请对该教学任务完成教学设计工作页。

项目教学法中，教师工作的任务概况如表11-1所示。

表11-1 教师工作任务概况

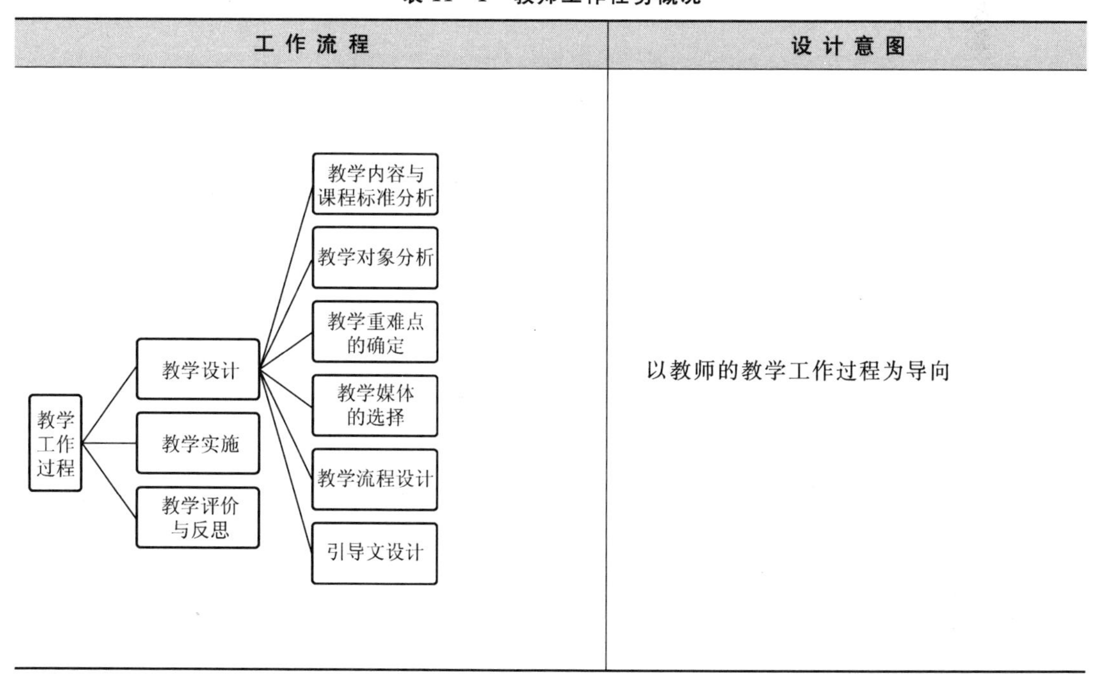

工作流程	设计意图
教学工作过程：教学设计（教学内容与课程标准分析、教学对象分析、教学重难点的确定、教学媒体的选择、教学流程设计、引导文设计）；教学实施；教学评价与反思	以教师的教学工作过程为导向

（续）

学 习 目 标	设 计 意 图
1）知道项目教学法的教学过程； 2）会判断教学内容是否适合项目教学法； 3）能够根据教学任务进行教学设计	明确的目标引导学习的方向

11.2 教学设计

阅读案例，以小组为单位，完成以下要求：

（1）请根据第2～第4章的内容完成教学设计工作页表格中的内容（与第7章教学设计工作页形式相同）。

（2）完成“直流稳压电源电路的安装与测试”的项目教学流程设计。

【知识链接】

1．项目教学法

项目教学法是师生通过共同实施一个完整的“项目”工作而进行的教学行动。在职业教育中，项目是指以生产一件具体的、具有实际应用价值的产品或服务为目的的工作任务。

项目教学法有如下特征。

1）产品和行动导向

（1）在真实环境中通过行动来获得典型的实际经验。

（2）工作实践中的学习，完成一件产品或提供一种服务。其活动既与实际操作相联系，又和理论反思相关联。

2）跨学科性

通过项目主题所包容的跨学科的综合内容来实现教学完整性。

3）学习者和需求指向

（1）促进学习者的学习动机以及对项目主题的认同感。

（2）教师作用转变，使教师成为创设学习机会以及解决问题的参与思考者、组织者和互助者。

4）学习过程自我组织

理想状态下，项目从创意、目标、计划、实施、总结，都应该由学生自己进行。

5）社会关联性

在面向工作的教学中，学生学习并感受到项目活动及其结果产生的社会关联作用和应用于今后职业工作的意义，发展更高的责任感。

2．项目设计

“好的开始是成功的一半。”项目设计的最根本的任务是寻找、选择并最终确定一个对学生来说是重要的、且愿意共同去完成的项目。

引发项目的方式多种多样，较为典型的方式有学生提出项目倡议、教师提出整体规划、教师设定项目活动的范围、由外部委托的项目，以及由教师和部分学生共同开发项目。

无论由哪种方式引发项目，对教师而言，开展的项目都不是一般意义上的项目，而是项目教学中的项目，这一项目将成为教学活动的主要线索，因此，所选择的项目是否合适，将对教学效果产生直接的影响。

为此，教师必须把握以下几个要点：

首先，必须重视学生的需求与兴趣。孔子说："知之者莫如好之者，好之者莫如乐之者。"教师在这一阶段所要做的重要事情是分析学生的经验、兴趣、习惯等影响学生做出判断的因素，用较适宜的方式，如让学生自己提倡仪、出示与项目有关的实物成果、勾勒项目的美好愿景、发动部分学生去鼓动其他学生等，引发学生"我要做"的激情。

其次，必须重视项目教学内容与课程标准中所规定的教学目标之间的关系。项目教学虽然是一种特殊的教学形式，但仍然是一种教学活动，是为了更好地达成教学目标而采用的教学形式。因此，选择做什么样的项目绝不是偶然的，也不允许仅仅凭兴趣爱好来做决定。教师应明确在什么样的时间和场合采用项目教学，教学的目的究竟是为什么，具体来说，希望学生哪些方面的能力有所促进，教学的侧重点在什么地方，然后有针对性地选择和设计相关的项目活动，或引导学生选择和开发相关的项目活动。

最后，必须重视项目教学的特点和活动的可行性。例如，项目活动中所包含的技术难度要适中，学生有可能在规定的时间内完成项目，但必须通过努力才能获得成功；项目要求学生分工合作，即必须依靠项目小组的力量才能完成，在组织中可以兼顾学生在能力和技巧方面的差异，使学生扬长避短，获得个性化的发展；项目活动要求一定的信息量，学生可以获得许多信息，并且有可能独立自主地对众多信息进行分析和评价，从中选择自己所需要的信息。

3. 项目教学法的实施步骤

项目教学课可划分为三个阶段，即项目的准备、实施与评价。具体的实施步骤如下。

1）布置项目

教师分发项目任务书，讲解项目要求，使各小组明确学习任务和要求。教师在项目分课题的任务布置上应注意：

（1）课题研究与工作现场实际的紧密联系。经过一系列的现场实际环节和学生的实际操作，使学生直观深入地掌握了知识与技能在工业实际中的应用。

（2）学生对电工设计和电工操作技能的培训。

2）小组拟订方案教师审核计划

项目小组拟订课题实施计划，确定工作步骤和程序，经教师评判后每个小组按项目的具体任务名称、内容和目标、进度计划表、小组成员分工及完成情况、实现目标的思路与方法、遇到的问题及讨论解决的情况等栏目设计一份详细的"项目活动计划"，每个小组成员都要有成果汇报任务，各小组都要有成果汇报。在计划书中学生可随时记录项目进展情况，以便教师随时检查和指导。

3）小组实施活动学生动手实践

根据计划，各小组成员开始执行各自的任务。学生通过查阅资料、教师辅导、解构单元实体等形式自主获取课题的相关知识资料，并取舍、整理资料，进行项目任务的设计和验证；通过解构单元实体、到实验室做实验验证相关结论、在实习室进行实际装接操作和调试等实际环节，不断提出问题，再通过小组讨论、查阅资料、请教教师等途径解决问题，最终

完成课题任务。在整个活动实施过程中，教师只对各小组进行必要的指导和监控，定时检查小组活动的进展情况，及时对学生的偏差和失误予以指导纠正，解答学生的难题。

4）项目答辩与师生评价

在此阶段，通过“项目成果汇报、学生自我评估、组间互评、教师点评、师生共同总结”等程序完成对各小组课题任务的评价。

每一小组汇报，全组同学参与，充分发挥各人所长，其余各组同学认真记录，答辩过程中，教师和其他小组的同学均可以参加提问，使整个项目成果的展示过程成为大家共同探讨与交流的讨论会，最终由教师对每个小组完成任务的情况给予一个定性的评价结果，并将该评价结果列为项目学习成绩的一部分。汇报完毕后，该小组组长要整理其余各组对本组所做的评价（此评价为汇报组最终考核项目之一），并把这些评价放入最终的项目培训说明书中。

5）归档或结果应用

把项目工作的结果归档或应用到企业和学校的生产教学实践中去，使项目工作的结果尽可能具有实际应用价值，指导后续工作。

4．项目教学中教师的角色

由于每个阶段所要完成的教学任务不同，所以教师在各个阶段所扮演的角色也有所不同。教师在各个阶段扮演的角色如表 11－2 所示。

表 11－2　不同阶段教师的角色

教师所扮演的角色	项目的阶段
向学生提供与完成教学项目相关的知识、信息与材料，指导学生寻求解决问题的方法，主要是学生学习的指导者	项目的准备：确定项目任务 → 布置项目 → 小组拟订方案 教师审核计划
1）营造学习氛围，创设学习情境，组织和引导教学过程； 2）学生在完成任务的过程中碰到困难时，给予具体的帮助，是学生学习的组织者与引导者	项目的实施：小组实施活动 学生动手实践
1）在学生自我评价的基础上，帮助学生对项目教学的目标、过程和效果进行反思； 2）让学生评价自己的积极参与的行为表现，总结自己的体验； 3）评价学生在项目教学中的独立探究的能力与小组合作的精神，主要是学生学习的评价者	项目的评价：项目答辩与师生评价 → 归档或结果应用

11.3 教学实施

请以小组为单位在微格教学实验室或专业实验室进行模拟上课，并在课后进行教学评价。

案例 1 直流稳压电源的制作与调试

1. 教学项目分析

1）教材分析

“直流稳压电源电路的制作与调试”是中等职业教育《电子技术基础与技能》课程中的模块之一。认识常用电子元件、熟悉电路每一步的安装和测试是一名优秀的电子装配和维修人员必须熟练掌握的一项基本操作技能，该内容理解是否清晰，直接影响学生后续专业课程的学习和生产产品的质量。同时，本项目是教学大纲和高考大纲中规定的必修内容，因此，本项目在相关专业教学中具有非常重要的地位与作用。

教育部颁布执行的《中等职业学校电子技术基础与技能教学大纲》要求本门课程要达到以下目标：

（1）使学生初步具备查阅电子元器件手册并合理选用元器件的能力，会使用常用电子仪器仪表。

（2）了解电子技术基本单元电路的组成、工作原理及典型应用。

（3）初步具备识读电路图、简单印制电路板和分析常见电子电路的能力。

（4）具备制作和调试常用电子电路及排除简单故障的能力。

（5）掌握电子技能实训的安全操作规范。

（6）结合生产生活实际，了解电子技术的认知方法，培养学习兴趣，形成正确的学习方法，有一定的自主学习能力。

（7）通过参加电子实践活动，培养运用电子技术知识和工程应用方法解决生产生活中相关实际电子问题的能力。

（8）强化安全生产、节能环保和产品质量等职业意识，养成良好的工作方法、工作作风和职业道德。

对直流稳压电源电路的制作与调试模块的教学要求如下：

（1）会安装与调试直流稳压电源。

（2）能正确测量稳压性能、调压范围。

（3）会判断并检修直流稳压电源的简单故障。

2）学情分析

作为教学对象的中职生，他们的学习基础和理解能力薄弱，但他们的思维比较活跃，喜欢动手操作，对一些实物或图片很感兴趣，只是这种兴趣不够稳定，需要教师创设适度的情境，适时激发。

3）教学目标确定

在坚持以立德树人为根本，以服务发展为宗旨，以促进就业为导向的教学理念指导下，结合浙江省教育厅关于中等职业教育课程改革的要求，（“做中学”的学习机制），依据电子专业《中等职业学校电子技术基础与技能教学大纲》的基本要求和电子专业学生的认知水平和思维发展水平合理安排知识点、技能点。现从知识、能力（技能）、情感（素养）三个层面上，制订本项目的教学目标。

（1）知识目标：

① 会说明直流稳压电源电路各组成部分及其工作原理。

② 会分析串联型直流稳压电源电路，测试直流电源的参数。

③ 会正确识别常用三端集成稳压器，正确区分固定和可变的两种类型。

④ 根据电路图识别开关直流电源，说出其特点。

（2）能力（技能）目标：

① 会组装一种实用线性直流电源，正确地测出其各项性能指标。

② 能用仿真技术验证电路工作结果。

③ 能列出元器件清单，询价，购买元器件，焊制电路，能用万用表测试焊点情况，能用万用表测试静态工作点，能用示波器测试各级输出信号和交流性能指标。

④ 能编写文档记录制作过程和测试结果，并能制作课件汇报工作成果。

（3）情感（素养）目标：

① 通过对实验数据的记录，养成仔细观察、认真记录的职业习惯。

② 通过实践操作过程中的7S管理，养成良好的职业素养。

4）材料准备

本项目涉及电路作品的安装与调试，因此应选择理实一体化的多媒体教室进行。四人一组的配备有一台计算机（可上网查询资料）、一台示波器、两个万用表工作台、实验用变压器（220V/9V）一只、焊接工具一套（学生自带）、学习文具（学生自带）。

2. 教学准备

教学准备如表11－3所示。

表11－3　教学准备

内　　容	教学方法和建议
集成稳压管应用 开关电源芯片应用 电源转换芯片应用	1）通过行动导向教学法实施教学； 2）接受任务，阅读工作任务学习指导书等； 3）提出问题、咨询，在教师指导下设计工作页； 4）讨论工作页的具体内容、做出分组与行动计划； 5）决策各组的实施工具、设备、场地、材料等实施准备； 6）实施各任务实践项目。元器件的选择与检测、材料清单编写、焊制电路、测试电路； 7）子任务的组内交流； 8）教师集体指导解决问题； 9）焊制集成前置放大电路； 10）电子电路成品的故障分析与排除； 11）检查学习情境的执行情况，进行组内自评； 12）成果汇报、组间互评

（续）

工具与媒体	学生已有基础	教师能力要求
1）镊子 2）剥线钳 3）测电笔 4）万用表 5）常用装配工具 6）产品制作任务书 7）产品整机装配工艺文件 8）引导文 9）指导作业文件 10）演示视频文件 11）计算机与制图软件 12）网络教学资源 13）多媒体教学设备 14）教学课件、软件	1）具有电工装调能力与用电安全知识； 2）能识读交流、直流电路图及设备电气装配图； 3）具有简单电路的分析能力； 4）具有对行业企业劳动组织过程认识； 5）具备计算机基础操作能力； 6）具备一定的数学运算能力和英语知识	1）具备电子电路设计的实践经验； 2）熟悉电子产品整机的电子电路装配、分析、调试的过程； 3）熟悉电子行业企业和电子类专业发展规划； 4）对新技术应用敏感； 5）具有丰富的教学经验和社会、方法能力

3. 教学实施程序

项目教学法的教学实施程序如表11－4所示。

表11－4　项目教学法教学实施程序

教学环节	实施人员	教学活动
确定项目	教师	根据教学项目的要求确定工作任务和作为项目的电路功能目标
咨询	教师	
制订项目工作计划	教师指导，以各学习小组为主	制订各工作过程的计划、步骤
决策		
实施项目计划	各学习小组学生	小组各成员在互相讨论、协作的基础上独立实现任务项目计划，完成各工作过程
项目学习评价	教师和小组全体	应用发展性教学评价观，对小组各成员工作过程的完成情况进行自评和教师评价
产品和评价归档	教师	将学生的成果和评价归档，形成每个学生的成长记录袋

4. 教学过程设计

环节一：情境创设，上课时用自制的功率放大器播放音乐创设教学情境（给出一台功率放大器（图 11.1），观察其电路组成，要求制作产品中的直流稳压电源）。

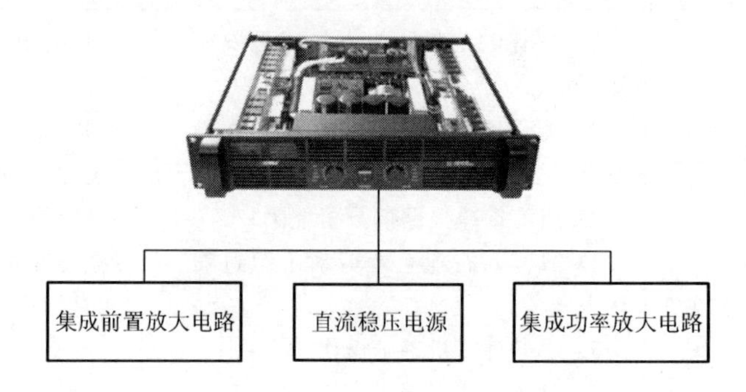

图 11.1　一台功率放大器的结构

环节二：确定项目，教师向学生下达任务书

直流稳压电源的工作流程如图 11.2 所示。

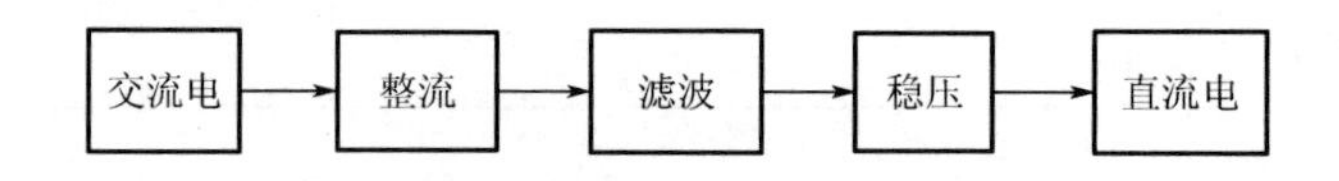

图 11.2　直流电源工作流程

(1) 划分电路模块，分模块叙述功能与参数测试。

① 降压部分：变压器选择及计算方法。

② 整流部分：分类、工作原理及整流桥（二极管）的选用。

③ 滤波部分：工作原理滤波电容的选用原则。

④ 稳压部分：工作原理及稳压元件的选用原则。

⑤ 固定集成稳压器的种类及选用。

⑥ 了解 7805（7905）、7815（7915）等稳压器的内部结构、参数。

(2) 直流稳压电源的制作与调试。

① 列出元器件清单，询价，选用，购买元器件。

② 焊制电路，能用万用表测试焊点情况。

③ 能用示波器测试各级输出信号波形并能分析正确与否。

④ 制作完成后，接上负载，观察是否能正常工作。

(3) 编写文档、记录工作过程，并相互交流和学习。

环节三：向学生下发学习引导文，老师将整理的学习资料发给学生

(1) 整流。

整流是把交流电变换成直流电的过程，它的基本原理是利用晶体二极管的单向导电特性。

① 半波整流。半波整流电路及信号的输入、输出波形如图 11.3 所示。

当 u_i 为正半周期时（上正下负）时，二极管 VD 上加了正向电压，所以导通，电流

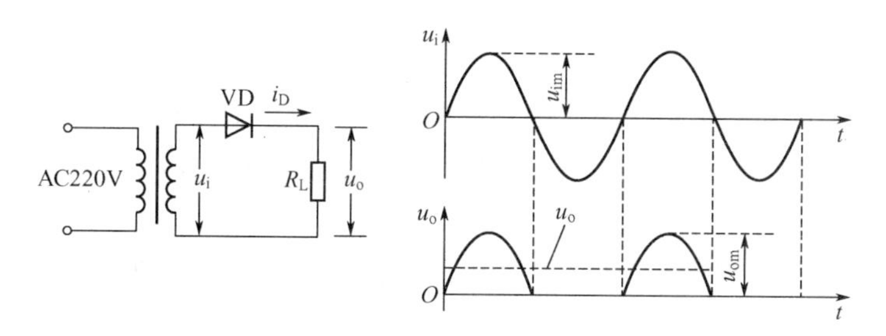

图 11.3 半波整流电路及信号的输入、输出波形

i_D 从变压器次级正端流往二极管 VD 负载 R_L，返回至变压器的负端。由于二极管正向电阻很小，它的压降也很小，因此负载 R_L 上的电压和 u_i 相等。当 u_i 为负半周期时（上负下正）时，二极管 VD 上加了反向电压，所以二极管截至，R_L 上没有电流流过，负载两端电压等于零，因此交流电压就变成了单向脉冲电压。这种只利用了正弦波电压波形的一半，故称半波整流。半波整流的缺点是效率低，平稳度差、波纹大。

② 桥式整流。因为四只二极管接成电桥的形式，所以称为桥式整流。它的整流原理与半波整流相似，只是在正、负半周期辅助上都有电流流过。其优点是效率比半波高了一倍，波纹也小了。桥式整流电路及信号的输入、输出波形如图 11.4 所示。

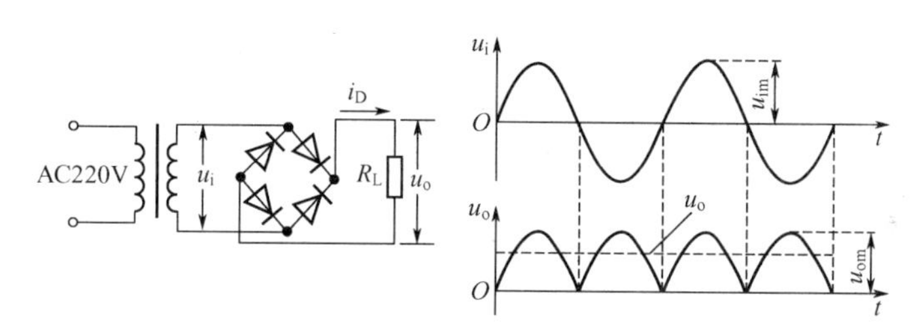

图 11.4 桥式整流电路及信号的输入、输出波形

（2）滤波。

虽然整流电路的输出电压包含一定的直流成分，但脉动较大，须经过滤波才能得到较平滑的直流电压。图 11.5 所示为桥式整流 C 型滤波电路及其输出电压的波形。

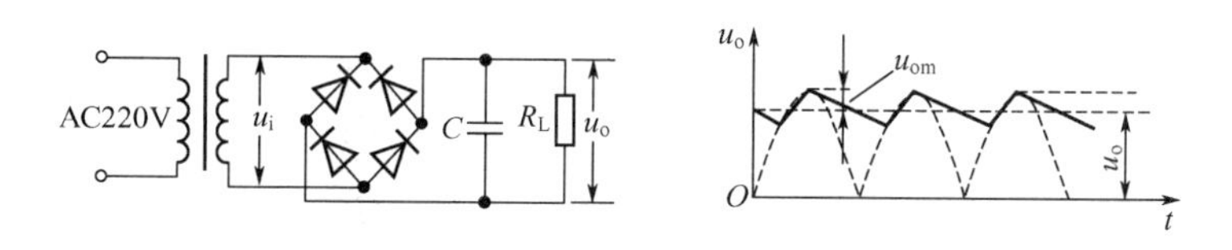

图 11.5 桥式整流 C 型滤波电路及其输出电压的波形

由图 11.5 可知，当二极管导通时，整流电流一方面对负载供电，另一方面对电容器充电。当电源电压下降到小于电容两端的电压时，二极管就截止，这时负载电流有电容放电供给，由于 RC 时间常数较大，放电缓慢，所以电容电压刚刚下降一点，下一个周期又开始了，结果使输出电压趋于平直。

经过电容的滤波作用后，其输出电压变得比较平滑，脉动大大减小，而且直流成分增加，对C型滤波，负载R_L、C的数值越大，纹波越小，输出直流电压越接近于变压器次级交流电压的峰值U_i。

上述整流滤波电路实际上就是一个整流电源。其优点是电路简单，主要缺点是输出的直流电压不够稳定，内阻和纹波较大，只能用在要求不高的场合。

(3) 稳压。

为了得到高度稳定的电源，必须在整流滤波电源的输出端加稳压电流，组成直流稳压电路。

如图11.6所示，当输入电压改变时，如升高，就会引起输出电压的升高，则稳压管DW的工作电流I_W也将增加，其增加的电流在电阻R上引起附加压降，抵消输入电压的变化，使输出的电压趋于稳定。

同样，当负载变化时，会引起输出电压的下降，因此稳压管也会因两端的电压下降而减少其工作电流，在限流电阻R上的压降也随之下降，结果使输出电压得到补偿而趋于稳定。

直流稳压电源的方框图如图11.7所示，它主要由整流电路、滤波电路、稳压电路等组成。

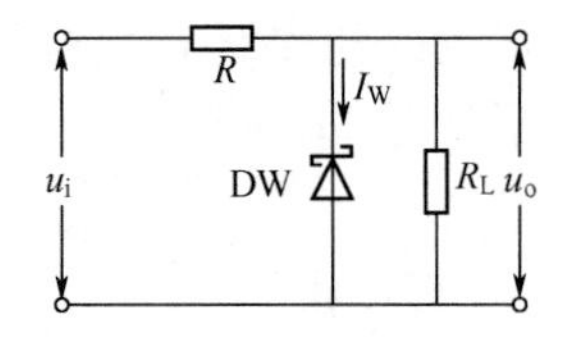

图11.6 稳压管稳压电流图

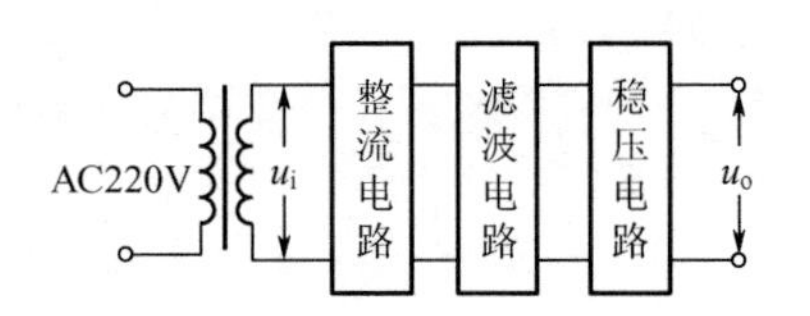

图11.7 直流稳压电源方框图

(4) 三端固定集成稳压。

① 78××系列（图11.8）为正电压输出，79××系列（图11.9）为负电压输出，最后的两位数字××就是输出的电压值，如7815表示输出+15V，而7912表示输出-12V。

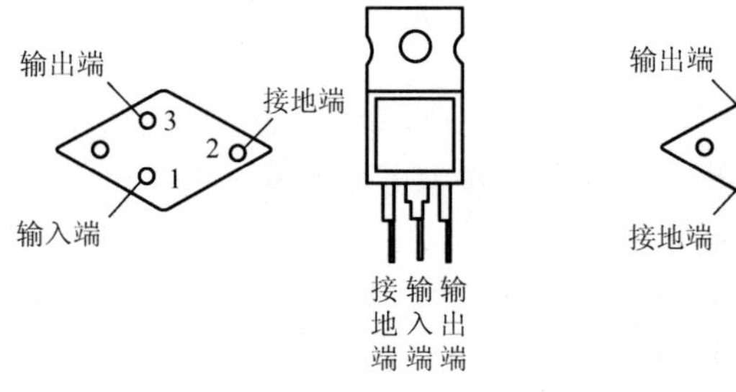

图11.8 78××系列

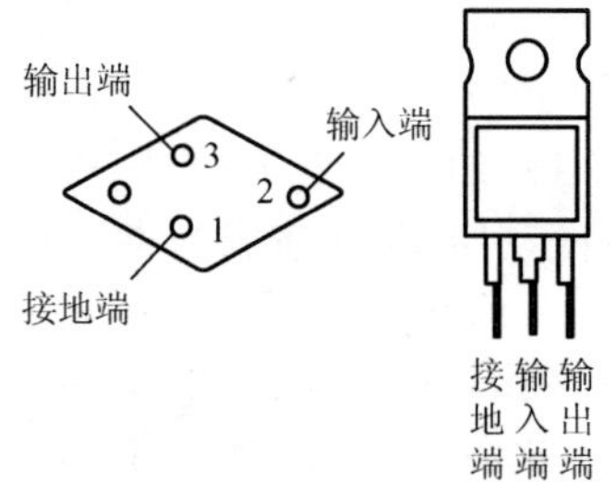

图11.9 79××系列

② 三端固定集成稳压的输出电路（图11.10）。

(5) 操作指导。

① 电路设计与制作要求如下。

a. 按原理图用铅笔画一张正面装配图，一张背面布线图。

b. 严禁在元器件安装面走线。

c. 装配图、布线图要求清洁，书写要端正，画走线、元件要用直尺，制图走线要规

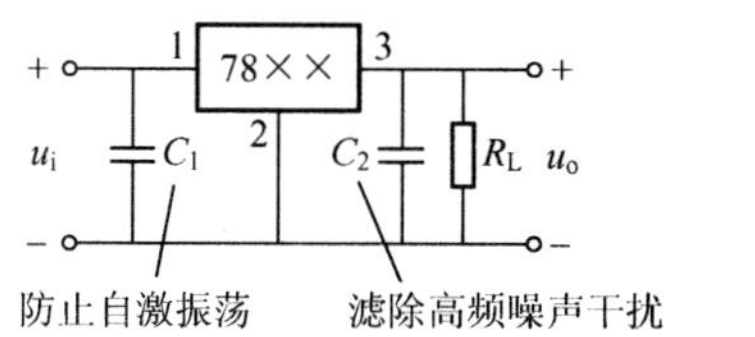

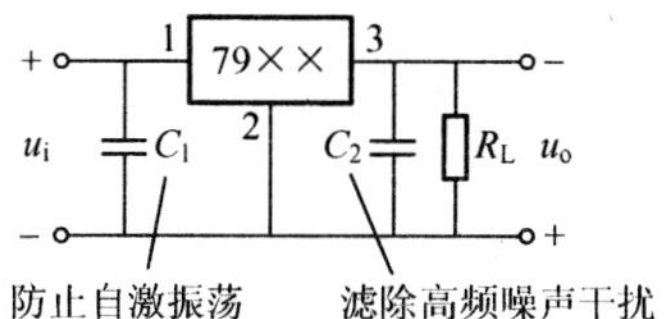

图 11.10　三端固定集成稳压的输出电路

范，要“横平竖直”。

② 元器件的安装要求如下。

a. 色环电阻排列以排插面为基准。误差端在右边或朝上。

b. 二极管和电阻（非色环电阻）标有参数面朝上。

c. 电解电容的安装，元件引脚长不宜超过 2mm。

d. 二极管、电阻可贴面安装，引脚应整形成直角后再安装。

③ 元器件的焊接要求如下。

a. 元器件引脚与焊点可成直角或 75°角。

b. 元器件多余脚经焊接后应留 1～2mm，其余剪去。

c. 严禁用焊油膏及其他酸性助焊剂。

（6）直流稳压电源安装与制作要求。

① 说明电路原理，划分电路模块，分模块叙述功能。

② 降压部分：变压器选择及计算方法。

③ 整流部分：分类、工作原理及整流桥（二极管）的选用、计算方法。

④ 滤波部分：工作原理及滤波电容的选用原则。

⑤ 稳压部分：工作原理及稳压元件的选用原则。

⑥ 固定集成稳压器的种类及选用。

⑦ 了解 7805（7905）、7815（7915）等稳压器的内部结构、引脚功能及相关参数。

⑧ 相互交流和学习。

（7）桥式整流稳压电路的测量。

① 接入 1 个 500Ω 的电阻作负载。

② 用示波器观察桥式整流后的输出波形，并记录波形和电压最大值。

③ 用示波器观察桥式整流电容滤波后的输出波形，并记录波形和电压值。

④ 用万用表测量滤波后的电压值并记录，然后与示波器的测量值比较。

⑤ 用万用表测量稳压后的电压并记录。

⑥ 把测量的参数填入表 11－5 中。

表 11－5　测量记录表

	桥式整流	电容滤波	稳压输出
波形			
示波器测量值			
万用表读数			

（8）故障寻找与排除。

① 在调试中出现故障，要认真对整个电路加以分析、检查，对元器件参数及极性是否错装、连接焊点是否虚焊与假焊做仔细地检查。

② 在故障排除的过程中尽量使用万用表检查，把故障发生的原因及排除故障的方法填入故障分析表。

③ 要掌握故障分析方法，画出故障寻迹图，如图 11.11～图 11.13 所示。

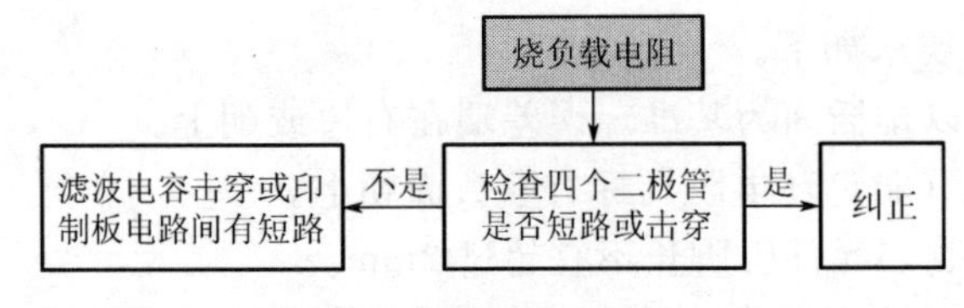

图 11.11　故障寻迹图（一）

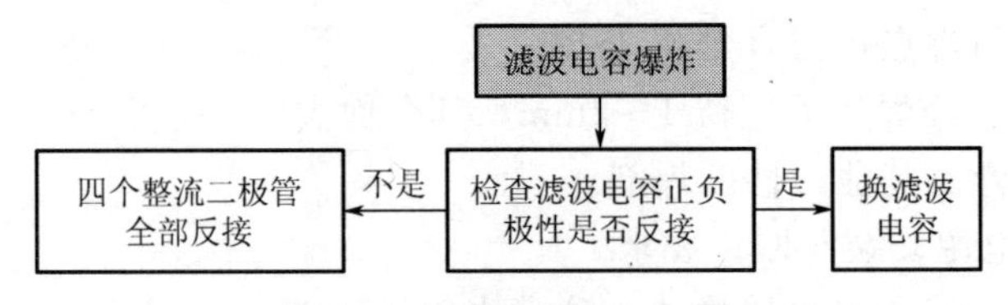

图 11.12　故障寻迹图（二）

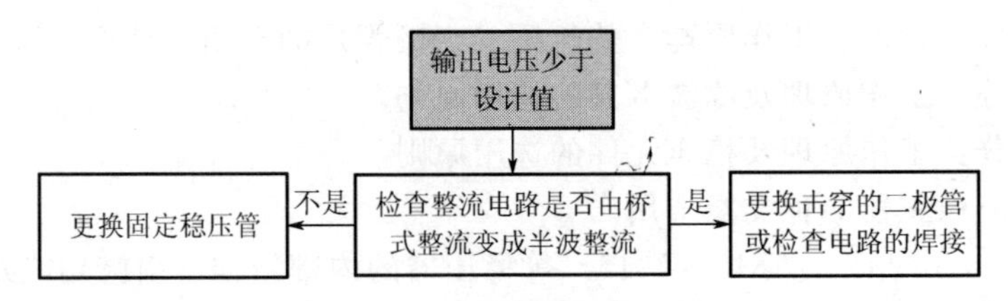

图 11.13　故障寻迹图（三）

环节四：向学生下发工作页，记录学习和工作的过程

直流稳压电源的制作与调试工作页如表 11－6 所示。

表 11－6　直流稳压电源的制作与调试工作页

1. 导入
（1）直流稳压电源有哪些应用？
（2）从交流电得到稳定的直流电中间经过哪些环节？
（3）集成稳压管有哪些类型，各有哪些作用？

（续）

2. 信息（咨询）
（1）直流稳压电源的市场信息（应用、参数、类型、品牌、价格）。
（2）元器件类型及成本。

3. 计划

为完成“直流稳压电源的制作与调试”的学习任务，小组内确定成员分工和工作时间，并填入表A中。

表A 成员分工及工作时间

子任务名称	承担成员	完成时间	预期成果

预期成果：实物、工作报告等。

4. 决策

确定完成“直流稳压电源的制作与调试”各子任务需要的工具、材料、理论知识和方法，并填入表B中。

表B 工具、材料、知识理论和方法决策表

子任务名称	工具	材料	理论知识	方法

5. 实施

（1）确定制作与调试工作策略各子任务的实施计划，并填入表C中。

表C 制作与调试工作策略各子任务实施计划表

序号	仿真、安装、原理分析或调试步骤	工具/辅具
1		
2		
3		

（2）写出各子任务测试中各类指标的测试计划：记录监测数据，确定故障原因，排除故障，并填写故障分析表（表D）。

表D 故障分析表

故障现象	故障原因	故障排除方法

（续）

6. 评估

（1）把作品包装成一个简易稳压电源。

（2）重新测试电路功能，看是否正常。

（3）启动电路，检查运行情况。

（4）提供用户使用。

（5）做好用户使用效果回访工作。

7. 展示和评价

做成展示课件，小组代表展示。

环节五、教师个别辅导，为学生答疑

环节六、学习成果评价

知识拓展

学习领域学生个人能力表现评价标准

为配合行动导向的教学组织形式，准确评价学生在学习领域中的能力表现，特制订本标准。学生在学习领域中的个人能力表现评价主要由学生自评、组内互评、组间评价、教师评价四部分构成。

学习领域下的每个子任务分别由组内某个同学承担，因此每个学习领域的每个子任务都是有明确的责任人的。当第一个子任务通过学生自学、相互交流、教师引导等环节后，教师将对该子任务进行检查，考核学生的学习成果（鉴于时间因素，可以随机抽取其中几组进行考核，但必须保证每个小组在整个学习领域完成后至少被抽到四次以上）。

首先，被抽到的组必须委派子任务负责人进行学习汇报（若子任务负责人有阐述不到位的，同组其他成员可以进行补充），然后教师进行点评。每组汇报时其他组成员必须认真听讲，并对该组的论述进行客观评价，在每组汇报结束后，组间互评成绩马上产生。当所有组汇报结束后，教师对该子任务的学习过程进行总结点评，同时给出教师评价。每一个子任务的学习情况都有组间互评及教师评价，组间互评及教师评价按50%、50%的比例进行折算，计算出每个学习小组的子任务得分。当出现某些小组不认真听讲其他组同学汇报或组间评价不客观，导致该组评分与汇报小组的实际得分相差过大的情况时，取消该小组下一个子任务的组间互评分资格，在下下个子任务时再恢复其评价资格，以此警告。当第一个学习领域的所有子任务全部都完成后，计算每个小组的子任务平均分，求得该小组的学习领域分。

为提高学生在合作学习过程中的互助学习精神、团队合作能力以及责任意识，在每个学习子任务结束后进行组内互评及学生自评，根据组内互评分、学生自评分占80%、20%的比例计算小组个人得分。当出现学生自评分比个人实际得分高很多的情况时，同样，取消该学生下一个学习领域的组内互评资格，在下下个学习领域时再恢复其评价资格，以此警告。最后，小组得分和个人得分按60%、40%的比例进行折算，得出每个同学的学习子任务分。最后，将个人的所有子任务的得分相加，再除以子任务数，就得到个人学习领域的得分。

具体的评分体系如图 11.14 所示。

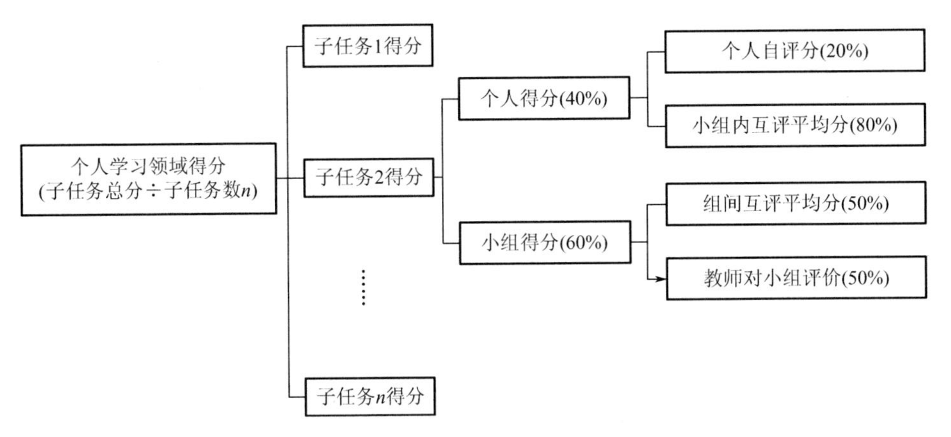

图 11.14　评分体系

填写学习评价表（表 11－7～表 11－11）。

表 11－7　学生自评表

课程名称			**被评学生姓名**				
学习领域名称			班级		学号		
总/子任务名称			同组成员				
评价主体	评价内容	评价指标	评价结果				
学生自评	项目的完成情况	基本要求实现程度	5	4	3	2	1
		扩展要求实现程度	5	4	3	2	1
	通过工作项目的学习掌握的知识	旧知识应用情况	5	4	3	2	1
		新知识掌握情况	5	4	3	2	1
	通过工作项目的学习掌握的专业技能	工具仪器使用情况	5	4	3	2	1
		掌握新技能及经验积累情况	5	4	3	2	1
	通过工作项目的学习培养的解决问题的能力	完全通过他人帮助或相互协助、或独立解决、或创造性解决	5	4	3	2	1
		掌握解决问题的方法	5	4	3	2	1
	自评总分						
备注	1）评价结果：5—优秀；4—良好；3——般；2—基本达到要求，但要有较大改进；1—未达要求。 2）在自评的过程中应该实事求是，不能同时都选择同一项分数						

表 11-8　行动导向教学小组成员互评

课程名称			被评学生姓名				
学习领域名称			班级		学号		
总/子任务名称			同组成员				
评价主体	评价内容	评价指标	评价结果				
组内相互评价	方法能力的评价	学习方法、学习能力、学习主动性	5	4	3	2	1
		解决问题的独立性和方法	5	4	3	2	1
	社会能力的评价	与同学交流、协作的能力	5	4	3	2	1
		在项目完成过程中表现的团队精神和心理素养	5	4	3	2	1
	专业能力的评价	专业知识、技能掌握、应用情况	5	4	3	2	1
		项目完成的质量	5	4	3	2	1
	小组成员互评总分						
备注	1）评价结果：5—优秀；4—良好；3—一般；2—基本达到要求，但要有较大改进；1—未达要求。 2）在互评的过程中本着对同学负责的态度，实事求是，不能同时都选择同一项分数						

表 11-9　行动导向教学教师评价

课程名称			班　级				
学习领域名称			第____小组				
总/子任务名称							
评价主体	评价内容	评价指标	评价结果				
教师评价	方法能力的评价	学生在项目完成中获取新知识、新技能的学习能力	5	4	3	2	1
		学生解决问题的能力与方法的合理性和逻辑性	5	4	3	2	1
		学生解决问题的独立性					
	社会能力的评价	学生的交流能力、交际能力、团队精神和合作能力	5	4	3	2	1
		学生的行为态度与学习习惯	5	4	3	2	1
	专业能力的评价	专业知识、技能掌握程度	5	4	3	2	1
		专业知识技能综合应用情况	5	4	3	2	1
		项目完成的质量	5	4	3	2	1
	教师评价等级		教师评价总分				
备注	教师评价等级：18 分以下为未达标；18～25 分为基本合格；25～32 分为一般；33～39 分为良好；40～45 分为优秀						

表 11-10　行动导向教学组间评价

课程名称			班级				
学习领域名称			第____小组				
总/子任务名称							
评价主体	评价内容	评价指标	评价结果				
组间相互评价	方法能力的评价	论述准确度	5	4	3	2	1
		时间意识等	5	4	3	2	1
	社会能力的评价	职业素质（安全意识、经济意识、工作岗位的卫生等）	5	4	3	2	1
		在项目完成过程中表现的团队精神和心理素养	5	4	3	2	1
	专业能力的评价	专业知识理解	5	4	3	2	1
		专业技能掌握	5	4	3	2	1
		项目完成的质量	5	4	3	2	1
	各小组之间评价总分						
备注	评价结果：5—优秀；4—良好；3——般；2—基本达到要求，但要有较大改进；1—未达要求						

表 11-11　行动导向教学评价汇总

课程名称		学生姓名			
学习领域名称		班级		学号	
总/子任务名称		同组成员			
学生自评分					
小组成员互评分					
组间评分					
教师评价等级		教师评价总分			
小组分数					
小组各成员分数					
小组对教师评价的认同意见					
综合质性评价					
备注	教师评价等级：18分以下为未达标；18～25分为基本合格；25～32分为一般；33～39分为良好；40～45分为优秀				

案例2　水位控制器

1. 咨询阶段（创设情境，提出问题）

1）提出问题

某一区域的地势比较低，遇到下雨经常会积水，因此需要建立一个泵房，一旦积水超过一定的水位就需要用水泵把水泵出。现在需要一个控制电路自动完成这样的操作，实现对水位的自动控制。该水位控制器的具体要求如下：

(1) 通过水泵把水位控制在一定的范围之内，水泵的功率为5kW。

(2) 水位一旦超过警戒水位，水泵开始运行，直到水位降到低水位时水泵才停止运行。

2）项目分析

电子线路本身只能处理电信号，也就是说只能处理电量信号，如电压、电流、电阻等。而现实生活中大量需要处理的问题是处理非电量信号，如温度、压力、流量、位置、长度、重量、光量、磁量等。对于电子线路而言，处理非电量信号都需要专门的装置——传感器。传感器的作用就是把非电量信号转变为电信号。本项目中水位的高低就是一个位置信号，必须用传感器把水位高低的位置信号转变为相应的电信号，才能用电子线路对该信号进行处理，然后驱动水泵控制水位。

那么什么是传感器呢？在进行本项目电路实际操作前，先了解一些有关传感器的基本知识。

(1)（以小组为单位）进行知识查询。查询的知识结构如图11.15所示。

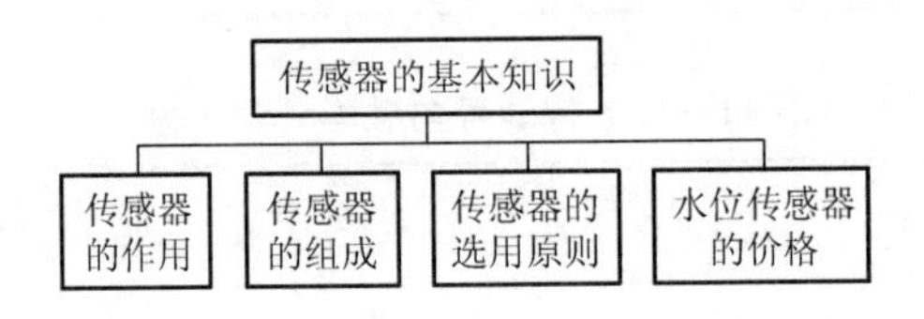

图11.15　传感器的知识结构

(2)（教师引导学生以小组为单位）进行已有电路的分析。

① 水位高低的探测。根据非纯净的水是导电体，用两根电极放置在需要确定水位高低的位置，当水位没有到达指定高度时，两根电极断路，电极间的电阻很大；当水位高度到达指定位置时，两根电极被水短路，电极间的电阻比较小。这样就把水位是否达到指定高度的问题转变为电极间电阻大小的问题，如图11.16所示。

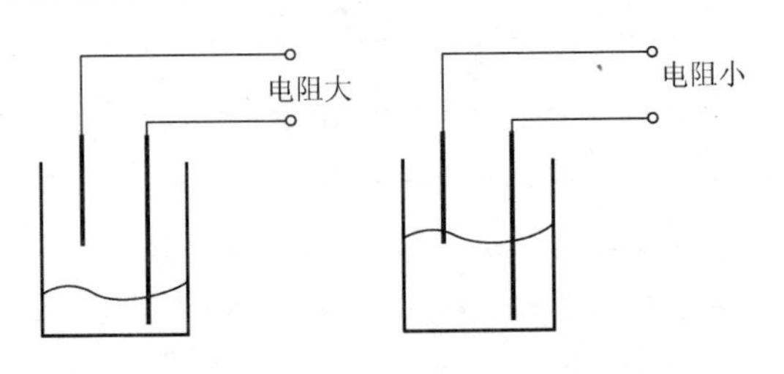

图11.16　水位高低的探测

② 水位高低的处理。用电极作为水位高低的传感器，电极间的电阻大则水位高度低，电阻小则水位高。因此将处理水位高低问题变为处理电极间的电阻大小问题，如图 11.17 所示。

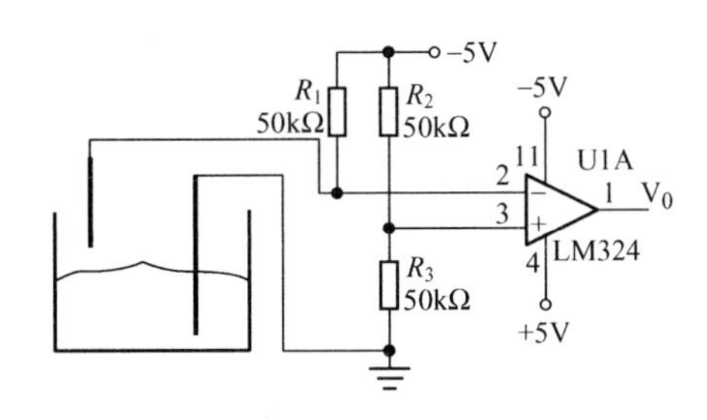

图 11.17　水位高低的处理

电路分析：

运放为开环比较电路。此时两电极间呈高电阻状态，运放反相输入脚 2 脚的电位为 5V，而同相输入脚 3 为 2.5V，运放的输出脚 1 为−5V 即低电平。当水位升高（图 11.18），此时两电极间呈低电阻状态，运放 2 脚的电位约为 0V，而 3 脚为 2.5V，运放的输出脚 1 为 5V 即高电平。这样，当水位到达指定位置时，运放输出高电平；当水位不到指定位置时，运放输出低电平。

③ 输出信号。

指示灯输出：图 11.18 中，R_4 为晶体管基极的限流电阻，基极电流限制在 1mA 左右，R_5 为发光二极管的限流电阻，流过发光二极管的电流约为 10mA。水位到达位置，运放输出高电平，晶体管饱和导通，发光二极管亮，指示应该排水了。但是，如此需要有人一直盯着指示灯，不科学。

蜂鸣器输出：当水位到达位置时，指示灯亮，蜂鸣器响，指示应该排水了。

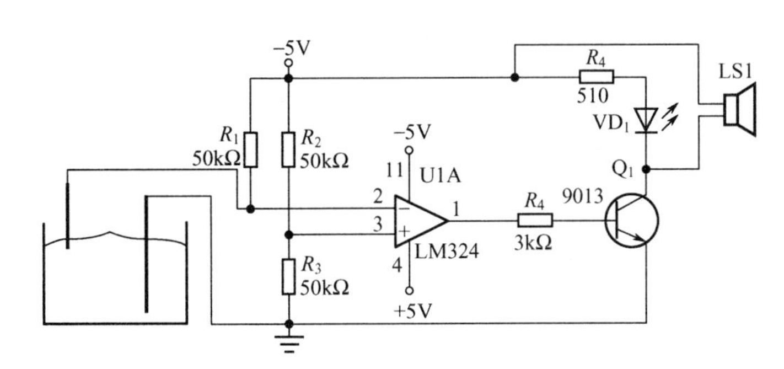

图 11.18　已有的电路图

3）引导小组分析上述电路存在的问题

（1）此电路只是起提示人操作水泵的作用，水泵的运行与停止仍然需要人操作，不符合项目的要求。

（2）水位是否已经很低不能指示。

（3）水位高到指定位置时，水位的波动会对电路的指示造成影响。

2. 计划阶段（小组合作，改进电路方案，确定电路元器件）

（1）增加一根电极，用于探测低水位，同时增加一个运放，用于把低水位信号转变为电信号。这样，两个运放分别输出高水位信号和低水位信号。

（2）把运放构成的开环比较电路改为正反馈比较电路。

（3）增加一个 D 触发器 CD4013，由该触发器构成一个 RS 触发器。由高水位信号使 RS 触发器置“1”，即输出高电平，启动水泵运行；由低水位信号使 RS 触发器置“0”，输出低电平，水泵停止运行。同时，指示灯的指示内容也要作改变——用于指示水泵的运行状态，水泵运行时指示灯亮；水泵停止运行时，指示灯灭。

在图 11.19 中，低水位电路加了 U1C 一个运放，为一个反向比例放大电路，用于对运放 U1B 输出电平取反，即当水位低于低位时，U1C 输出高电平，当水位高于低位时输出低电平。U2A 为集成电路 4013，它内含两个单元的 D 触发器，我们仅用了其中的一个，在此用于构成一个 RS 触发器。其输出端 Q 驱动晶体管 Q_1，由晶体管驱动小型继电器及发光二极管 VD_1。其中的逻辑关系如表 11－12 和表 11－13 所示。

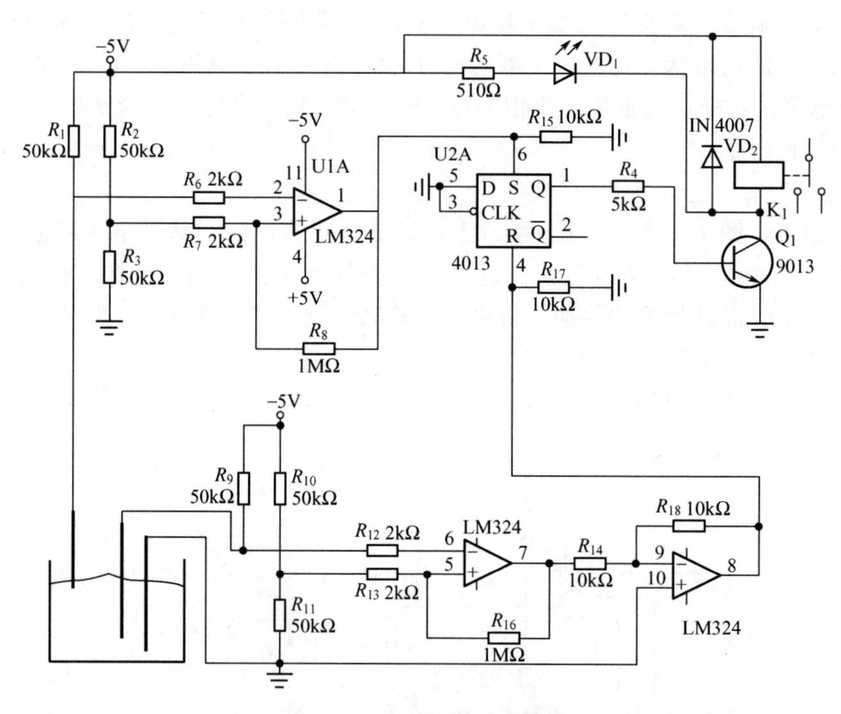

图 11.19　改进的电路图

表 11－12　水位上升时

水　　位	U1B（S）	U1C（R）	Q	继电器
低于低水位	低	高	0	断开
高于低水位、低于高水位	低	低	0	断开
高于高水位	高	低	1	吸合

表 11－13　水位下降时

水　　位	U1B（S）	U1C（R）	Q	继电器
高于高水位	高	低	1	吸合
高于低水位、低于高水位	低	低	1	吸合
低于低水位	低	高	0	断开

3. 决策阶段

小组与教师商量电路方案和参数选择。

4. 实施阶段

1）用 Protel 软件的绘制电路原理图

用 Protel 软件绘制电路原理图，在本项目中，电路图库中已有继电器的原理图图形符号，但继电器的元件封装在 PCB 封装库中是没有的。如果想要用自动布线的方法来设计 PCB，必须建立一个继电器的封装。元件封装可以根据实物（先购买好元件）测绘建立封装，更好的方法是根据厂家提供的元件封装资料来建立封装文件。

2）印制电路板的绘制

用 Protel 软件设计绘制 PCB 图。在设计 PCB 图时需要注意继电器的布局应尽可能布置在电路板的边上，交流（输出）侧在外侧，输出的连接线应宽一点，线与线之间的间距不要太小。继电器也应远离弱信号电路。

3）安装调试本项目电路

（1）安装本项目电路。根据电子装配工艺的要求，按照先小后大，先内后外，先低后高，先轻后重的装配原则安装本项目电路。尤其要注意继电器在安装时，助焊剂应采用中性助焊剂，焊接完毕后应清洗干净。

（2）调试本项目电路。本项目中没有稳压电源电路，因此电源必须由外部供给。在使用外部电源时应先调整好电源的电压，电源应能提供足够的电流。调试时，不必接上继电器的负载（交流接触器），只需测试继电器触点的通断状态即可。如要接入交流接触器，则一定要注意安全，外接电路必须正确，同时应注意电路板上继电器的触点上会有市电接入，防止触电。

5. 检查与评估阶段

1）检查

（1）把作品包装成一个水位控制器。

（2）重新测试电路功能，看是否正常。

（3）启动电路，检查运行情况。

2）展示与评估（参照案例 1 中的评价）

做成展示课件，小组代表展示。

11.4 教学评价与反思

以小组为单位观看成员对“直流稳压电源电路的安装与测试”内容的模拟上课后，结合表 11 - 14 进行教学评价。

表 11 - 14 教学评价表

序号	测试项目	测评要素	自己评价	小组评价	教师评价
1	项目设计（30）	应用性：项目选取应具有本专业应用价值			
		理实一体：项目能将理论知识和实践知识有机结合，将知识的学习和能力的生成有机融合			
		生产生活实际：项目来源于企业、行业或生活实际，具有直观性、学术性和应用特征			
		“摘桃”：学生自己克服、处理在项目工作中出现的困难和问题			
		项目能够激发学生的学习兴趣，充分调动学生的主动性			
		探究：项目能够提供让学生运用新学知识、新技能去解决从未遇到过的实际问题的机会			
		成果展示：可以有明确而具体的成果展示			
		评价：师生共同评价项目工作成果和工作学习方法			
2	教学设计（30）	学中做与做中学			
		能根据学科的特点，指定具体的教学目标、教学重点和难点			
		教学设计体现学生的主体性			
3	教学实施（30）	情境创设合理，关注学习动机的激发			
		教学内容表述和呈现清楚、准确			
		有与学生交流的意识，提出的问题富有启发性			
		板书设计突出主题，层次分明；板书工整、美观、适量			
		教学环节安排合理；时间节奏控制恰当，教学方法和手段运用有效			
4	教学评价（10）	能对学生进行过程性评价			
		能客观地评价教学效果			

第12章

考察教学法

【本章教学课件】

考察教学法，是专业教学法中一种重要的教学方法，在许多专业教学中被广泛运用，尤其是当前大力提倡和开展校企合作的有利时期。考察教学法不同于传统的参观教学，与参观教学具有本质区别。

考察教学法是指根据职业教学目的，由教师和学生共同计划，教师组织、指导、协助学生到现实场所，如自然界、生产现场和社会生产、生活场所，对实际事物、过程或现象进行实地观察、体验、调查、研究，从而获得新信息、新知识，或巩固、验证、扩大已学知识和训练能力，丰富专业经验，增强专业精神的一种教学方法。

12.1 教师工作任务

假如你是一名到中职院校进行教育实习的职前教师，接收到要带学生到某电子企业进行参观考察的教学任务。请对该教学任务完成教学设计工作页。

考察教学法中，教师的工作任务概况如表12－1所示。

表12－1 教师工作任务概况

工作流程	设计意图
教学工作过程 教学设计 教学实施 教学评价与反思 教学内容与课程标准分析 教学对象分析 教学重难点的确定 教学媒体的选择 教学流程设计 引导文设计	以教师的教学工作过程为导向
学习目标	**设计意图**
1）知道考察教学法的教学过程； 2）能够根据教学任务进行教学设计	明确的目标引导学习的方向

12.2 教学设计

阅读案例，以小组为单位，完成以下要求：

（1）请根据第2、3、4章的内容完成教学设计工作页表格中的内容（与第7章教学设计工作页形式相同）。

（2）完成考察方案设计。

【知识链接】

1. 考察教学法的特点

考察教学法是一种由教师指导学生“贴近现实”的教学方法，它不同于在课堂、实验室或实训场所进行的教学活动。对学生而言，它是一种走进现实生产、生活，走到工厂、矿山、企业、车间、田间、地头、社区、机关等实际生产生活场景，用学生自身的感官、身心，通过类似中医的“望、闻、问、切”的活动，用自己的眼睛观察、用自己的耳朵倾听、用自己的舌头品尝、用自己的头脑思考、用自己的内心体验，独立而广泛地搜集、整理来自生产生活实际的信息，从而获得关于事物、过程与现象的完整的、立体的认识的一种学习方法。这种教学方法不是单一的教学方法，它包含着其他方法，如观察、讨论、体验、尝试、研究等，是许多方法的整合运用，具有综合特性。

考察教学法具有体验性、探索性、自主性、社会性和活动性综合性等教学特点。考察教学法的主要形式有准备性考察、并行性考察、总结性考察、生产考察、社会考察、管理考察等。

2. 考察教学法的应用条件

1）被考察单位应具有相应的资质

考察对象应有典型性、代表性，其生产条件、设备设施、技术装备、生产流程、管理状况能基本满足学生学习的需要，能提供学生参观、学习、调查、研究的便利，以便印证或深化课堂学习内容，使学生学有所得，学有所感。当然，也可组织学生考察条件较差的企业，让学生研究其存在的问题，提出改进对策。

2）考察必须寻求考察单位的大力支持、密切配合

考察可能给考察单位增加压力，带来诸多麻烦，可能被考察单位拒之门外，因此，教师必须事先与考察单位取得联系，进行解释说明，争取考察单位的支持、配合。考察单位不仅同意接受考察人员，而且应给予一定的人力上的支持与协助，如让厂长、经理、车间主任或有经验的师傅、技术员接待、解说、示范，对学生的考察学习给予必要的、细心的指导，回答学生的提问，满足学生的考察需要。

3）带队教师必须具备较高的专业素养

考察教学的带队教师必须具有较为扎实而系统的专业知识，有一定的生产第一线的知识甚至经验，能回答学生在考察中提出的问题，指导学生开展操作活动。同时，带队教师还必须具有较强的组织能力、管理能力、协调能力，能有效地组织学生的考察活动，维护

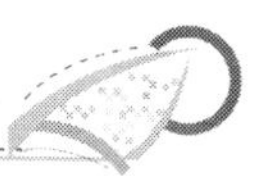

考察秩序、纪律，协调考察过程中发生的人际关系，处理可能出现的矛盾，解决考察中的偶发事件，使考察活动能顺利开展。

4）学生应具备的条件

学生必须具有与考察内容相关的基础知识、基本技能，明确考察学习的要求、任务、内容，有良好的学习愿望和考察热情，考察前做好考察准备，如自主设计考察方案、进行分工，准备考察学习必需的设备、工具、材料。考察中认真观察、记录、提问，考察后总结反思。当然，这些素质与要求需要教师有意识地培养和引导。

5）考察需要一定的物质条件、技术手段

考察学习需要积累一定的资料，如图片、数据、表格、影像，以便学习与研究。因此，考察学习要携带设备，如照相机、录音笔、摄像机、胶卷、传声器（即话筒）、笔记本等。

3. 考察教学法的步骤

1）计划

考察活动开展之前，应做好考察计划、制订考察方案。考察方案的基本要素有活动主题、活动目标、活动内容、活动时间、活动地点、行动步骤、评价要点与注意事项。

作为一种教师指导下的自主学习方式，考察活动除了教师制订考察计划，还应指导学生确定考察学习计划，明确各自的具体目标、任务与各自的职责，准备相关材料。成立考察小组，进行分工，分解考察任务。

2）准备

考察是一项系统工程，为了实施计划，确保考察的成功，必须做好充分的准备，“凡事预则立，不预则废”。考察准备包括进一步明确考察活动方案的基本内容，如活动主题、活动目标、活动内容、活动时间、活动地点，以及物质、技术、资金、组织等方面的准备等。

3）执行

（1）实施考察方案，将考察计划付诸行动，组织学生到考察现场开展考察活动，利用观察、访谈、调查等方式收集相关资料，以达到预期目的。

（2）到考察现场进行沟通、协商，明确考察要求、注意事项、人员分工，以及各小组的工作任务。

（3）选择考察活动方式，根据考察任务各小组独立工作，进行调查、观察、操作，或在教师、解说员、指导员的指导下观察、调查、访问。

（4）考察过程中的讨论、交流。学生可向外部人员、专业人员、领导提问，记录提问及答案。

（5）考察活动记录有问卷、照片、图片、草图、视频、音频、纪录提纲等多种形式。

4）成果展示与汇报

（1）处理考察过程中搜集到的材料和访谈资料。将考察活动中收集的资料、成果进行展示，包括有形的数据、图表、图片、实物、材料，也包括无形的考察步骤、方式方法、经验体验、感受收获等，展示的形式可以不拘一格，灵活多样，生动活泼，充分展示所见所闻、体验收获，甚至是个人的困惑、问题、思考、启示等。

(2) 成果展示。展示搜集到的材料和访谈资料，如图片、物品、笔记、PPT 陈述、幻灯片、视频等。

(3) 汇报。汇报的资料包括内容、方法、结果（客观、主观、情感、认知）、建议结论、讨论、情境描述、活动表演。

(4) 以小组方式汇报考察成果，包括成果讨论和总结，以及与企业代表的讨论结果。

(5) 以班级方式汇报考察成果。分小组汇报成果，交流感受和体会。

5）反馈

针对个人的、小组的、全班的考察展示与汇报，鼓励对考察展示提出问题、展开讨论、深化认识。为了促进反思，提升考察成果，可以提出一些引导性问题，分析讨论，总结经验，为下一次考察提供参考。例如，反馈的引导问题：哪些方面还可以进一步改进提高？时间计划安排可行吗？还有哪些问题？考察评价中有进一步改善的建议吗？与企业代表就考察成果的讨论有收获吗？还可以就考察行动步骤和方法方面的经验进行讨论。

6）评价

对学生的考察活动做出评定。评价内容包括考察学习方案设计、考察准备情况、计划执行情况、考察后的收获、存在的问题。评价既要关注考察结果，更要关注考察过程，既要关注思想观念的变化、知识技能的发展，又要关注个人努力状况、合作创新精神等态度情感的评价，使评价能更好地激励学生成长，发挥评价的促进功能，实施发展性评价。

评价依据的主要材料有学生考察中的记录、考察后提供的材料，学生的汇报与展示，学生提交的考察报告，教师向学生提问，学生进行解释、回答，等等。

评价活动一般先指导学生个人评价，再进行小组同伴评价，最后由指导教师确定考察成绩。

以上阶段为考察教学的基本环节，在实际教学中可根据实际需要加以安排、选择，如可将展示汇报、活动反馈合并为一个环节，评价还可以在展示汇报中进行。

12.3 教学实施

请以小组为单位设计教学实施方案。

案例 1　某电子有限公司考察

1. 考察目的

××电子有限公司主要生产的产品有 GPS 导航设备与监控系统、多媒体音视频设备、便携数字电视及手机、销售自产产品 PCBA 贴装焊接加工，××电子拥有国内先进的贴片、测试、整机装配生产线，全新自动化设备、全封闭无尘车间，年产量超百万台，生产场地近 6000m^2。××电子强有力的技术支持，为该公司的系列产品的生产提供了坚实的基础，是×××最坚实的技术生产后盾。

2. 考察过程安排

1）参观前准备

车间负责人带领参观，注意要穿着工作服。

在工厂采访过程中，工厂严格的生产线管理模式，让这家科技公司更具感染力，工人进入无尘车间之前，必须着规定的无尘静电服，然后经过风淋门进行灰尘及静电的消除，然后才可以进入无尘车间。

2）生产线参观

工厂给人的整体感觉就是宽敞明亮，各种高科技先进设备摆列整齐、工人们认真工作的场景，带给我们很大触动（图 12.1 和图 12.2），这与公司服务社会、服务客户、服务员工的理念是密不可分的，体现了这家新兴企业严格先进的生产理念。

图 12.1　认真工作的技术工人

图 12.2　井然有序的生产车间

3）工厂的检测区

技术工人利用各种仪器设备对产品进行测试（图 12.3 和图 12.4），确保良品率。

图 12.3　主板测试

图 12.4　热老化试验箱

产品检测方面，公司从电路板的生产线到后期产品测试都有强大的技术支持与设备支持，确保生产的产品能够适应各种使用环境，保证产品在实际使用过程中能够应对日常的各种情况，达到国家规定标准。

专业优秀的管理团队，先进的车间管理设备及制度，敬业的技术工人，负责用心的产品检测确保了产品的品质，这也正是这家新兴公司能够在短短四年时间中快速发展到业内领先地位的秘诀。

4）产品的包装区

生产线上最后一个环节——包装线部分，用于包装的设备一应俱全，包装速度也十分迅速（图 12.5 和图 12.6）。

图 12.5　包装用设备

图 12.6　包装线

该公司的产品从生产到半成品再到成品都有一套严格的流程，当成品完成时还会经过一套严格的质检。

案例 2　某鼠标生产企业考察

1. 考察目的

鼠标是我们平时零距离接触最多的 PC 外设产品之一。一款好的鼠标从研发到制造，再到包装投向市场，都有严格的作业流程。鼠标虽小，学问不少。任何一个环节的疏忽都可能影响鼠标的灵活性、稳定性。参观鼠标生产企业，可以了解到一款优秀的鼠标是怎样炼成的，对于学习专业知识技能起到直观的激励作用。

近年来国内企业 PC 外设新品辈出，受到媒体的广泛关注。××鼠标以时尚外形、稳定灵敏的性能著称，同时兼顾物美价廉，赢得了消费者的青睐。通过此行考察，可以见证××企业优质鼠标的生产全过程和科学严谨的工艺流程，感受××企业浓浓的人文意味及蓬勃向上的团队精神。

2. 考察过程安排

1）企业风貌

（1）整洁的厂房，茵茵绿草环绕，让参观者感受清新的工作环境。

（2）硕大的办公和研发中心，众多专业的 PC 外设研发人员，让企业拥有过硬的硬件和软件支持，产品研发部持续不断涌现新的产品。

2）产品制造

产品制造的流程有 PCB 裸板—插件—波峰焊接—PCB 测试—组装外壳等。

制造鼠标产品前，企业首先会进行采购优质的工厂生产的电路板（PCB）和开模具等工作。然后进行加工制造，实现新品研发人员的设计创意。

第 1 道工序：插件。

进入车间，成排的鼠标 PCB 裸板，员工正在各 PCB 板插上开关等电器元件，以便稍后进行波峰焊接工序。

第 2 道工序：波峰焊接。

插好件的 PCB 板会送进焊接机器（图 12.7），将前面插好的元件焊好。值得一提的是，公司采用了国际环保标准的波峰焊机。

图 12.7　焊接机器

第 3 道工序：PCB 测试。

通过波峰焊的 PCB 还需要进行一些细微的修整，然后便进入 PCB 测试环节，以确定电气正常。

第 4 道工序：组装外壳。

测试正常后，将 PCB 放入精美的外壳中，然后拧上螺钉，完成贴角垫等工序。最后再印上 Logo（有手印和丝印两种方法）。先进的包装机器，使产品看起来更加精美。

3）产品测试

加工完毕的鼠标在包装前还要进行多次测试，以保证投入市场的产品品质优秀。

所有产品前前后后要经过多次各种各样的测试，如图 12.8～图 12.12 所示。

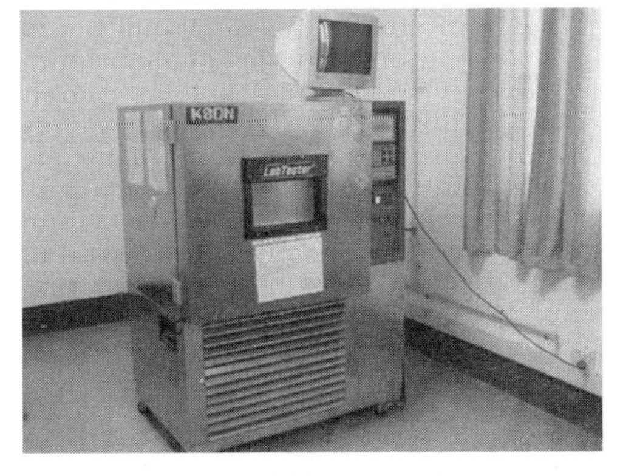

图 12.8　恒温恒湿箱（键鼠在温度和湿度中的极限耐力测试）

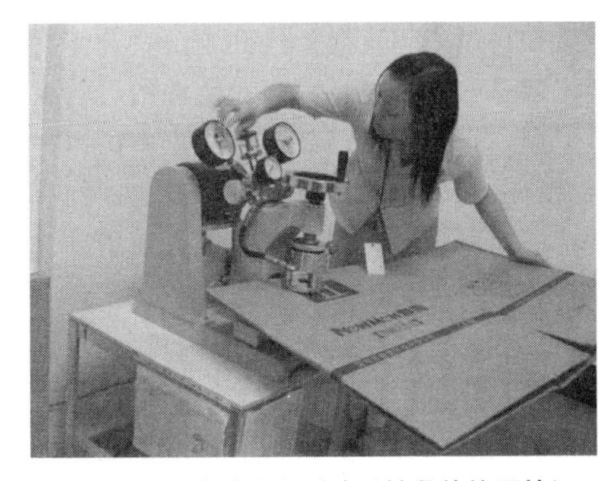

图 12.9　破裂强度测试（键鼠的抗压性）

图 12.10 线材寿命测试（各种电线材料寿命）

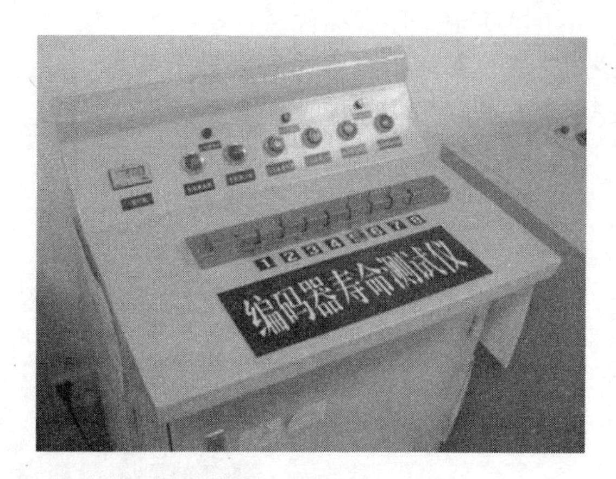

图 12.11 编码器寿命测试

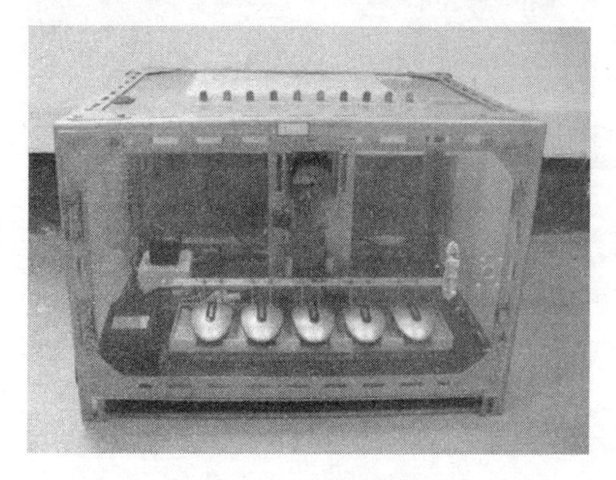

图 12.12 开关寿命测试

案例 3 某电子产品生产企业考察

1. 可行性分析

现今社会，企业招聘员工，重视员工对工作岗位的工作技能，且对人才的要求越来越高，对于在校学生而言，将自己锻炼成为企业所需人才，尤其是具有针对性专业技能的人才就变得越来越重要。因此了解企业需要什么样的人才在学生培养过程中显得非常重要。要了解这一点，通过考察对企业的运营模式是一种有效的方法。

(1) ×××有限公司是一家中国××级企业，通过重新对市场定位、资源重组、业务整合等一系列的战略调整，使该企业拥有雄厚的实力及过硬的服务。通过对该企业的参观及了解对所学专业和兴趣有很大的帮助。

(2) 对公司而言，通过我们的参观，可以将其优秀的企业文化及优质的服务告诉社会，成为其最好的宣传者，从而达到很好地推销公司的目的。

(3) 对学生而言，通过企业的参观，不仅丰富了他们的校园生活，为他们提供了走出校门、接触社会的机会，而且使他们学到了企业文化，开阔了文化视野，同时将所学的理论知识与实践相结合，了解到物流的特点及仓储、装卸、搬运等基本的物流作业功能，熟悉物流的基本设备、运营管理，为他们以后步入物流企业工作打下坚实的基础。

2. 计划

制订考察计划表，如表12－2所示。

表12－2　考察计划表

活动主题	深入了解电子产品生产企业生产流程，丰富学生专业的感性认识，提高学生实践能力
活动目标	通过此次活动，希望可以开阔在校生的视野，了解社会经济的发展动态，让学生更好地适应当代社会的发展，更好地了解和适应××企业的用人需要，同时提高我校的社会知名度
活动时间	×月×日
活动地点	×××电子企业
活动对象	电工电子专业二年级学生
活动流程	**1. 前期阶段**
	1）确定并了解企业的相关信息及该企业可提供哪些方面的参观，了解企业特色，以便后期宣传工作的开展。 2）与该企业商榷参观的时间、方式、流程及最大参观人数，并问清楚进行参观时需注意的事项。 3）确定参与本次活动的人员名单，并留下参观人员的联系方式。 4）联系带队人员，向他说明参观企业的有关信息及参观时间，在参观中为同学们做相关的讲解。 5）参观人员准备好所需的记录工具，如笔与笔记本，在征得企业同意的情况下可带摄像机等拍摄工具
	2. 准备阶段
	1）确定乘车路线并收集车费。 2）在参观前两天汇总人数，并在出发前一天通知强调集合的时间与地点。 3）根据人数，做好当天参观企业的人员安排，并对他们说明应注意的事项
	3. 参观阶段
	1）各班级代表将在参观当日上午9：00左右赶到×××物流企业，并请求该企业安排一至两名讲解员讲解本企业的历史及发展现状。 2）出发前点名，在车上各班级代表维持秩序并再次声明参观时应注意的各事项。 3）到达企业后与工作人员说明情况并确定参观的流程，开始参观企业。 4）参观人员在讲解员的带领下参观该物流企业的生产车间，了解车间的生产过程，感受其以尊重为本及视服务为生命的企业文化。 5）与企业管理者交流，并对在参观中所发现的问题进行提问。 6）在参观过程中参观人员应遵照企业所提供的注意事项并自觉保持秩序，遇到突发状况及时与企业工作人员联系。 7）向企业工作人员表示感谢，各参与者邀请企业工作人员一起合影留念，确定人数返校

（续）

	4. 后续工作
活动流程	1）举办照片展：在校园内展开参观企业的照片展，与同学们进行交流，分享参观成果。 2）成果反馈：向被参观企业反馈参观所得、感想，并再次向企业为我们所提供的参观机会表示衷心感谢。 3）网上宣传：将各班级代表收集整理的此次参观的有价值的照片及感想上传到学校网站，以期在学校引起重大反响，形成相关学风。 4）总结：展开参观××企业的总结大会，与企业进行联系询问当天的相关情况，找出不足并在以后的企业参观中进行改进

提示：

（1）在来回途中，注意安全。

（2）在参观过程中，参观人员要听从企业工作人员的安排，不可违反该企业的规章制度，以免损害学校的形象。

（3）在与企业人员交流时要注意言谈举止。

（4）带好相应的工具如笔等。

（5）如遇特殊情况，由参观人员和被参观企业共同协商处理。

12.4 教学评价与反思

在全班范围内，各小组进行考察方案展示，并填写考察评价表（表 12-3）。

表 12-3　考察评价表

序号	测试项目	测评要素	自己评价	组间评价	教师评价
1	被考察企业（50）	被考察单位应具有相应的资质			
		带队教师必须具备较高的专业素养			
		方案可行性			
		专业相关度			
2	教学组织（50）	安全			
		有序			
		能客观地评价教学效果			

附录　补充资源

学习资源

1. 考证文件

【2014中职教师资格证考试面试大纲】

【2015中学教师资格考试面试评分表】

【浙江省教师资格考试改革试点工作实施方案】

2. 教师资格证面试面面观

【概况】

【教师礼仪】

【试讲技能】

【说课技巧】

【过程与体验】

【说课与教学设计的方法与要点】

3. 中职教师说课案例

三相交流异步电动机顺序起动控制线路

荧光灯电路的安装

[来源：http：//sv. hep. com. cn]

4. 师范生师范技能比赛

编码器

[来源 http：//210. 33. 80. 27：9200/font/index. aspx]

参考文献

[1] 2015版《中华人民共和国职业分类大典》.

[2] 2010年版中职专业目录.

[3] 中华人民共和国教育部. 中等职业学校专业教学标准（试行）：信息技术类（第一辑）[M]. 北京：高等教育出版社，2014.

[4] 职教师资本科电子科学与技术专业培养标准、培养方案、核心课程与特色教材研发报告.

[5] 中华人民共和国教育部. 中等职业学校专业教学标准（试行）：加工制造类（第一辑）[M]. 北京：高等教育出版社，2014.

[6] 中华人民共和国教育部. 中等职业学校专业教学标准（试行）：加工制造类（第二辑）[M]. 北京：高等教育出版社，2015.

[7] 浙江省中等职业学校电子技术应用专业教学指导方案.

[8] [美] 唐纳德·R. 克里克山克，德博拉·贝纳·詹金斯，金·K. 梅特卡夫. 教师指南 [M]. 祝平，译. 南京：江苏教育出版社，2007.

[9] 周正. 谁念职校：个体选择中等职业教育问题研究 [M]. 北京：教育科学出版社，2009.

[10] 朱宏. 电子技术应用专业教学法 [M]. 北京：高等教育出版社，2012.

[11] 邓泽民，赵沛. 职业教育教学设计 [M]. 北京：中国铁道出版社，2013.

[12] 李龙. 教学设计 [M]. 北京：高等教育出版社，2010.

[13] 皮连生. 学与教的心理学 [M]. 上海：华东师范大学出版社，2011.

[14] 王楠，崔连斌，刘洪沛. 学习设计 [M]. 北京：北京大学出版社，2013.

[15] [美] 约翰 W. 桑特洛克. 发展心理学：桑特洛克带你游历人的一生 [M]. 北京：机械工业出版社，2014.

[16] [美] 朱莉·德克森. 认知设计 [M]. 赵雨儿，译. 北京：机械工业出版社，2016.

[17] 史密斯. P. L，雷根. T. J. 教学设计 [M]. 上海：华东师范大学出版社，2008.

[18] 刘春生，徐长发. 职业教育学 [M]. 北京：教育科学出版社，2002.

[19] 邓泽民. 职业教育教学论 [M]. 北京：中国铁道出版社，2011.

[20] 姜大源. 当代德国职业教育主流教学思想研究：理论、实践与创新 [M]. 北京：清华大学出版社，2007.

[21] 加扎尼加. 认知神经科学 [M]. 北京：中国轻工业出版社，2011.

[22] 加涅. 教学设计原理 [M]. 上海：华东师范大学出版社，2007.

[23] 黄瑞冰. 任务驱动教学法在中职《电子技术基础》中的应用研究 [D]. 河北师范大学，2011.

[24] [美] 迈克尔·马奎特. 行动学习实务操作：设计、实施与评估（第2版）[M]. 郝君帅，唐长军，曹慧青，译. 北京：中国人民大学出版社，2013.

[25] 钟启泉，汪霞，王文静. 课程与教学论 [M]. 上海：华东师范大学出版社，2008.

[26] 周广强. 教师专业能力培养与训练 [M]. 北京：首都师范大学出版社，2010.

[27] 刘芳，李颖. 教师职业技能训练教程 [M]. 北京：北京师范大学出版社，2014.

[28] 沈柏民. 电工电子专业理实一体化教学专题讲座，2015.

[29] [美] 塔格特. 提高教师反思力50策略. 北京：中国轻工业出版社，2008.

[30] 余文森，洪明. 课程与教学论 [M]. 福州：福建教育出版社，2007.

[31] 徐琳. 德国职业学校专业教学法研究 [D]. 天津大学，2009.
[32] 赵志群. 职业教育工学结合一体化课程开发指南 [M]. 北京：清华大学出版社，2009.
[33] 陈斗. 基于项目教学的引导文设计研究 [J]. 杨凌职业技术学院学报，2012 (12)：25-28.
[34] 陈永芳，姜大源. 电子技术专业任务导向的“先导性”实验教学法探讨 [J]. 职教论坛，2003 (14)：48-49.
[35] 2013 年全国中职电类专业“创新杯”教师信息化教学设计和说课比赛.
[36] 王勇. 汽车车身电子控制系统检修一体化项目教程 [M]. 上海：上海交通大学出版社，2012.
[37] 赵志群，白滨. 职业教育教师教学手册 [M]. 北京：北京师范大学出版社，2013.
[38] [德] 鲁道夫. 项目教学的理论与实践 [M]. 傅小芳，译. 南京：江苏教育出版，2007.
[39] 史平，秦旭芳. 行动导向教学法探索与创新 [M]. 大连：大连理工出版社，2010.
[40] 陈伟国. 行动导向教学法在中等职业技术学校《电子技术基础》课程的应用研究 [D]. 四川师范大学，2008.
[41] 潘洪建，孟凡丽. 活动教学原理与方法 [M]. 兰州：甘肃教育出版社，2008.
[42] [德] ernst nausch. 德国双元制职业技术教育 [M]. 2006.
[43] [德] 职业技术教育培训 (TVET) 中的行动导向教学法导 [M]. 2007.
[44] [美] 巴巴拉·G. 戴维斯. 教学方法手册 [M]. 严慧仙，译. 杭州：浙江大学出版社，2006.
[45] 同济大学职业技术教育学院. 中德合作职教师资专业教学法培训教材 [M]. 2009.
[46] http：//gps. pconline. com. cn/460/4608117 _ all. html＃content _ page _ 1 太平洋电脑网.
[47] http：//tech. sina. com. cn/h/2006-07-06/210631366. shtml 新浪科技网.
[48] 夏茂忠. 电子技术综合与应用 [M]. 西安：西安电子科技大学出版社，2008.
[49] 焦向军. 职业学校学生行为习惯现状及教育对策研究：以聊城市高级技校为例 [D]. 山东师范大学，2010.

北京大学出版社本科电气信息系列实用规划教材

序号	书名	书号	编著者	定价	出版年份	教辅及获奖情况
物联网工程						
1	物联网概论	7-301-23473-0	王　平	38	2014	电子课件/答案，有“多媒体移动交互式教材”
2	物联网概论	7-301-21439-8	王金甫	42	2012	电子课件/答案
3	现代通信网络(第 2 版)	7-301-27831-4	赵瑞玉　胡珺珺	45	2017	电子课件/答案
4	物联网安全	7-301-24153-0	王金甫	43	2014	电子课件/答案
5	通信网络基础	7-301-23983-4	王昊	32	2014	
6	无线通信原理	7-301-23705-2	许晓丽	42	2014	电子课件/答案
7	家居物联网技术开发与实践	7-301-22385-7	付　蔚	39	2013	电子课件/答案
8	物联网技术案例教程	7-301-22436-6	崔逊学	40	2013	电子课件
9	传感器技术及应用电路项目化教程	7-301-22110-5	钱裕禄	30	2013	电子课件/视频素材，宁波市教学成果奖
10	网络工程与管理	7-301-20763-5	谢　慧	39	2012	电子课件/答案
11	电磁场与电磁波(第 2 版)	7-301-20508-2	邬春明	32	2012	电子课件/答案
12	现代交换技术(第 2 版)	7-301-18889-7	姚　军	36	2013	电子课件/习题答案
13	传感器基础(第 2 版)	7-301-19174-3	赵玉刚	32	2013	视频
14	物联网基础与应用	7-301-16598-0	李蔚田	44	2012	电子课件
15	通信技术实用教程	7-301-25386-1	谢　慧	36	2015	电子课件/习题答案
16	物联网工程应用与实践	7-301-19853-7	于继明	39	2015	电子课件
17	传感与检测技术及应用	7-301-27543-6	沈亚强　蒋敏兰	43	2016	电子课件/数字资源
单片机与嵌入式						
1	嵌入式系统开发基础——基于八位单片机的 C 语言程序设计	7-301-17468-5	侯殿有	49	2012	电子课件/答案/素材
2	嵌入式系统基础实践教程	7-301-22447-2	韩　磊	35	2013	电子课件
3	单片机原理与接口技术	7-301-19175-0	李　升	46	2011	电子课件/习题答案
4	单片机系统设计与实例开发(MSP430)	7-301-21672-9	顾　涛	44	2013	电子课件/答案
5	单片机原理与应用技术(第 2 版)	7-301-27392-0	魏立峰　王宝兴	42	2016	电子课件/数字资源
6	单片机原理及应用教程(第 2 版)	7-301-22437-3	范立南	43	2013	电子课件/习题答案，辽宁“十二五”教材
7	单片机原理与应用及 C51 程序设计	7-301-13676-8	唐　颖	30	2011	电子课件
8	单片机原理与应用及其实验指导书	7-301-21058-1	邵发森	44	2012	电子课件/答案/素材
9	MCS-51 单片机原理及应用	7-301-22882-1	黄翠翠	34	2013	电子课件/程序代码
物理、能源、微电子						
1	物理光学理论与应用(第 2 版)	7-301-26024-1	宋贵才	46	2015	电子课件/习题答案，“十二五”普通高等教育本科国家级规划教材
2	现代光学	7-301-23639-0	宋贵才	36	2014	电子课件/答案
3	平板显示技术基础	7-301-22111-2	王丽娟	52	2013	电子课件/答案
4	集成电路版图设计	7-301-21235-6	陆学斌	32	2012	电子课件/习题答案
5	新能源与分布式发电技术(第 2 版)	7-301-27495-8	朱永强	45	2016	电子课件/习题答案，北京市精品教材，北京市“十二五”教材
6	太阳能电池原理与应用	7-301-18672-5	靳瑞敏	25	2011	电子课件
7	新能源照明技术	7-301-23123-4	李姿景	33	2013	电子课件/答案

序号	书名	书号	编著者	定价	出版年份	教辅及获奖情况
			基 础 课			
1	电工与电子技术(上册) (第 2 版)	7-301-19183-5	吴舒辞	30	2011	电子课件/习题答案，湖南省“十二五”教材
2	电工与电子技术(下册) (第 2 版)	7-301-19229-0	徐卓农　李士军	32	2011	电子课件/习题答案，湖南省“十二五”教材
3	电路分析	7-301-12179-5	王艳红　蒋学华	38	2010	电子课件，山东省第二届优秀教材奖
4	运筹学(第 2 版)	7-301-18860-6	吴亚丽　张俊敏	28	2011	电子课件/习题答案
5	电路与模拟电子技术	7-301-04595-4	张绪光　刘在娥	35	2009	电子课件/习题答案
6	微机原理及接口技术	7-301-16931-5	肖洪兵	32	2010	电子课件/习题答案
7	数字电子技术	7-301-16932-2	刘金华	30	2010	电子课件/习题答案
8	微机原理及接口技术实验指导书	7-301-17614-6	李干林　李　升	22	2010	课件(实验报告)
9	模拟电子技术	7-301-17700-6	张绪光　刘在娥	36	2010	电子课件/习题答案
10	电工技术	7-301-18493-6	张　莉　张绪光	26	2011	电子课件/习题答案，山东省“十二五”教材
11	电路分析基础	7-301-20505-1	吴舒辞	38	2012	电子课件/习题答案
12	数字电子技术	7-301-21304-9	秦长海　张天鹏	49	2013	电子课件/答案，河南省“十二五”教材
13	模拟电子与数字逻辑	7-301-21450-3	邬春明	39	2012	电子课件
14	电路与模拟电子技术实验指导书	7-301-20351-4	唐　颖	26	2012	部分课件
15	电子电路基础实验与课程设计	7-301-22474-8	武　林	36	2013	部分课件
16	电文化——电气信息学科概论	7-301-22484-7	高　心	30	2013	
17	实用数字电子技术	7-301-22598-1	钱裕禄	30	2013	电子课件/答案/其他素材
18	模拟电子技术学习指导及习题精选	7-301-23124-1	姚娅川	30	2013	电子课件
19	电工电子基础实验及综合设计指导	7-301-23221-7	盛桂珍	32	2013	
20	电子技术实验教程	7-301-23736-6	司朝良	33	2014	
21	电工技术	7-301-24181-3	赵莹	46	2014	电子课件/习题答案
22	电子技术实验教程	7-301-24449-4	马秋明	26	2014	
23	微控制器原理及应用	7-301-24812-6	丁筱玲	42	2014	
24	模拟电子技术基础学习指导与习题分析	7-301-25507-0	李大军　唐　颖	32	2015	电子课件/习题答案
25	电工学实验教程(第 2 版)	7-301-25343-4	王士军　张绪光	27	2015	
26	微机原理及接口技术	7-301-26063-0	李干林	42	2015	电子课件/习题答案
27	简明电路分析	7-301-26062-3	姜　涛	48	2015	电子课件/习题答案
28	微机原理及接口技术(第 2 版)	7-301-26512-3	越志诚　段中兴	49	2016	二维码数字资源
29	电子技术综合应用	7-301-27900-7	沈亚强　林祝亮	37	2017	二维码数字资源
30	电子技术专业教学法	7-301-28329-5	沈亚强　朱伟玲	36	2017	二维码数字资源
			电子、通信			
1	DSP 技术及应用	7-301-10759-1	吴冬梅　张玉杰	26	2011	电子课件，中国大学出版社图书奖首届优秀教材奖一等奖
2	电子工艺实习	7-301-10699-0	周春阳	19	2010	电子课件
3	电子工艺学教程	7-301-10744-7	张立毅　王华奎	32	2010	电子课件，中国大学出版社图书奖首届优秀教材奖一等奖
4	信号与系统	7-301-10761-4	华　容　隋晓红	33	2011	电子课件
5	信息与通信工程专业英语(第 2 版)	7-301-19318-1	韩定定　李明明	32	2012	电子课件/参考译文，中国电子教育学会 2012 年全国电子信息类优秀教材
6	高频电子线路(第 2 版)	7-301-16520-1	宋树祥　周冬梅	35	2009	电子课件/习题答案
7	MATLAB 基础及其应用教程	7-301-11442-1	周开利　邓春晖	24	2011	电子课件
8	通信原理	7-301-12178-8	隋晓红　钟晓玲	32	2007	电子课件

序号	书名	书号	编著者	定价	出版年份	教辅及获奖情况
9	数字图像处理	7-301-12176-4	曹茂永	23	2007	电子课件，“十二五”普通高等教育本科国家级规划教材
10	移动通信	7-301-11502-2	郭俊强　李　成	22	2010	电子课件
11	生物医学数据分析及其MATLAB实现	7-301-14472-5	尚志刚　张建华	25	2009	电子课件/习题答案/素材
12	信号处理MATLAB实验教程	7-301-15168-6	李　杰　张　猛	20	2009	实验素材
13	通信网的信令系统	7-301-15786-2	张云麟	24	2009	电子课件
14	数字信号处理	7-301-16076-3	王震宇　张培珍	32	2010	电子课件/答案/素材
15	光纤通信	7-301-12379-9	卢志茂　冯进玫	28	2010	电子课件/习题答案
16	离散信息论基础	7-301-17382-4	范九伦　谢　勰	25	2010	电子课件/习题答案
17	光纤通信	7-301-17683-2	李丽君　徐文云	26	2010	电子课件/习题答案
18	数字信号处理	7-301-17986-4	王玉德	32	2010	电子课件/答案/素材
19	电子线路CAD	7-301-18285-7	周荣富　曾　技	41	2011	电子课件
20	MATLAB基础及应用	7-301-16739-7	李国朝	39	2011	电子课件/答案/素材
21	信息论与编码	7-301-18352-6	隋晓红　王艳营	24	2011	电子课件/习题答案
22	现代电子系统设计教程	7-301-18496-7	宋晓梅	36	2011	电子课件/习题答案
23	移动通信	7-301-19320-4	刘维超　时　颖	39	2011	电子课件/习题答案
24	电子信息类专业MATLAB实验教程	7-301-19452-2	李明明	42	2011	电子课件/习题答案
25	信号与系统	7-301-20340-8	李云红	29	2012	电子课件
26	数字图像处理	7-301-20339-2	李云红	36	2012	电子课件
27	编码调制技术	7-301-20506-8	黄　平	26	2012	电子课件
28	Mathcad在信号与系统中的应用	7-301-20918-9	郭仁春	30	2012	
29	MATLAB基础与应用教程	7-301-21247-9	王月明	32	2013	电子课件/答案
30	电子信息与通信工程专业英语	7-301-21688-0	孙桂芝	36	2012	电子课件
31	微波技术基础及其应用	7-301-21849-5	李泽民	49	2013	电子课件/习题答案/补充材料等
32	图像处理算法及应用	7-301-21607-1	李文书	48	2012	电子课件
33	网络系统分析与设计	7-301-20644-7	严承华	39	2012	电子课件
34	DSP技术及应用	7-301-22109-9	董　胜	39	2013	电子课件/答案
35	通信原理实验与课程设计	7-301-22528-8	邬春明	34	2015	电子课件
36	信号与系统	7-301-22582-0	许丽佳	38	2013	电子课件/答案
37	信号与线性系统	7-301-22776-3	朱明早	33	2013	电子课件/答案
38	信号分析与处理	7-301-22919-4	李会容	39	2013	电子课件/答案
39	MATLAB基础及实验教程	7-301-23022-0	杨成慧	36	2013	电子课件/答案
40	DSP技术与应用基础(第2版)	7-301-24777-8	俞一彪	45	2015	实验素材/答案
41	EDA技术及数字系统的应用	7-301-23877-6	包　明	55	2015	
42	算法设计、分析与应用教程	7-301-24352-7	李文书	49	2014	
43	Android开发工程师案例教程	7-301-24469-2	倪红军	48	2014	
44	ERP原理及应用	7-301-23735-9	朱宝慧	43	2014	电子课件/答案
45	综合电子系统设计与实践	7-301-25509-4	武　林　陈　希	32	2015	
46	高频电子技术	7-301-25508-7	赵玉刚	29	2015	电子课件
47	信息与通信专业英语	7-301-25506-3	刘小佳	29	2015	电子课件
48	信号与系统	7-301-25984-9	张建奇	45	2015	电子课件
49	数字图像处理及应用	7-301-26112-5	张培珍	36	2015	电子课件/习题答案
50	Photoshop CC案例教程(第3版)	7-301-27421-7	李建芳	49	2016	电子课件/素材
51	激光技术与光纤通信实验	7-301-26609-0	周建华　兰　岚	28	2015	数字资源
52	Java高级开发技术大学教程	7-301-27353-1	陈沛强	48	2016	电子课件/数字资源
53	VHDL数字系统设计与应用	7-301-27267-1	黄　卉　李　冰	42	2016	数字资源

序号	书名	书号	编著者	定价	出版年份	教辅及获奖情况
			自动化、电气			
1	自动控制原理	7-301-22386-4	佟　威	30	2013	电子课件/答案
2	自动控制原理	7-301-22936-1	邢春芳	39	2013	
3	自动控制原理	7-301-22448-9	谭功全	44	2013	
4	自动控制原理	7-301-22112-9	许丽佳	30	2015	
5	自动控制原理	7-301-16933-9	丁　红　李学军	32	2010	电子课件/答案/素材
6	现代控制理论基础	7-301-10512-2	侯媛彬等	20	2010	电子课件/素材，国家级“十一五”规划教材
7	计算机控制系统(第2版)	7-301-23271-2	徐文尚	48	2013	电子课件/答案
8	电力系统继电保护(第2版)	7-301-21366-7	马永翔	42	2013	电子课件/习题答案
9	电气控制技术(第2版)	7-301-24933-8	韩顺杰　吕树清	28	2014	电子课件
10	自动化专业英语(第2版)	7-301-25091-4	李国厚　王春阳	46	2014	电子课件/参考译文
11	电力电子技术及应用	7-301-13577-8	张润和	38	2008	电子课件
12	高电压技术(第2版)	7-301-27206-0	马永翔	43	2016	电子课件/习题答案
13	电力系统分析	7-301-14460-2	曹　娜	35	2009	
14	综合布线系统基础教程	7-301-14994-2	吴达金	24	2009	电子课件
15	PLC 原理及应用	7-301-17797-6	缪志农　郭新年	26	2010	电子课件
16	集散控制系统	7-301-18131-7	周荣富　陶文英	36	2011	电子课件/习题答案
17	控制电机与特种电机及其控制系统	7-301-18260-4	孙冠群　于少娟	42	2011	电子课件/习题答案
18	电气信息类专业英语	7-301-19447-8	缪志农	40	2011	电子课件/习题答案
19	综合布线系统管理教程	7-301-16598-0	吴达金	39	2012	电子课件
20	供配电技术	7-301-16367-2	王玉华	49	2012	电子课件/习题答案
21	PLC 技术与应用(西门子版)	7-301-22529-5	丁金婷	32	2013	电子课件
22	电机、拖动与控制	7-301-22872-2	万芳瑛	34	2013	电子课件/答案
23	电气信息工程专业英语	7-301-22920-0	余兴波	26	2013	电子课件/译文
24	集散控制系统(第2版)	7-301-23081-7	刘翠玲	36	2013	电子课件，2014年中国电子教育学会“全国电子信息类优秀教材”一等奖
25	工控组态软件及应用	7-301-23754-0	何坚强	49	2014	电子课件/答案
26	发电厂变电所电气部分(第2版)	7-301-23674-1	马永翔	48	2014	电子课件/答案
27	自动控制原理实验教程	7-301-25471-4	丁　红　贾玉瑛	29	2015	
28	自动控制原理(第2版)	7-301-25510-0	袁德成	35	2015	电子课件/辽宁省“十二五”教材
29	电机与电力电子技术	7-301-25736-4	孙冠群	45	2015	电子课件/答案
30	虚拟仪器技术及其应用	7-301-27133-9	廖远江	45	2016	

如您需要更多教学资源如电子课件、电子样章、习题答案等，请登录北京大学出版社第六事业部官网 www.pup6.cn 搜索下载。

如您需要浏览更多专业教材，请扫下面的二维码，关注北京大学出版社第六事业部官方微信(微信号：pup6book)，随时查询专业教材、浏览教材目录、内容简介等信息，并可在线申请纸质样书用于教学。

感谢您使用我们的教材，欢迎您随时与我们联系，我们将及时做好全方位的服务。联系方式：010-62750667，szheng_pup6@163.com，pup_6@163.com，lihu80@163.com，欢迎来电来信。客户服务 QQ 号：1292552107，欢迎随时咨询。